高等院校土建类专业“互联网+”创新规划教材

市政工程计量与计价

（第2版）

主　编　张建平　张小美

副主编　张宇帆　杨嘉玲

内 容 简 介

本书是依据国家现行规范《建设工程工程量清单计价规范》(GB 50500—2013)和《市政工程工程量计算规范》(GB 50857—2013)编写的。主要介绍市政工程预算的概念、分类、费用组成、计价依据以及工程量清单计价的方法，并针对城市道路的土石方工程计量计价、管道工程计量计价、路基路面工程计量计价等内容从施工工艺、读图、列项、算量、套价到计费，作了较为详细的论述。

本书可作为高等学校土木工程、工程造价、工程管理专业及其相关专业的教材，也可作为土木工程和工程造价技术人员的参考书。

图书在版编目(CIP)数据

市政工程计量与计价 / 张建平, 张小美主编. —2 版. —北京：北京大学出版社，2024.3
高等院校土建类专业“互联网+”创新规划教材
ISBN 978-7-301-34940-3

Ⅰ. ①市… Ⅱ. ①张… ②张… Ⅲ. ①市政工程—工程造价—高等职业教育—教材 Ⅳ. ①TU723.3

中国国家版本馆 CIP 数据核字(2024)第 062728 号

书　　名 市政工程计量与计价(第 2 版)
SHIZHENG GONGCHENG JILIANG YU JIJIA (DI-ER BAN)
著作责任者 张建平　张小美　主编
策划编辑 卢　东　吴　迪
责任编辑 林秀丽
数字编辑 金常伟
标准书号 ISBN 978-7-301-34940-3
出版发行 北京大学出版社
地　　址 北京市海淀区成府路 205 号　100871
网　　址 http://www.pup.cn　新浪官方微博：@北京大学出版社
电子邮箱 编辑部 pup6@pup.cn　总编室 zpup@pup.cn
电　　话 邮购部 010-62752015　发行部 010-62750672　编辑部 010-62750667
印 刷 者 河北滦县鑫华书刊印刷厂
经 销 者 新华书店
787 毫米×1092 毫米　16 开本　16.5 印张　401 千字
2015 年 8 月第 1 版
2024 年 3 月第 2 版　2025 年 1 月第 2 次印刷
定　　价 48.00 元

第2版

前言

本书第1版自2015年出版以来，满足了许多高校教学的需要，得到了用书院校和广大读者的肯定和欢迎。应读者的要求，本书修订出版第2版。

本书是依据国家现行规范《建设工程工程量清单计价规范》(GB 50500—2013)、《市政工程工程量计算规范》(GB 50857—2013) 以及地方市政工程计价标准编写的。全书分为8章。第1章市政工程预算概述，第2章市政工程预算费用组成，第3章市政工程预算计价依据，第4章市政工程预算编制方法，第5章市政土石方工程计量与计价，第6章市政道路工程计量与计价，第7章市政管网工程计量与计价，第8章市政工程计价示例。本书提供了部分例题和重点内容的讲解视频。本次改版主要是更新了费用组成、计价标准及计价方法。

本书由张建平（昆明理工大学）、张小美（云南农业大学）任主编。张建平编写第1、3、4章，杨嘉玲（昆明理工大学）编写第2章，张宇帆（昆明理工大学）编写第5、8章，张小美编写第6、7章。全书由张建平统稿。

本书在编写过程中参考了最新的规范、定额和相关的教材，并得到了北京大学出版社、昆明理工大学津桥学院等单位的大力帮助和支持，谨此一并致谢。

由于成书时间仓促，加之书中有些问题有待探索，不足与疏漏之处在所难免，敬请读者见谅并批评指正。

编　者

2023年11月

资源索引

目录

第1章 市政工程预算概述

教学目标

本章主要讲述如何编制市政工程预算。通过本章的学习，应达到以下目标。

（1）了解市政工程预算的概念。

（2）熟悉市政工程预算的性质。

（3）掌握市政工程预算的分类。

教学要求

知识要点	能力要求	相关知识
市政工程	了解市政工程的概念	市政工程
市政工程预算	（1）了解市政工程预算的概念； （2）了解市政工程预算的性质； （3）掌握市政工程预算的分类	市政工程预算，设计概算，施工图预算，施工预算

基本概念

市政工程预算；设计概算；施工图预算；施工预算。

引例

某城市主干道工程投标报价

某城市主干道工程，长 220m。

1）道路工程

道路为四车道，宽为 43m，中间有个十字交叉路口。快车道宽为 14.5m+11.1m，慢车道宽为 4m×2，人行道宽为 2m×2，中间绿化带分隔分别为 2m+1.5m×2。快车道路面结构为 24cm 混凝土路面+25cm 水泥稳定碎石层+20cm 级配碎石垫层。慢车道路面结构为 18cm 混凝土路面+20cm 水泥稳定碎石层+15cm 级配碎石垫层。路基采用塘渣回填。

2）桥梁工程

本工程有桥梁一座，为单跨径普通预制混凝土空心板简支梁桥，长 11.2m，宽 43.5m，与道路顺接。

本工程的投标报价为 43148 万元。

1.1 市政工程预算的概念

市政工程是指城市道路、桥梁、隧道、给排水、污水处理、路灯等城市公用事业工程。

市政工程预算是指市政工程项目在开工前，对所需人工、材料、机械及资金需要量的预先计算，是控制和确定工程造价的文件。搞好市政工程预算，对于确定工程造价、控制工程项目投资、推行经济合同制、提高投资效益都具有重要的意义。

1.2 市政工程预算的性质

市政工程预算是反映市政工程投资经济效果的一种技术经济文件，通常有两种反映形式：用货币反映或用实物反映。用货币反映的预算称为造价预算；用实物反映的预算称为实物预算。

市政工程预算既是反映工程投资经济效果的技术经济文件，又是确定市政工程预算造价的主要形式。

1.3 市政工程预算的分类

市政工程预算根据不同的设计阶段和不同的建设阶段可分为设计概算、施工图预算和施工预算 3 种。

1.3.1 设计概算

设计概算一般是在初步设计阶段编制的，这个阶段施工图还没有出，设计单位只能根据初步设计图纸、概算定额或者概算指标、有关费用标准计算拟建市政工程项目从筹建到竣工交付使用所发生的全部费用，这样形成的造价文件一般是粗线条的预算。

设计概算是在初步设计阶段必须编制的重要文件。它是控制和确定建设项目造价、编制固定资产投资计划、签订建设项目总包合同贷款的总合同，是实行建设项目投资包干的依据。

1.3.2 施工图预算

施工图预算是建设单位或施工单位在工程开工之前，根据已批准的施工图，在既定施工方案（或施工组织设计）的前提下，按照《建设工程工程量清单计价规范》（GB 50500—2013）和全国统一的市政工程预算定额或地方的市政工程计价标准，以及当地的人工、材料、机械单价等，逐项计算编制而成的单位工程或单项工程费用文件。

在施工图出来后的施工准备阶段，必须编制施工图预算。施工图预算编制单位不同，会产生不同的造价文件。由建设单位或者受委托的工程造价咨询机构编制的施工图预算称为招标控制价或者拦标价；由施工单位编制的施工图预算称为投标报价；投标报价一旦中标就称为中标价；中标价签入合同就成了合同价。

施工图预算就是通常所说的市政工程预算，是确定市政工程预算造价、签订工程合同、施行建设单位和施工单位投资包干、办理工程结算的依据。

1.3.3 施工预算

施工预算是施工单位内部编制的预算，是指在施工图预算的控制下，施工单位根据施工图纸、施工定额（或企业定额）、施工方案，结合现场实际施工方法编制的成本核算文件。

施工预算是施工单位内部编制施工作业计划、签发施工任务单、开展经济活动分析、考核劳动成果并实行按劳分配的重要依据。

1.3.4 市政工程预算的环节

市政工程预算的环节如图 1.1 所示。

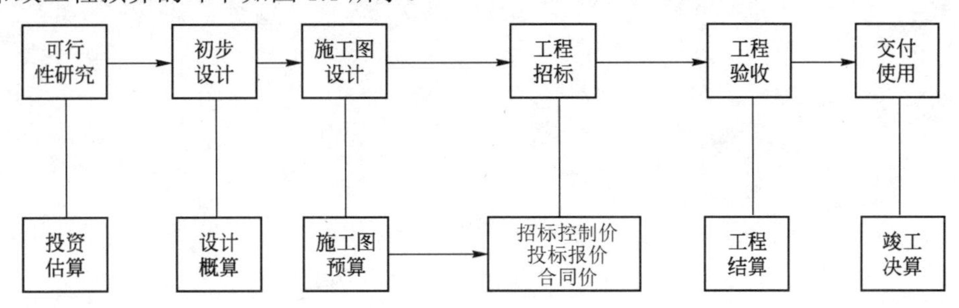

图 1.1 市政工程预算的环节

本 章 小 结

市政工程预算是市政工程项目在开工前对所需人工、材料、机械及资金需要量的预先计算，可分为设计概算、施工图预算和施工预算。

习 题

1．什么是市政工程预算？按设计阶段和建设阶段的不同，市政工程预算可划分为哪几类？

2．市政工程预算有哪些环节？

第2章
市政工程预算费用组成

教学目标

本章主要讲述市政工程预算费用组成。通过本章的学习，应达到以下目标。

（1）熟悉市政工程预算费用组成。

（2）熟悉市政工程预算费用分类。

教学要求

知识要点	能力要求	相关知识
市政工程预算费用组成	（1）熟悉市政工程预算费用组成； （2）熟悉市政工程预算费用分类	人工费，材料费，机械费，管理费，利润，分部分项工程费，措施项目费，其他项目费，规费，税金

基本概念

人工费；材料费；机械费；管理费；利润；分部分项工程费；措施项目费；其他项目费；规费；税金。

引例

某城市道路投标价的组成

某城市主干道工程，长 220m。四车道，路幅宽为 43m，中间有个十字交叉路口。快车道宽为 14.5m+11.1m，慢车道宽为 4m×2，人行道宽为 2m×2，中间绿化带分隔分别为 2m+1.5m×2。

该道路工程的投标价为312.666万元，其中：人工费21.169万元，材料费94.691万元，机械费12.464万元，分部分项工程费168.324万元，措施项目费3.663万元，规费6.034万元，税金6.321万元。

2.1 市政工程预算费用组成

市政工程属于建筑安装工程的范畴。按照中华人民共和国住房和城乡建设部相关文件规定，市政工程预算费用由人工费、材料费、施工机具使用费、企业管理费、利润、规费、税金或者由分部分项工程费、措施项目费、其他项目费、规费和税金组成。具体组成如图2.1所示。

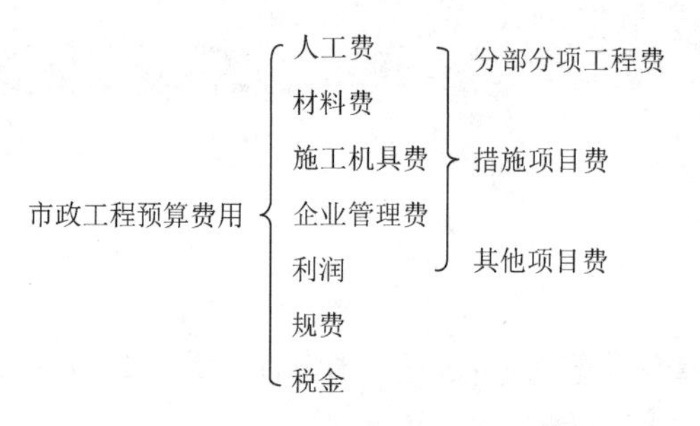

图2.1　市政工程预算费用组成

2.2 按费用构成要素划分

市政工程预算费用若按照费用构成要素划分，由人工费、材料费、施工机具费、企业管理费、利润、规费和税金组成。

2.2.1 人工费

人工费是指按工资总额构成规定，支付给从事建筑安装工程施工的生产工人和附属生产单位工人的各项费用。人工费主要包括以下费用。

① 计时工资或计件工资：是指按计时工资标准和工作时间或对已做工作按计件单价，支付给个人的劳动报酬。

② 奖金：是指对超额劳动和增收节支支付给个人的劳动报酬，如节约奖、劳动竞赛奖等。

③ 津贴、补贴：是指为了补偿职工特殊或额外的劳动消耗和因其他特殊原因支付给个人的津贴，以及为了保证职工工资水平不受物价影响支付给个人的物价补贴，如流动施工津贴、特殊地区施工津贴、高温（寒）作业临时津贴、高空津贴等。

④ 加班加点工资：是指按规定支付的在法定节假日工作的加班工资和在法定日工作时间外延时工作的加点工资。

⑤ 特殊情况下支付的工资：是指根据国家法律、法规和政策规定，因病、工伤、产假、计划生育假、婚丧假、事假、探亲假、定期休假、停工学习、执行国家或社会义务等原因按计时工资标准或计时工资标准的一定比例支付的工资。

2.2.2 材料费

材料费是指施工过程中耗费的原材料、辅助材料、构配件、零件、半成品或成品、工程设备的费用。

① 材料原价：是指材料、工程设备的出厂价格或商家供应价格。

② 运杂费：是指材料、工程设备自来源地运至工地仓库或指定堆放地点所发生的全部费用。

③ 运输损耗费：是指材料在运输装卸过程中不可避免的损耗。

④ 采购及保管费：是指为组织采购、供应和保管材料、工程设备的过程中所需要的各项费用，包括采购费、仓储费、工地保管费、仓储损耗。

⑤ 工程设备：是指构成或计划构成永久工程一部分的机电设备、金属结构设备、仪器装置及其他类似的设备和装置。

2.2.3 施工机具费

施工机具费是指施工作业所发生的施工机械、仪器仪表使用费或其租赁费。施工机具费由以下费用组成。

（1）施工机械使用费。

① 折旧费：是指施工机械在规定的使用年限内，陆续收回其原值的费用。

② 大修理费：是指施工机械按规定的大修理间隔台班进行必要的大修理，以恢复其正常功能所需的费用。

③ 经常修理费：是指施工机械除大修理外的各级保养和临时故障排除所需的费用，包括为保障机械正常运转所需替换设备与随机配备工具附具的摊销和维护费用、机械运转中日常保养所需润滑与擦拭的材料费用及机械停滞期间的维护和保养费用等。

④ 安拆费及场外运费：安拆费是指施工机械（大型机械除外）在现场进行安装与拆卸所需的人工、材料、机械和试运转费用以及机械辅助设施的折旧、搭设、拆除等费用；场外运费是指施工机械整体或分体自停放地点运至施工现场或由一个施工地点运至另一个施工地点的运输、装卸、辅助材料及架线等费用。

⑤ 人工费：是指机上司机（司炉）和其他操作人员的费用。

⑥ 燃料动力费：是指施工机械在运转作业中所消耗的各种燃料及水、电等费用。

⑦ 税费：是指施工机械按照国家规定应缴纳的车船税、保险费及年检费等。

（2）仪器仪表使用费。

仪器仪表使用费是指工程施工所需使用的仪器仪表的推销及维修费用。

2.2.4 企业管理费

企业管理费是指建筑安装企业组织施工生产和经营管理所需的费用。主要包括以下费用。

① 管理人员工资：是指按规定支付给管理人员的计时工资、奖金、津贴、补贴、加班加点工资及特殊情况下支付的工资等。

② 办公费：是指企业管理办公用的文具、纸张、账表、印刷、邮电、书报、办公软件、现场监控、会议、水电、烧水和集体取暖降温（包括现场临时宿舍取暖降温）等费用。

③ 差旅交通费：是指职工因公出差、调动工作的差旅费、住勤补助费，市内交通费和误餐补助费，职工探亲路费，劳动力招募费，职工退休、退职一次性路费，工伤人员就医路费，工地转移费以及管理部门使用的交通工具的油料、燃料等费用。

④ 固定资产使用费：是指管理和试验部门及附属生产单位使用的属于固定资产的房屋、设备、仪器等的折旧、大修、维修或租赁费。

⑤ 工具用具使用费：是指企业施工生产和管理使用的不属于固定资产的工具、器具、家具、交通工具和检验、试验、测绘、消防用具等的购置、维修和摊销费。

⑥ 劳动保险和职工福利费：是指由企业支付的职工退职金、按规定支付给离休干部的经费，集体福利费、夏季防暑降温、冬季取暖补贴、上下班交通补贴等。

⑦ 劳动保护费：是指企业按规定发放的劳动保护用品的支出。如工作服、手套、防暑降温饮料以及在有碍身体健康的环境中施工的保健费用等。

⑧ 检验试验费：是指施工企业按照有关标准规定，对建筑以及材料、构件和建筑安装物进行一般鉴定、检查所发生的费用，包括自设实验室进行试验所耗用的材料等费用。不包括新结构、新材料的试验费，对构件做破坏性实验及其他特殊要求检验试验的费用和建设单位委托检测机构进行检测的费用，对此类检测发生的费用，由建设单位在工程建设其他费用中列支。但对施工企业提供的具有合格证明的材料进行检测不合格的，该检测费用由施工企业支付。

⑨ 工会经费：是指企业按《中华人民共和国工会法》规定的全部职工工资总额比例计提的经费。

⑩ 职工教育经费：是指按职工工资总额的规定比例计提，企业为职工进行专业技术和职业技能培训，专业技术人员继续教育、职工职业技能鉴定、职业资格认定以及根据需要对职工进行各类文化教育所发生的费用。

⑪ 财产保险费：是指施工管理用财产、车辆等的保险费用。

⑫ 财务费：是指企业为施工生产筹集资金或提供预付款担保、履约担保、职工工资支付担保等所发生的各种费用。

⑬ 税金：是指企业按规定缴纳的房产税、车船税、城镇土地使用税、印花税等。

⑭ 其他：包括技术转让费、技术开发费、投标费、业务招待费、绿化费、广告费、公证费、法律顾问费、审计费、咨询费、保险费等。

2.2.5 利润

利润是指施工企业完成所承包工程获得的盈利。

2.2.6 规费

规费是指按国家法律、法规规定，由省级政府和省级有关权力部门规定必须缴纳或计取的费用。

（1）社会保险费。

① 养老保险费：是指企业按照规定标准为职工缴纳的基本养老保险费。

② 失业保险费：是指企业按照规定标准为职工缴纳的失业保险费。

③ 医疗保险费：是指企业按照规定标准为职工缴纳的基本医疗保险费。

④ 生育保险费：是指企业按照规定标准为职工缴纳的生育保险费。

⑤ 工伤保险费：是指企业按照规定标准为职工缴纳的工伤保险费。

（2）住房公积金：是指企业按规定标准为职工缴纳的住房公积金。

（3）工程排污费：是指按规定缴纳的施工现场工程排污费。

其他应列而未列入的规费，按实际发生计取。

2.2.7 税金

税金是指国家税法规定的应计入建筑安装工程造价内的增值税、城市维护建设税、教育费附加以及地方教育附加。

2.3 按工程造价形成内容划分

市政工程预算费按工程造价形成内容划分，由分部分项工程费、措施项目费、其他项目费、规费、税金组成，其中分部分项工程费、措施项目费、其他项目费均包含人工费、材料费、施工机具费、企业管理费和利润。

2.3.1 分部分项工程费

分部分项工程费是指各专业工程的分部分项工程应予列支的各项费用。

（1）专业工程：是指按现行国家计量规范划分的房屋建筑与装饰工程、仿古建筑工程、通用安装工程、市政工程、园林绿化工程、矿山工程、构筑物工程、城市轨道交通工程、爆破工程等。

（2）分部分项工程：是指按现行国家计量规范对各专业工程划分的项目。市政工程的分部工程一般有：土石方工程、支撑工程、拆除工程、护坡挡墙工程、道路工程、管道工程、路灯及交通安全工程等。道路工程中的分项工程一般有：路床整型、道路基层、道路面层、人行道及其他等。

2.3.2 措施项目费

措施项目费是指为完成建设工程施工，发生于该工程施工前和施工过程中的技术、生活、安全、环境保护等方面的费用。

（1）安全文明施工费。

①环境保护费：是指施工现场为达到环保部门要求所需要的各项费用。

②文明施工费：是指施工现场文明施工所需要的各项费用。

③安全施工费：是指施工现场安全施工所需要的各项费用。

④临时设施费：是指施工企业为进行建设工程施工所必须搭设的生活和生产用的临时建筑物、构筑物和其他临时设施费用。包括临时设施的搭设、维修、拆除、清理费或摊销费等。

（2）夜间施工增加费：是指因夜间施工所发生的夜班补助费、夜间施工降效、夜间施工照明设备摊销及照明用电等费用。

（3）二次搬运费：是指因施工场地条件限制而发生的材料、构配件、半成品等一次运输不能到达堆放地点，必须进行二次或多次搬运所发生的费用。

（4）冬雨季施工增加费：是指在冬季或雨季施工需增加的临时设施、防滑、排除雨雪，人工及施工机械效率降低等费用。

（5）已完工程及设备保护费：是指竣工验收前，对已完工程及设备采取的必要保护措施所发生的费用。

（6）工程定位复测费：是指工程施工过程中进行全部施工测量放线和复测工作的费用。

（7）特殊地区施工增加费：是指工程在沙漠或其边缘地区、高海拔、高寒、原始森林等特殊地区施工增加的费用。

（8）大型机械设备进出场及安拆费：是指机械整体或分体自停放场地运至施工现场或由一个施工地点运至另一个施工地点，所发生的机械进出场运输及转移费用及机械在施工现场进行安装、拆卸所需的人工费、材料费、机械费、试运转费和安装所需的辅助设施的费用。

（9）脚手架工程费：是指施工需要的各种脚手架搭、拆、运输费用以及脚手架购置费的摊销（或租赁）费用。

（10）措施项目及其包含的内容详见各类专业工程的现行国家或行业计量规范。

2.3.3 其他项目费

（1）暂列金额：是指建设单位在工程量清单中暂定并包括在工程合同价款中的一笔款项，用于施工合同签订时尚未确定或者不可预见的所需材料、工程设备、服务的采购，施工中可能发生的工程变更、合同约定调整因素出现时的工程价款调整以及发生的索赔、现场签证确认等的费用。

（2）计日工：是指在施工过程中，施工企业完成建设单位提出的施工图纸以外的零星项目或工作所需的费用。

（3）总承包服务费：是指总承包人为配合、协调建设单位进行的专业工程发包，对建设单位自行采购的材料、工程设备等进行保管以及施工现场管理、竣工资料汇总整理等服务所需的费用。

2.3.4 规费

规费是指按国家法律、法规规定，由省级政府和省级有关权力部门规定必须缴纳或计取的费用。

（1）社会保险费。

① 养老保险费：是指企业按照规定标准为职工缴纳的基本养老保险费。

② 失业保险费：是指企业按照规定标准为职工缴纳的失业保险费。

③ 医疗保险费：是指企业按照规定标准为职工缴纳的基本医疗保险费。

④ 生育保险费：是指企业按照规定标准为职工缴纳的生育保险费。

⑤ 工伤保险费：是指企业按照规定标准为职工缴纳的工伤保险费。

（2）住房公积金：是指企业按规定标准为职工缴纳的住房公积金。

（3）工程排污费：是指按规定缴纳的施工现场工程排污费。

其他应列而未列入的规费，按实际发生计取。

2.3.5 税金

税金是指国家税法规定的应计入建筑安装工程造价内的增值税、城市维护建设税、教育费附加以及地方教育附加。

本 章 小 结

市政工程预算的费用按工程造价形成内容划分，由分部分项工程费、措施项目费、其他项目费、规费和税金组成。

分部分项工程费、措施项目费、其他项目费均包含人工费、材料费、施工机具费、企业管理费和利润。

措施项目费包括安全文明施工费（含环境保护费、文明施工费、安全施工费、临时设施费）、夜间施工增加费、二次搬运费、已完工程及设备保护费、特殊地区施工增加费、其他措施费（含冬雨季施工增加费，生产工具用具使用费，工程定位复测费、工程点交、场地清理费）、脚手架工程费、混凝土模板及支架费、垂直运输费、超高施工增加费、大型机械设备进出场及安拆费、施工排水降水费。

其他项目费包括暂列金额、暂估价、计日工、总承包服务费、其他（含人工费调差，机械费调差，风险费，停工、窝工损失费，承发包双方协商认定的有关费用）。

规费包括社会保险费（含养老保险费、失业保险费、医疗保险费、生育保险费、工伤保险费）、住房公积金、残疾人保障金、危险作业意外伤害保险、工程排污费。

税金包括增值税、城市维护建设税、教育费附加、地方教育附加。

习　　题

1. 单项选择题

1）在建筑安装工程费用组成中，属于规费的是（　　）。

A．环境保护费　　B．工程排污费

C．安全施工费　　D．文明施工费

2）未参加建筑职工意外伤害保险的施工企业，危险作业意外伤害保险费的处理方法为（　　）。

A．按施工单位规定的费率计取此项费用

B．按业主规定的费率计取此项费用

C．不得计取此项费用

D．按合同约定计取此项费用

3）建筑安装工程费用若按照费用构成要素内容划分，以下哪项费用不属于其构成内容（　　）。

A．分部分项工程费　　B．管理费

C．利润　　D．规费

4）建筑安装工程费用若按照工程造价形成内容划分，以下哪项费用不属于其构成内容（　　）。

A．措施项目费　　B．人工费　　C．规费　　D．税金

2. 多项选择题

1）按照建筑安装工程费用项目组成的规定，材料费由（　　）组成。

A．材料原价　　B．材料运杂费　　C．运输损耗费

D．采购及保管费　　E．检验试验费

2）按照建筑安装工程费用项目组成的规定，规费包括（　　）。

A．工程排污费　　B．养老保险费　　C．税金

D．危险作业意外伤害保险　　E．财产保险费

3）措施项目费的费用构成中，按规定应包括（　　）。

A．人工费　　B．材料费　　C．机械费

D．管理费　　E．利润

第3章

市政工程预算计价依据

教学目标

本章主要讲述市政工程预算计价依据。通过本章的学习，应达到以下目标。

（1）了解市政工程预算计价依据的内容。

（2）熟悉市政工程清单计价规范的基本内容。

（3）熟悉当地市政工程消耗量定额的基本内容。

教学要求

知识要点	能力要求	相关知识
市政工程预算计价依据	（1）了解市政工程预算计价依据的内容; （2）熟悉市政工程清单计价规范的基础本内容; （3）熟悉当地市政工程消耗量定额的基本内容	工程量清单计价规范，全国统一市政工程消耗量定额，人工工日单价，材料预算单价，机械台班单价

基本概念

工程量清单计价规范；全国统一的市政工程消耗量定额；人工工日单价；材料预算单价；机械台班单价。

引例

招标控制价编制依据

《建设工程工程量清单计价规范》（GB 50500—2013）第5.2.1条规定，招标控制价应根据下列依据编制与复核。

① 《建设工程工程量清单计价规范》（GB 50500—2013）。

② 国家或省级、行业建设主管部门颁发的计价定额和计价办法。

③ 建设工程设计文件及相关资料。

④ 拟定的招标文件及招标工程量清单。

⑤ 与建设项目有关的标准、规范、技术资料。

⑥ 施工现场情况、工程特点及常规施工方案。

⑦ 工程造价管理机构发布的工程造价信息，当工程造价信息没有发布时，其可参照市场价。

⑧ 其他相关资料。

3.1 工程量清单规范

3.1.1 清单规范简介

建设工程工程量清单规范（以下简称清单规范）是根据《中华人民共和国建筑法》《中华人民共和国合同法》《中华人民共和国招投标法》等法律，以及最高人民法院《关于审理建设工程施工合同纠纷案件适用法律问题的解释》（法释〔2004〕14号），按照我国工程造价管理改革的总体目标，本着国家宏观调控、市场竞争形成价格的原则制定的。

新版建设工程工程量清单规范是在2008版的基础上修订的，形成了1本计价规范，9本专业工程量计算规范的格局。

（1）《建设工程工程量清单计价规范》（GB 50500—2013）。

（2）《房屋建筑与装饰工程工程量计算规范》（GB 50854—2013）。

（3）《仿古建筑工程工程量计算规范》（GB 50855—2013）。

（4）《通用安装工程工程量计算规范》（GB 50856—2013）。

（5）《市政工程工程量计算规范》（GB 50857—2013）。

（6）《园林绿化工程工程量计算规范》（GB 50858—2013）。

（7）《矿山工程工程量计算规范》（GB 50859—2013）。

（8）《构筑物工程工程量计算规范》（GB 50860—2013）。

（9）《城市轨道交通工程工程量计算规范》（GB 50861—2013）。

（10）《爆破工程工程量计算规范》（GB 50862—2013）。

清单规范内容包括：总则、术语、一般规定、工程量清单编制、招标控制价、投标报价、合同价款约定、工程计量、合同价款调整、合同价款中期支付、合同解除的价款结算与支付、合同价款争议的解决、工程造价鉴定、工程计价资料与档案、工程计价表格及 11 个附录（此部分主要是条文规定）。

专业工程量计算规范内容包括：总则、术语、工程计量、工程量清单编制、附录（此部分主要以表格表现）。它是清单项目划分的标准，清单工程量计算的依据，编制工程量清单时统一项目编码、项目名称、项目特征描述、计量单位、工程量计算规则、工程内容的依据。

3.1.2 清单规范的作用

清单规范是统一工程量清单编制、规范工程量清单计价的国家标准，是调节建设工程招标投标中使用清单计价的招标人、投标人双方利益的规范性文件，是我国在招标投标中实行工程量清单计价的基础，是参与招标投标各方进行工程量清单计价应遵守的准则，是各级建设行政主管部门对工程造价计价活动进行监督管理的重要依据。

3.1.3 清单规范的样式

以土方工程为例，清单规范的样式见表 3-1。

表 3-1 土方工程（编码：040101）

<table>
<tr><th>项目编码</th><th>项目名称</th><th>项目特征</th><th>计量单位</th><th>工程量计算规则</th><th>工程内容</th></tr>
<tr><td>040101001</td><td>挖一般土方</td><td rowspan="3">1. 土壤类别
2. 挖土深度</td><td rowspan="5">m³</td><td>按设计图示尺寸以体积计算</td><td rowspan="3">1. 排地表水
2. 土方开挖
3. 围护（挡土板）支撑
4. 基底钎探
5. 场内外运输</td></tr>
<tr><td>040101002</td><td>挖沟槽土方</td><td rowspan="2">按设计图示尺寸以基础垫层底面积乘以挖土深度计算</td></tr>
<tr><td>040101003</td><td>挖基坑土方</td></tr>
<tr><td>040101004</td><td>暗挖土方</td><td>1. 土壤类别
2. 平洞、斜洞（坡度）
3. 运距</td><td>按设计图示尺寸以基础垫层底面积乘以挖土深度计算</td><td>1. 排地表水
2. 土方开挖
3. 场内外运输</td></tr>
<tr><td>040101005</td><td>挖淤泥、流砂</td><td>1. 挖掘深度
2. 距离</td><td>按设计图示位置、界限以体积计算</td><td>1. 开挖
2. 运输</td></tr>
</table>

3.1.4 市政工程清单规范内容

市政工程清单规范主要是指《市政工程工程量计算规范》（GB 50857—2013），它是统一市政工程工程量清单编制、规范市政工程工程量计算的国家标准。其包括以下内容：土方工程（附录 A）、道路工程（附录 B）、桥涵工程（附录 C）、隧道工程（附录 D）、管网工程（附录 E）、水处理工程（附录 F）、垃圾处理工程（附录 G）、路灯工程（附录 H）、钢筋工程（附录I）、拆除工程（附录J）、措施项目（附录K）。

3.2 全国统一的市政工程消耗量定额

3.2.1 概念及作用

《市政工程消耗量定额》(ZYA 1—31—2015)是完成规定计量单位分项工程所需的人工、材料、机械消耗量标准，是全国统一的市政工程预算工程量计算规则、项目划分、计量单位的依据，是编制市政工程地区单位估价表、编制概算定额及投资估算指标、编制招标工程控制价、确定工程造价的基础。

3.2.2 适用范围

《市政工程消耗量定额》（ZYA 1—31—2015）适用于城镇管辖范围的新建、扩建的市政工程。全套定额一共8册。第一册《通用工程》，第二册《道路工程》，第三册《桥涵工程》，第四册《隧道工程》，第五册《给水工程》，第六册《排水工程》，第七册《燃气与集中供热工程》，第八册《路灯工程》。

3.2.3 定额样式

为方便使用全国统一的《市政工程消耗量定额》（ZYA 1—31—2015），采用通用的表格来表现，其样式举例见表3-2。

表3-2　全国统一的《市政工程消耗量定额》（ZYA 1—31—2015）样式举例

计量单位：1000m^3

定额编号				1-119	1-120	1-121
项目				拖式铲运机铲运土200m以内（3m^3）		
				一、二类土	三类土	四类土
单价/元				3162.27	3709.35	4546.50
其中	人工费/元			408.00	408.00	408.00
	材料费/元			28.00	28.00	28.00
	机械费/元			2762.26	3273.35	4110.51
名称		单位	单价/元	消耗数量		
人工	综合人工	工日	68.00	6.000	6.000	6.000
材料	水	m^3	5.60	5.000	5.000	5.000
机械	拖式铲运机（3m^3）	台班	219.98	10.200	12.140	15.300
	履带式推土机（75kW）	台班	443.82	1.020	1.210	1.530
	洒水车（4000L）	台班	263.07	0.250	0.250	0.250

3.2.4 定额应用

1. 套价计算

套价计算某一分部分项的人工费、材料费、机械费是定额应用的基本方法。一般只要先按规则计算出某一分部分项工程的工程量，再将工程量除以定额计算单位的扩大倍数，最后分别乘以定额表中的人工费单价、材料费单价、机械费单价，即可求得该分部分项工程的人工费、材料费、机械费（此法仅只适用于课堂教学）。

【例 3-1】 已知某市政工程采用拖式铲运机铲运土，运距为 180m，土壤类别为三类土，土方工程量为 6500m^3，求其人工费、材料费、机械费。

【解】 套用全国统一的《市政工程消耗量定额》(ZYA 1—31—2015)，定额编号(1-120)，如表 3-2 所示，得：

人工费=6500/1000×408.00=2652.00（元）

材料费=6500/1000×28.00=182.00（元）

机械费=6500/1000×3273.35≈21276.78（元）

2. 人工费换算

仔细阅读全国统一的《市政工程消耗量定额》(ZYA 1—31—2015) 中的单价就会发现，人工工日单价仅为 68.00 元/工日，反映的是定额编制时点的工资水平。按价变量不变的原则，在现实工程预算中，可按当地的人工工日单价调整定额中的人工费。其换算公式为：

换算人工费=当地的人工工日单价×定额人工消耗量 (3-1)

【例 3-2】 某地人工工日单价为 103.88 元/工日，采用拖式铲运机铲运土，运距在 200m 以内，土壤类别为三类土，求定额的人工费单价。

【解】 套用全国统一的《市政工程消耗量定额》(ZYA 1—31—2015)，由定额编号(1-120)可知定额人工消耗量为 6.000 工日/1000m^3，则：

换算人工费=103.88×6.000=623.28（元/1000m^3）

3. 材料费换算

全国统一的《市政工程消耗量定额》(ZYA 1—31—2015) 中的材料单价，反映的是定额编制时点的材料单价。按价变量不变的原则，在现实工程预算中，可按当地的材料单价调整定额中的材料费。其换算公式为：

换算材料费=原定额材料费+（换入单价-换出单价）×定额材料消耗量 (3-2)

【例 3-3】 某地工程用水的单价为 5.94 元/m^3，采用拖式铲运机铲运土，运距在 200m 以内，土壤类别为三类土，求定额的材料费单价。

【解】 套用全国统一的《市政工程消耗量定额》(ZYA 1—31—2015)，由定额编号(1-120)

可知定额材料费为 28.00 元/1000m^3，水的材料消耗量为 5.000 m^3/1000m^3，则：

换算材料费=28.00+（5.94−5.60）×5.000=29.70（元/1000m^3）

4. 机械费换算

全国统一的《市政工程消耗量定额》（ZYA 1—31—2015）中的机械单价，反映的是定额编制时点的机械单价。按价变量不变的原则，在现实工程预算中，可按当地的机械单价调整定额中的机械费。其换算公式为：

换算机械费=原定额机械费+（换入单价−换出单价）×定额机械消耗量　　(3-3)

【例 3-4】 某地拖式铲运机的单价为 221.34 元/台班，运距在 200m 以内，土壤类别为三类土，求定额的机械费单价。

【解】 套用《市政工程消耗量定额》（ZYA 1—31—2015），由定额编号（1-120）可知原定额机械费为 3273.35 元/1000m^3，拖式铲运机的单价为 219.98 元/台班，台班消耗量为 12.140 台班/1000m^3，则：

换算机械费=3273.35+（221.34−219.98）×12.140 ≈ 3289.86（元/1000m^3）

3.3 人工工日单价

3.3.1 人工工日单价的概念

人工工日单价是指一个建筑安装工人一个工作日（8h）在预算中按现行有关政策法规规定应计入的全部人工费用。

3.3.2 人工工日单价的组成内容

人工工日单价组成内容，在各部门、各地区并不完全相同。按照现行规定其组成内容为：计时工资或计件工资、奖金、津贴、补贴、加班加点工资、特殊情况下支付的工资。

3.3.3 人工工日单价的确定

人工工日单价中的每一项组成内容都是根据有关法规、政策文件，结合本部门、本地区的特点，通过反复测算最终确定的。人工工日单价是指预算中使用的生产工人的工资单价，是用于编制施工图预算时计算人工费的标准，而不是企业发给生产工人工资的标准。在实际工程中，技术等级高的工人一天的工资标准要高于定额的工资单价。人工工日单价不区分工人工种和技术等级，是一种按合理劳动组合加权平均计算的综合工日单价。

综合工日单价的计算公式如下：

综合工日单价=计时工资或计件工资+奖金+津贴、补贴+加班加点工资+特殊情况下支付的工资　　(3-4)

3.4 材料预算价格

3.4.1 材料预算价格的概念

材料预算价格是指材料（包括构配件、成品及半成品）从其来源地（或交货地点）到达施工工地仓库（或施工现场内存放材料的地点）后的出库价格，如普通黏土砖单价为 365.00 元/千块，M5 混合砂浆单价为 232.00 元/m^3。

3.4.2 材料预算价格的组成内容

材料预算价格一般由材料供应价、运杂费、运输损耗费、采购及保管费、检验试验费等组成。

3.4.3 材料预算价格的确定

材料预算价格的计算公式如下：

材料预算价格=（材料供应价+材料运杂费+材料运输损耗费）×（1+材料采购及保管费费率）−包装品回收价值　　　　（3-5）

1. 材料供应价的确定

材料供应价即材料原价，是指材料的出厂价、进口材料的抵岸价或销售部门的批发价或零售价。对同一种材料，因产地、供应渠道不同出现几种供应价时，其综合供应价可按其供应量的比例加权平均计算。

2. 材料运杂费的确定

材料运杂费包括包装费，运输、装卸费，调车和驳船费以及附加工作费等。

（1）包装费。包装费是指为了便于材料运输和保护材料进行包装所发生和需要的一切费用。包装费包括水运、陆运的支撑、篷布、包装袋、包装箱、绑扎等费用。材料运到现场或使用后，要对材料进行回收，回收价值冲减材料预算价格。

（2）运输、装卸等费用。运输、装卸等费用的确定，应根据材料的来源地、运输里程、运输方法、国家有关部门或地方政府交通运输管理部门规定的运价标准分别计算。

若同一品种的材料有若干个来源地，其运输、装卸等费用可根据运输里程、运输方法、运价标准，用供应量的比例加权平均的方法计算其加权平均值。

3. 材料运输损耗费的确定

材料运输损耗费的计算公式如下：

材料运输损耗费=（材料供应价+材料运杂费）×材料运输损耗率　　　　（3-6）

材料运输损耗率可采用表 3-3 中的数值。

表 3-3　材料运输损耗率

材料类别	损耗率/（%）
机红砖、空心砖、砂、水泥、陶粒、耐火土、水泥地面砖、白瓷砖、卫生洁具、玻璃灯罩	1
机制瓦、脊瓦、水泥瓦	3
石棉瓦、石子、耐火砖、玻璃、色石子、大理石板、水磨石板、混凝土管、缸瓦管	0.5
砌块	1.5

4. 材料采购及保管费的确定

材料采购及保管费一般按照材料到库价格乘以费率确定。计算公式如下：

材料采购及保管费=材料运到工地仓库的价格×采购及保管费率　　(3-7)

或　材料采购及保管费=（材料原价+材料运杂费+材料运输损耗费）×采购及保管费率

3.5　机械台班单价

3.5.1 机械台班单价的概念

机械台班单价是指一台施工机械在一个工作班（8h）中，为了使这台施工机械能正常运转所需的全部费用。

3.5.2 机械台班单价的组成内容

机械台班单价由七项费用构成：折旧费、大修理费、经常修理费、安拆费及场外运输费、燃料动力费、人工费、税费。

3.5.3 机械台班单价的确定

机械台班单价计算公式如下：

机械台班单价=折旧费+大修理费+经常修理费+安拆费及场外运输费+燃料动力费+人工费+税费　　(3-8)

【例 3-5】某地《施工机械台班费用定额》中规定拖式铲运机（堆载斗容量为 $3m^3$）的机械台班费组成内容见表 3-4。

已知某地的人工工日单价为 165.00 元/工日，柴油单价为 8.13 元/ kg，求拖式铲运机（堆载斗容量为 $3m^3$）的机械台班单价。

【解】由于机械台班费组成内容中有多项单价须调整，则机械台班单价可重新计算，其中折旧及大修理费不变。

机械台班单价=62.16+165.00×3.120+8.13×35.080=862.16（元/台班）

表3-4 拖式铲运机（堆载斗容量为3m³）的机械台班费组成

机械名称	规格型号	台班价（除税）/元	费用组成				人工及燃料动力费	
			折旧及大修理费/元	人工费/元	燃料动力费/元	其他费/元	人工	柴油
							163.200/工日	6.88/kg
拖式铲运机	堆载斗容量为3m³	812.69	62.16	509.18	241.35	0.00	3.120	35.080

本章小结

市政工程预算的依据主要有国家标准的清单规范、全国统一的市政工程消耗量定额、各地的市政工程消耗量定额或计价标准。

清单规范是统一清单项目划分、计算清单工程量的依据，是描述分部分项工程项目特征、编制工程量清单的依据，是分析计算综合单价的依据。

消耗量定额是定额项目划分、计算定额工程量的依据，是计算市政工程定额人工费、材料费、机械费的依据。

习　题

1. 单项选择题

1）以下计价依据中，属于国家标准的是（　　）。

A．消耗量定额　　B．概算指标

C．清单规范　　D．价格信息

2）以下费用项目中具备材料预算价格属性的是（　　）。

A．材料生产商提供的出厂价格

B．材料供应商提供的供货价格

C．材料批发商提供的批发价格

D．到达工地仓库后的出库价格

3）消耗量定额中的人工工日单价的本质属性是（　　）。

A．是施工企业工资发放的标准

B．是编制施工图预算时计算人工费的标准

C．是不同工种工人的工资标准

D．是不同技术等级工人的工资标准

2. 多项选择题

1）清单规范的作用包括（　　）。

A．是统一工程量清单编制、规范工程量清单计价的国家标准

B．是调节建设工程招标投标中使用清单计价的招标人、投标人双方利益的规范性文件

C．是我国在招标投标中实行工程量清单计价的基础

D．是参与招标投标各方进行工程量清单计价应遵守的准则

E．是各级建设行政主管部门对工程造价计价活动进行监督管理的重要依据

2）《市政工程消耗量定额》（ZYA 1—31—2015）规定了预算编制中的（　　）。

A．项目编码　　B．项目划分　　C．计量单位

D．人工单价　　E．材料单价

3）下列选项中可归类为计价依据的是（　　）。

A．清单规范　　B．预算定额　　C．材料价格

D．人工单价　　E．施工图纸

3. 复习思考题

1）阐述《市政工程工程量计算规范》（GB 50857—2013）所起的作用。

2）在消耗量定额中，“定额消耗量”“人工、材料、机械单价”和“基价”三者之间是什么关系？

3）如何理解消耗量定额在使用时的价变量不变的含义？

第4章 市政工程预算编制方法

教学目标

本章主要讲述如何编制市政工程预算。通过本章的学习，应达到以下目标。

（1）熟悉市政工程预算的费用组成、编制依据。

（2）掌握市政工程预算的计价方法。

教学要求

知识要点	能力要求	相关知识
市政工程预算编制方法	（1）掌握工程量清单编制依据； （2）掌握工程量清单计价方法	（1）工程量清单编制； （2）清单计价方法

基本概念

工程量清单；清单计价方法。

引例

两种计价模式

1949 年，我国从苏联引入了基本建设的概预算制度，由政府主管部门制定并颁布概（预）算定额，使用单位照本计价，形成了长期不变的定额计价法。后来，我国逐步走上市场经济的道路，2003 年，住房和城乡建设部颁布《建设工程工程量清单计价规范》（GB 50500—2013），规定了政府投资的工程建设项目全部实行工程量清单计价，标志着我国开始推行清单计价法。

现行市政工程预算采用工程量清单计价。工程量清单计价是指在建设工程招标投标中，招标人按照国家统一的工程量计算规则提供工程数量并编制工程量清单，由投标人依据工程量清单自主报价，按照经评审的合理低价中标的工程造价方式计价。

4.1 费 用 组 成

按照某地最新的计价标准，工程量清单计价的费用组成见表 4-1。

表 4-1 工程量清单计价的费用组成

<table>
<tr><td rowspan="19">建筑安装工程费用</td><td rowspan="7">1. 分部分项工程费</td><td rowspan="2">1.1 人工费</td><td colspan="2">1.1.1 定额人工费</td></tr>
<tr><td colspan="2">1.1.2 规费（养老保险费+医疗保险费+住房公积金）</td></tr>
<tr><td colspan="3">1.2 材料费</td></tr>
<tr><td colspan="3">1.3 机械费</td></tr>
<tr><td colspan="3">1.4 管理费</td></tr>
<tr><td colspan="3">1.5 利润</td></tr>
<tr><td colspan="3">1.6 风险费</td></tr>
<tr><td rowspan="12">2. 措施项目费</td><td rowspan="7">2.1 技术措施项目费</td><td>2.1.1 大型机械设备进出场及安拆费</td><td rowspan="7">包含：
①人工费（定额人工费+规费）
②材料费
③机械费
④管理费
⑤利润</td></tr>
<tr><td>2.1.2 大型机械设备基础费</td></tr>
<tr><td>2.1.3 脚手架工程费</td></tr>
<tr><td>2.1.4 模板工程费</td></tr>
<tr><td>2.1.5 垂直运输费</td></tr>
<tr><td>2.1.6 超高增加费</td></tr>
<tr><td>2.1.7 排水降水费</td></tr>
<tr><td rowspan="5">2.2 组织措施项目费</td><td rowspan="3">2.2.1 绿色施工安全文明措施费</td><td>2.2.1.1 安全文明施工及环境保护费</td></tr>
<tr><td>2.2.1.2 临时设施费</td></tr>
<tr><td>2.2.1.3 绿色施工措施费</td></tr>
<tr><td colspan="2">2.2.2 冬雨季施工增加费，工程定位复测费，工程点交、场地清理费</td></tr>
<tr><td colspan="2">2.2.3 压缩工期增加费</td></tr>
</table>

续表

<table>
<tr><td rowspan="22">建筑安装工程费用</td><td rowspan="5">2. 措施项目费</td><td rowspan="5">2.2 组织措施项目费</td><td>2.2.4 夜间施工增加费</td></tr>
<tr><td>2.2.5 行车、行人干扰增加费</td></tr>
<tr><td>2.2.6 已完工程及设备保护费</td></tr>
<tr><td>2.2.7 特殊地区施工增加费</td></tr>
<tr><td>2.2.8 其他</td></tr>
<tr><td rowspan="10">3. 其他项目费</td><td colspan="2">3.1 暂列金额</td></tr>
<tr><td rowspan="2">3.2 暂估价</td><td>3.2.1 专业工程暂估价</td></tr>
<tr><td>3.2.2 专业技术措施暂估价</td></tr>
<tr><td colspan="2">3.3 计日工</td></tr>
<tr><td colspan="2">3.4 施工总承包服务费</td></tr>
<tr><td colspan="2">3.5 优质工程增加费</td></tr>
<tr><td colspan="2">3.6 索赔与现场签证费</td></tr>
<tr><td colspan="2">3.7 提前竣工增加费</td></tr>
<tr><td colspan="2">3.8 人工费调整</td></tr>
<tr><td colspan="2">3.9 机械燃料动力费价差</td></tr>
<tr><td rowspan="3">4.其他规费</td><td colspan="2">4.1 工伤保险费</td></tr>
<tr><td colspan="2">4.2 工程排污费</td></tr>
<tr><td colspan="2">4.3 环境保护费</td></tr>
<tr><td rowspan="4">5.税金</td><td colspan="2">5.1 增值税</td></tr>
<tr><td colspan="2">5.2 城市维护建设税</td></tr>
<tr><td colspan="2">5.3 教育费附加</td></tr>
<tr><td colspan="2">5.4 地方教育附加</td></tr>
</table>

4.2 编制依据

（1）《市政工程工程量计算规范》（GB 50857—2013）。

（2）国家或省级、行业建设主管部门颁发的计价标准。

（3）建设工程设计文件及相关资料。

（4）拟定的招标文件及招标工程量清单。

（5）与建设项目有关的标准、规范、技术资料。

（6）施工现场情况、工程特点及常规施工方案。

（7）工程造价管理机构发布的工程造价信息，当工程造价信息没有发布时，其可参照市场价。

（8）其他相关资料。

4.3 编制步骤

1. 准备阶段

（1）熟悉施工图纸、招标文件。
（2）参加图纸会审、踏勘施工现场。
（3）熟悉施工组织设计或施工方案。
（4）确定计价依据。

2. 编制试算阶段

（1）针对工程量清单，参照国家标准《建设工程工程量清单计价规范》（GB 50500—2013）、《市政工程工程量计算规范》（GB 50857—2013）和当地的计价标准和人工、材料、机械价格信息，计算分部分项工程量清单的综合单价，从而计算出分部分项工程费。
（2）参照当地的计价标准计算措施项目费和其他项目费。
（3）参照当地的计价标准计算规费、税金。
（4）汇总计算单位工程总价、单项工程造价、工程项目总价。
（5）主要材料分析。
（6）填写编制说明和封面。

3. 复算收尾阶段

（1）复核。
（2）装订签章。

4.4 表格样式

工程量清单计价的表格主要有以下20种。
1）招标控制价的封面（图4.1）

____________________工程

招标控制价

招标人：____________________
（单位盖章）
造价咨询人：____________________
（单位盖章）
年　月　日

图4.1　招标控制价的封面

2）招标控制价的扉页（图 4.2）

______________工程

招标控制价

招标控制价 （小写）：______________

（大写）：______________

招标人：______________ 造价咨询人：______________

（单位盖章） （单位资质专用章）

法定代表人 法定代表人

或其授权人：______________ 或其授权人：______________

（签字或盖章） （签字或盖章）

编制人：______________ 复核人：______________

（造价人员签字盖专用章） （造价工程师签字盖专用章）

编制时间： 年 月 日 复核时间： 年 月 日

图 4.2 招标控制价的扉页

3）投标报价的封面（图 4.3）

______________工程

投标报价

投标人：______________

（单位盖章）

年 月 日

图 4.3 投标报价的封面

4）投标报价的扉页（图4.4）

______________工程

投标报价

招 标 人：______________

工程名称：______________

投标总价（小写）：______________

（大写）：______________

投标人：______________

（单位盖章）

法定代表人或其授权人：______________

（签字或盖章）

编制人：______________

（造价人员签字盖专用章）

编制时间： 年 月 日

图4.4 投标报价的扉页

5）编制总说明（图4.5）

工程概况：

编制依据：

其他问题：

图4.5 编制总说明

6）建设项目招标控制价/投标报价汇总表（表 4-2）

表 4-2　建设项目招标控制价/投标报价汇总表

工程名称：　　　　　　　　　　　　　　　　　　　　　　　　　第　页，共　页

序号	单项工程名称	金额/元	其中：金额/元			
			暂估价	安全文明施工费	规费	税金
	合计					

7）单项工程招标控制价/投标报价汇总表（表 4-3）

表 4-3　单项工程招标控制价/投标报价汇总表

工程名称：　　　　　　　　　　　　　　　　　　　　　　　　　第　页，共　页

序号	单位工程名称	金额/元	其中：金额/元			
			暂估价	安全文明施工费	规费	税金
	合计					

8）单位工程招标控制价/投标报价汇总表（表 4-4）

表 4-4　单位工程招标控制价/投标报价汇总表

工程名称：　　　　　　　　　　　　　　　　　　　　　　　　　第　页，共　页

序号	项目名称	金额/元	其中：暂估价/元
1	分部分项工程费		
1.1	人工费		
1.1.1	定额人工费		
1.1.2	规费		
1.2	材料费		
1.3	设备费		

续表

序号	项目名称	金额/元	其中：暂估价/元
1.4	机械费		
1.5	管理费		
1.6	利润		
1.7	风险费		
2	措施项目费		
2.1	技术措施项目费		
2.1.1	人工费		
2.1.1.1	定额人工费		
2.1.1.2	规费		
2.1.2	材料费		
2.1.3	机械费		
2.1.4	管理费		
2.1.5	利润		
2.2	组织措施项目费		
2.2.1	绿色施工安全文明措施项目费		
2.2.1.1	临时设施费		
2.2.2	其他施工组织措施费		
3	其他项目费		
3.1	暂列金额		
3.2	暂估价		
3.3	计日工		
3.4	总承包服务费		
3.5	其他		
3.5.1	人工费调整		
3.5.2	机械燃料动力费调整		
4	其他规费		
4.1	工伤保险费		
4.2	工程排污费		
4.3	环境保护税		
5	税前工程造价		
6	税金		
7	单位工程造价		

9）分部分项工程/技术措施项目清单与计价表（表 4-5）

表 4-5　分部分项工程/技术措施项目清单与计价表

工程名称：　　　　　　　　　　　　　　　　　　　　　　　　第　页，共　页

序号	项目编码	项目名称	项目特征	计量单位	工程量	金额/元						备注
						综合单价	合价	其中				
								人工费		机械费	暂估价	
								定额人工费	规费			

10）综合单价分析表（表 4-6）

表 4-6　综合单价分析表

工程名称：　　　　　　　　　　　　　　　　　　　　　　　　第　页，共　页

序号	项目编码	项目名称	计量单位	清单综合单价组成明细															综合单价/元
				定额编号	定额名称	定额单位	数量	单价/元											
								人工费		材料费	机械费	人工费		材料费	机械费	管理费	利润	风险费	
								定额人工费	规费			定额人工费	规费						
				小计															
				小计															
				小计															

11）综合单价材料明细表（表4-7）

表4-7 综合单价材料明细表

工程名称：　　　　　　　　　　　　　　　　　　　　　　　第　页，共　页

<table>
<tr><th rowspan="2">序号</th><th rowspan="2">项目编码</th><th rowspan="2">项目名称</th><th rowspan="2">计量单位</th><th rowspan="2">工程量</th><th colspan="7">材料组成明细</th></tr>
<tr><th>主要材料名称、规格、型号</th><th>单位</th><th>数量</th><th>单价/元</th><th>合价/元</th><th>暂估材料单价/元</th><th>暂估材料合价/元</th></tr>
<tr><td rowspan="6"></td><td rowspan="6"></td><td rowspan="6"></td><td rowspan="6"></td><td rowspan="6"></td><td></td><td></td><td></td><td></td><td></td><td></td><td></td></tr>
<tr><td></td><td></td><td></td><td></td><td></td><td></td><td></td></tr>
<tr><td></td><td></td><td></td><td></td><td></td><td></td><td></td></tr>
<tr><td></td><td></td><td></td><td></td><td></td><td></td><td></td></tr>
<tr><td colspan="3">其他材料费</td><td></td><td></td><td></td><td></td></tr>
<tr><td colspan="3">材料费小计</td><td></td><td></td><td></td><td></td></tr>
<tr><td rowspan="6"></td><td rowspan="6"></td><td rowspan="6"></td><td rowspan="6"></td><td rowspan="6"></td><td></td><td></td><td></td><td></td><td></td><td></td><td></td></tr>
<tr><td></td><td></td><td></td><td></td><td></td><td></td><td></td></tr>
<tr><td></td><td></td><td></td><td></td><td></td><td></td><td></td></tr>
<tr><td></td><td></td><td></td><td></td><td></td><td></td><td></td></tr>
<tr><td colspan="3">其他材料费</td><td></td><td></td><td></td><td></td></tr>
<tr><td colspan="3">材料费小计</td><td></td><td></td><td></td><td></td></tr>
</table>

注：招标文件提供了暂估单价的材料，按暂估单价填入表内“暂估材料单价”栏和“暂估材料合价”栏。

12）组织措施项目清单与计价表（表4-8）

表4-8 组织措施项目清单与计价表

工程名称：　　　　　　　　　　　　　　　　　　　　　　　第　页，共　页

序号	项目编号	项目名称	计算基础	费率/（%）	金额/元	调整费率/（%）	调整金额/元	备注
1		绿色施工安全文明措施费						
1.1		安全文明施工及环境保护费						
1.2		临时设施费						
1.3		绿化施工措施费						
2		冬雨季施工增加费、工程定位复测、工程点交、场地清理费						
3		压缩工期增加费						
4		夜间施工增加费						
5		行车、行人干扰增加费						
6		已完工程及设备保护费						
7		特殊地区施工增加费						
8		其他施工组织措施费						
		合计						

13）其他项目清单与计价汇总表（表4-9）

表4-9 其他项目清单与计价汇总表

工程名称： 第 页，共 页

序号	项目名称	金额/元	结算金额/元	备注
1	暂列金额			明细详见“暂列金额明细表”
2	暂估价			
2.1	材料（工程设备）暂估价			明细详见“材料（工程设备）暂估单价及调整表”
2.2	专业工程暂估价			明细详见“专业工程暂估价（结算价）表”
2.3	专项技术措施暂估价			明细详见“专项技术措施暂估价（结算价）表”
3	计日工			明细详见“计日工表”
4	总承包服务费			明细详见“总承包服务费计价表”
5	索赔与现场签证			明细详见“索赔与现场签证计价汇总表”
6	优质工程增加费			
7	提前竣工增加费			
8	人工费投资			
9	机械燃料动力费价差			
合计				

14）暂列金额明细表（表4-10）

表4-10 暂列金额明细表

工程名称： 第 页，共 页

序号	项目名称	计量单位	暂定金额/元	备注
合计				

注：此表由招标人填写，如不能详列，也可只列暂定金额总额，投标人应将上述暂列金额计入投标总价中。

15）材料（工程设备）暂估单价及调整表（表4-11）

表4-11　材料（工程设备）暂估单价及调整表

工程名称：　　　　　　　　　　　　　　　　　　　　　　　　　　　　第　页，共　页

序号	材料（工程设备）名称、规格、型号	计量单位	数量		暂估价/元		确认/元		差额±/元		备注
			暂估	确认	单价	合价	单价	合价	单价	合价	
合计											

注：此表由招标人填写“暂估单价”，并在“备注”栏内说明暂估价的材料、工程设备拟用在哪些清单项目上，投标人应将上述材料（工程设备）“暂估单价”计入工程量清单综合单价报价中。

16）专业工程暂估价及结算价表（表4-12）

表4-12　专业工程暂估价及结算价表

工程名称：　　　　　　　　　　　　　　　　　　　　　　　　　　　　第　页，共　页

序号	工程名称	工程内容	暂估金额/元	结算金额/元	差额/元	备注
合计						

注：此表“暂估金额”由招标人填写，投标人应将“暂估金额”计入投标总价中。结算时按合同约定结算金额填写。

17）计日工表（表 4-13）

表 4-13 计日工表

工程名称： 第 页，共 页

序号	项目名称	单位	暂定数量	实际数量	综合单价/元	合价/元	
						暂定	实际
一	人工						
人工小计							
二	材料						
材料小计							
三	机械						
机械小计							
四、管理费和利润							
总计							

注：此表工程名称、暂定数量由招标人填写。编制招标控制价时，单价由招标人在招标文件中确定；投标时，单价由投标人自主报价，按暂定数量计算合价计入投标总价中。结算时，按发承包双方确认的实际数量计算合价。

18）总承包服务费计价表（表 4-14）

表 4-14 总承包服务费计价表

工程名称： 第 页，共 页

序号	项目名称	项目价值/元	服务内容	计算基础	费率/（%）	金额/元
1	发包人发包专业工程					
2	发包人提供材料					
合计						

19）发包人提供材料和工程设备一览表（表4-15）

表4-15　发包人提供材料和工程设备一览表

工程名称：　　　　　　　　　　　　　　　　　　　　　　　　　　第　页，共　页

序号	材料（工程设备）名称、规格、型号	计量单位	数量	单价/元	交货方式	送达地点	备注

注：此表由招标人填写，供投标人在投标报价、确定总承包服务费时参考。

4.5　费用计算

4.5.1　分部分项工程费计算

分部分项工程费的计算公式如下：

$$\text{分部分项工程费}=\sum(\text{分部分项清单工程量}\times\text{综合单价}) \tag{4-1}$$

其中，分部分项清单工程量应根据《市政工程工程量计算规范》（GB 50857—2013）中的工程量计算规则和施工图、各类标配图计算（具体计算详见下面各章节的内容）。

综合单价是指完成一个规定清单项目所需的人工费、材料和工程设备费、机械费、管理费、利润的单价。其计算公式如下：

$$\text{综合单价}=\frac{\text{清单项目费用（含人工、材料和工程设备、机械、管理、利润）}}{\text{清单工程量}} \tag{4-2}$$

1. 人工费、材料费、机械费计算

人工费、材料费、机械费的计算见表 4-16。

表 4-16 人工费、材料费、机械费的计算

费用名称	计算方法
人工费	人工费=分部分项工程量×人工消耗量×人工工日单价 或 人工费=分部分项工程量×人工费单价 其中：定额人工费=分部分项工程量×定额人工费单价 规费=分部分项工程量×规费单价
材料费	材料费=分部分项工程量×∑（材料消耗量×材料单价） 或 材料费=分部分项工程量×材料费单价
机械费	机械费=分部分项工程量×∑（机械台班消耗量×机械台班单价） 或 机械费=分部分项工程量×机械费单价

注：表中的分部分项工程量是指按定额计算规则计算出的定额工程量。

2. 管理费的计算

（1）管理费的计算公式。

管理费的计算公式如下。

管理费=（定额人工费+机械费×8%）×管理费费率 （4-3）

定额人工费是指在计价标准中规定的人工费，是以人工消耗量乘以当地某一时期的人工工资单价得到的计价人工费，它是管理费、利润、规费（养老保险费、医疗保险费、住房公积金）的计费基础。当出现人工工资单价调整时，价差部分可计入其他项目费。

机械费是指在计价标准中规定的机械费，是以机械台班消耗量乘以当地某一时期的人工工资单价、燃料动力单价得到的计价机械费，它是管理费、利润的计费基础。当出现机械中的人工工资单价、燃料动力单价调整时，价差部分可计入其他项目费。

（2）管理费费率。

管理费费率表见表 4-17。

表 4-17 管理费费率表

专业		计费基础	费率/（%）
建筑工程		定额人工费+机械费×8%	22.78
通用安装工程			17.84
市政工程	建筑工程		25.81
	安装工程		20.46
园林绿化工程			25.08
装配式建筑工程	建筑工程		19.20
	安装工程		17.67

续表

专业		计费基础	费率/（%）
城市地下综合管廊工程	建筑工程		23.87
	安装工程		18.25
绿色建筑工程	建筑工程		19.25
	安装工程		17.84
土石方工程			20.60

3. 利润的计算

（1）利润的计算公式。

$$利润=（定额人工费+机械费\times 8\%）\times 利润率 \quad （4-4）$$

（2）利润率。

利润率表见表4-18。

表4-18　利润率表

专业		计费基础	利润率/（%）
建筑工程		定额人工费+机械费×8%	13.81
通用安装工程			11.90
市政工程	建筑工程		13.83
	安装工程		10.96
园林绿化工程			13.43
装配式建筑工程	建筑工程		12.19
	安装工程		12.31
城市地下综合管廊工程	建筑工程		13.39
	安装工程		8.72
绿色建筑工程	建筑工程		12.92
	安装工程		11.90
土石方工程			12.36

4.5.2 措施项目费计算

某地计价标准将措施项目划分为以下两类。

1. 组织措施项目

组织措施项目是指不能计算工程量的项目，分别按以下方法计算。

安全文明施工费，绿色施工措施费，冬雨季施工增加费，工程定位复测、工程点交、场地清理费，夜间施工增加费，特殊地区施工增加费等组织措施项目应当按照施工方案或施工组织设计，参照有关规定以“项”为计算单位进行综合计价，施工组织措施费已综合考虑了管理费和利润。组织措施项目费费率见表4-19。

表 4-19　组织措施项目费费率　　　　单位：%

专业		计算基础	安全文明施工措施费		绿色施工措施费	冬雨季施工增加费，工程定位复测、工程点交、地清理费	夜间施工增加费	特殊地区施工增加费
			安全文明施工及环境保护费	临时设施费	暂定费率			
建筑工程		定额人工费+机械费×8%	5.12	2.76	5.94	3.72	0.50	（1）2000m＜海拔≤2500m 的地区，费率为 3%；（2）2500m＜海拔≤3000m 的地区，费率为 8%；（3）3000m＜海拔≤3500m 的地区，费率为 15%；（4）海拔＞3500m 的地区，费率为 20%
通用安装工程			6.69	1.59	1.33	2.47	0.30	
市政工程	建筑工程		9.42	2.24	6.02	5.48	0.38	
	安装工程		7.47	1.78	2.19	4.35	0.30	
园林绿化工程			9.04	2.15	—	5.26	0.20	
装配式建筑工程	建筑工程		5.12	2.76	5.94	2.72	0.50	
	安装工程		6.69	1.59	1.33	2.47	0.30	
城市地下综合管廊工程	建筑工程		9.42	2.24	6.02	5.48	0.38	
	安装工程		4.47	1.78	2.19	4.35	0.30	
绿色建筑工程	建筑工程		5.12	2.76	5.94	2.72	0.50	
	安装工程		6.69	1.59	1.33	2.47	0.30	
土石方工程			1.32	0.33	—	4.90	0.15	

注：表中安全文明施工措施费作为一项措施费用，由环境保护费、安全施工、文明施工、临时设施费组成，适用于各类新建、扩建、改建的市政基础设施和拆除工程。

1）压缩工期增加费

压缩工期增加费费率见表 4-20。

表 4-20　压缩工期增加费费率

压缩工期比例	计算基础	费率/（%）
≤10%以内	定额人工费+机械费	0.01～1.03
≤20%以内		1.03～1.55
＞20%		1.55～2.03

2）行车、行人干扰增加费

行车、行人干扰增加费费率见表 4-21。

表 4-21　行车、行人干扰增加费费率

工程名称	计算基础	费率（%）
改、扩建城市道路工程，在已通车的干道上修建的人行天桥工程	定额人工费+机械费×8%	8.85
与改、扩建工程同时施工的给排水、电力管线、通信管线、供热管道工程		4.20
在已通车的主干道上修建立交桥		4.20

注：1. 市政工程行车、行人干扰增加费包括专设的指挥交通的人员，搭设简易防护措施等费用。

2. 封闭断交的工程不计取行车、行人干扰增加费。

3. 厂区、生活区专用道路工程不计取行车、行人干扰增加费。

4. 交通管理部门要求增加的措施费用另计。

3）已完工程及设备保护费

已完工程及设备保护费根据实际发生以现场签证方式计取。

2. 技术措施项目费

技术措施项目是指可以计算工程量的项目。市政工程的技术措施项目包括：井点降水及现场施工围栏、围堰工程、脚手架、桥涵混凝土模板、隧道措施、给排水模板及井子架工程、桥涵临时工程等。其费用可按计算综合单价的方法计算，计算公式如下。

$$技术措施项目费=\sum（措施项目清单工程量\times综合单价） \tag{4-5}$$

$$综合单价=\frac{清单项目费用（含人工、材料、机械、管理、利润）}{清单工程量} \tag{4-6}$$

其中：

$$人工费=措施项目定额工程量\times人工费单价 \tag{4-7}$$

$$定额人工费=措施项目定额工程量\times定额人工费单价 \tag{4-8}$$

$$材料费=措施项目定额工程量\times\sum（材料消耗量\times材料单价） \tag{4-9}$$

$$机械费=措施项目定额工程量\times\sum（机械台班消耗量\times机械台班单价） \tag{4-10}$$

$$管理费=（定额人工费+机械费\times8\%）\times管理费费率 \tag{4-11}$$

$$利润=（定额人工费+机械费\times8\%）\times利润率 \tag{4-12}$$

管理费费率见表4-17，利润率见表4-18。

4.5.3 其他项目费计算

（1）暂列金额。暂列金额应根据工程特点按有关规定估算，但不应超过分部分项工程费的15%。投标人按招标工程量清单中所列的金额计入报价中。在工程实施中，暂列金额由发包人掌握使用，余额归发包人所有，差额由发包人支付。

（2）暂估价中的材料（工程设备）暂估单价。材料（工程设备）暂估单价应按招标工程量清单中列出的单价计入综合单价，暂估价中的专业工程暂估价应按招标工程量清单中列出的金额直接计入投标报价的其他项目费中。

（3）计日工。计日工按承发包双方约定的单价计算，不得计取除税金外的其他费用，其管理费和利润按其专业工程费率计算。

（4）总承包服务费。总承包服务费应根据合同约定的总承包服务内容和范围，参照下列标准计算（表4-22）。

表4-22 总承包服务费费率

服务范围	计算基数	费率/（%）
专业发包专业管理费（管理、协调）	专业发包工程金额	1.00～2.00
专业发包专业管理费（管理、协调、配合）	专业发包工程金额	2.00～4.00
甲供材料保管费	甲供材料金额	0.50～1.00
甲供设备保管费	甲供设备金额	0.20～0.50

（5）其他。

① 人工费调差按当地省级建设主管部门发布的人工费调差文件计算。

② 机械费调差按当地省级建设主管部门发布的机械费调差文件计算。

4.5.4 规费计算

规费费率见表4-23，规费计算公式如下。

规费=定额人工费×规费费率　　（4-13）

表4-23　规费费率

规费类别			计算基础	费率（%）	备注
规费	社会保险费	养老保险费	定额人工费	9.01	计入人工费内
		医疗保险费		6.39	
	住房公积金			4.60	
	规费小计			20.00	
其他规费	工伤保险（单独列计）		定额人工费	0.50	计入税前费用
	工程排污费		按有关部门规定计算		
	环境保护税		按有关部门规定计算		

注：规费作为不可竞争费用，应按规定费率计取。

4.5.5 税金计算

税金计算公式如下。

税金=税前工程造价×综合计税系数　　（4-14）

综合计税系数=增值税率×（1+附加税费费率）　　（4-15）

综合税率取值见表4-24。

表4-24　综合税率取值

税目		计税基础	税率/（%）		
			市区	县城、镇	非市区及县城、镇
增值税	一般计税法	税前工程造价	9		
附加税	城市维护建设税	增值税税额	7	5	1
	教育费附加		3	3	3
	地方教育附加		2	2	2
综合计税系数			10.08	9.90	9.54

4.6 计算示例

【例4-1】 某城市主干道长2500m，路面宽度为31.8m，机动车道为双向4车道，每车道宽为4m，非机动车道宽为3.5m，人行道宽为3.0m，路基加宽值为0.3m。为了夜间行车方便和绿化城市环境，分别在机动车道和非机动车道之间每隔25m设一路灯，每隔5m栽一棵树。已计算出的分项工程清单工程量与定额工程量见表4-25。试计算表4-25中三种沥青混凝土的综合单价和分项工程费。

表4-25 某城市主干道分项工程清单工程量与定额工程量

序号	清单编码	清单分项工程名称	构造做法	计量单位	清单工程量	定额分项工程名称	定额工程量
1	040203004001	沥青混凝土	4cm中粒式沥青混凝土	m^2	40000	4cm中粒式沥青混凝土	40000
2	040203004002	沥青混凝土	5cm中粒式沥青混凝土	m^2	40000	5cm中粒式沥青混凝土	40000
3	040203004003	沥青混凝土	6cm粗粒式沥青混凝土	m^2	40000	6cm粗粒式沥青混凝土	40000

【解】

（1）选择计价依据。查某地的市政工程计价标准相关子目、定额消耗量及单位估价表，见表4-26。

（2）选择费率。

查表4-17管理费费率取定为25.81%，查表4-18利润率取定为13.83%。

（3）综合单价计算。

分部分项工程综合单价分析表见表4-27。

表4-26 相关子目、定额消耗量及单位估价表 计量单位：100 m^2

定额编号		3-2-235	（3-2-231）～（3-2-232）	3-2-227
项目		4cm中粒式沥青混凝土	5cm中粒式沥青混凝土	6cm粗粒式沥青混凝土
基价/元		4865.78	6541.54−1090.49=5451.05	4711.65
其中	人工费/元	147.25	135.30−22.50=112.80	135.30
	定额人工费/元	122.71	112.75−18.75=94.00	112.75
	规费	24.54	22.55−3.75=18.80	22.55
	材料费/元	4383.71	6090.20-1015.3=5074.90	4260.31
	机械费/元	334.82	316.04-52.96=263.08	316.04

表 4-27　分部分项工程综合单价分析表

工程名称：某道路路面工程　　　　　　　　　　　　　　第　页，共　页

序号	项目编码	项目名称	计量单位	清单综合单价组成明细															综合单价/元
				定额编号	定额名称	定额单位	数量	单价/元				合价/元							
								人工费		材料费	机械费	人工费		材料费	机械费	管理费	利润	风险费	
								定额人工费	规费			定额人工费	规费						
1	040203004001	沥青混凝土	m^2	3-2-235	4cm 细粒式沥青混凝土	$100m^2$	0.01	122.71	24.54	4383.71	334.82	1.23	0.25	43.84	3.35	0.39	0.21	0	49.25
2	040203004002	沥青混凝土	m^2	（3-2-231）～（3-2-232）	5cm 中粒式沥青混凝土	$100m^2$	0.01	94.00	18.80	5074.90	263.08	0.94	0.19	50.75	2.63	0.30	0.16	0	54.96
3	040203004003	沥青混凝土	m^2	3-2-227	6cm 粗粒式沥青混凝土	$100m^2$	0.01	112.75	22.55	4260.31	316.04	1.13	0.23	42.60	3.16	0.36	0.19	0	47.66

（4）分部分项工程清单计价表（表4-28）。

表4-28　分部分项工程清单计价表

序号	项目编码	项目名称	计量单位	工程量	金额/元				
					综合单价	合价	其中		
							人工费	机械费	暂估价
1	040203004001	沥青混凝土	m^2	40000	49.25	1970000	59200	134000	
2	040203004002	沥青混凝土	m^2	40000	54.96	2198400	45200	105200	
3	040203004003	沥青混凝土	m^2	40000	47.66	1906400	54400	126400	
合计						6074800	158800	365600	

【例4-2】已知某城市主干道路路面工程部分的分部分项工程费为1995696.37元，其中定额人工费为423490.59元，机械费为159782.25元。技术措施费为215348.46元（其中定额人工费为36543.25元，机械费为17227.88元），试求该道路路面的工程造价。

【解】该道路路面的工程造价具体计算见表4-29。

表4-29　某城市道路路面的工程造价具体计算

序号	项目名称	金额/元	计算方法
1	分部分项工程费	1995696.37	题给条件
1.1	人工费		
1.1.1	定额人工费	423490.59	题给条件
1.1.2	规费		
1.2	材料费		
1.3	设备费		
1.4	机械费	159782.25	题给条件
1.5	管理费		
1.6	利润		
1.7	风险费		
2	措施项目费	325171.94	（2.1）+（2.2）
2.1	技术措施项目费	215348.46	题给条件
2.1.1	人工费		
2.1.1.1	定额人工费	36543.25	题给条件
2.1.1.2	规费		
2.1.2	材料费		
2.1.3	机械费	17227.88	题给条件
2.1.4	管理费		
2.1.5	利润		
2.2	组织措施项目费	109823.48	（2.2.1）+（2.2.2）+（2.2.3）+（2.2.4）

续表

序号	项目名称	金额/元	计算方法
2.2.1	绿色施工安全文明措施项目费	44669.14	[(1.1.1)+(1.4)×8%+(2.1.1.1)+(2.1.3)×8%]×9.42%
2.2.2	临时设施费	10621.96	[(1.1.1)+(1.4)×8%+(2.1.1.1)+(2.1.3)×8%]×2.24%
2.2.3	绿色施工措施费	28546.52	[(1.1.1)+(1.4)×8%+(2.1.1.1)+(2.1.3)×8%]×6.02%
2.2.4	冬雨季施工增加费等其他费用	25985.87	[(1.1.1)+(1.4)×8%+(2.1.1.1)+(2.1.3)×8%]×5.48%
3	其他项目费	0.00	
3.1	暂列金额		
3.2	暂估价		
3.3	计日工		
3.4	总承包服务费		
3.5	其他		
3.5.1	人工费调整		
3.5.2	机械燃料动力费调整		
4	其他规费	2300.17	(4.1)+(4.2)+(4.3)
4.1	工伤保险费	2300.17	[(1.1.1)+(2.1.1.1)]×0.5%
4.2	工程排污费		
4.3	环境保护税		
5	税前工程造价	2323168.48	(1)+(2)+(3)+(4)
6	税金	234175.38	(5)×10.08%
7	单位工程造价	2557343.86	(5)+(6)

本章小结

市政工程预算的方法主要是清单计价法。

清单计价法是指在建设工程招标投标中，招标人按照国家统一的工程量计算规则提供工程数量并编制工程量清单，由投标人依据工程量清单自主报价，并按照评审后的合理低价中标的工程造价计价方式。

清单计价法需要分别计算分部分项工程费、措施项目费、其他项目费、规费和税金。

分部分项工程费和技术措施项目费都需要计算综合单价。

分部分项工程费和技术措施项目费中的人工费、材料费、机械费是套价计算的，在套价计算时应灵活应用价变量不变的原则。

除人工费、材料费、机械费外的其他费用都是间接计算得到的，应特别注意不同情况下的计算基数和费率的应用。

习　　题

1. 市政工程预算的编制依据有哪些内容？
2. 市政工程预算的编制步骤是什么？
3. 预算定额在使用时如何体现价变量不变的原则？
4. 如何使用预算定额计算人工费、材料费和机械费？
5. 与房屋建筑工程相比，市政工程预算要多算哪些专业措施费？
6. 已知某城市主干道路面工程部分的分部分项工程费为 2935496.37 元（其中定额人工费为 524497.52 元，机械费为 259583.21 元），技术措施费为 335546.28 元（其中定额人工费为 30199.17 元，机械费为 21955.21 元）。试求该主干道路面工程的工程造价。

第5章

市政土石方工程计量与计价

教学目标

本章主要讲述市政土石方工程的计量与计价。通过本章的学习，应达到以下目标。

（1）了解市政土石方工程基础知识。

（2）熟悉市政土石方工程工程量清单编制。

（3）掌握市政土石方工程计量与计价。

教学要求

知识要点	能力要求	相关知识
市政土石方工程基础知识	（1）了解土壤的概念； （2）了解土石方分类； （3）了解土石方工程施工流程	（1）土壤的概念； （2）土石方分类； （3）土石方工程施工流程
市政土石方工程工程量清单编制	（1）熟悉市政土石方工程工程量清单编制的内容； （2）熟悉市政土石方工程工程量清单编制的依据； （3）熟悉市政土石方工程工程量清单编制的方法	（1）土石方工程工程量清单编制； （2）土石方工程工程量清单编制的依据； （3）土石方工程工程量清单编制的方法
市政土石方工程计量与计价	（1）掌握市政土石方工程工程量计算方法； （2）掌握市政土石方工程定额计价方法； （3）掌握市政土石方工程清单计价方法	（1）土石方工程清单分项； （2）土石方工程定额分项； （3）清单分项与定额分项组合关系； （4）定额工程量计算规则； （5）清单工程量计算规则

基本概念

土壤的概念；土壤的组成；土壤及岩石的方分类；场地平整；基坑（槽）与管沟开挖；路基开挖；填土；路基填筑以及基坑回填；施工工艺流程；人工土石方施工方法；机械土石方施工方法；土石方工程量清单编制；土石方工程清单分项；土石方工程定额分项；清单分项与定额分项的组合关系；土石方工程清单工程量计算规则；土石方工程定额工程量计算规则；方格网计算法；横断面计算法；沟、槽、坑土石方工程量计算方法；土石方工程计价方法。

引例

某城市主干道土方工程工程量清单

某城市主干道长 2500m，路面宽度为 31.8m。其中 K0+220～K0+970 段的路基湿软、承载力低，故采用在土中打入直径为 0.75m 石灰砂桩的方法，对路基进行处理。该工程土方工程工程量清单见表 5-1。

表 5-1　某城市主干道土方工程工程量清单

序号	项目编码	项目名称	项目特征	计量单位	工程量
1	040101001001	挖一般土方	四类土	m^3	735.30
2	040103002001	缺方内运	四类土、运距 700m	m^3	24.30
3	040103002002	余方弃置	四类土、运距 5km	m^3	671.10
4	040103001001	回填方	密实度为 95%	m^3	64.20

5.1　市政土石方工程概述

5.1.1 土壤与分类

1. 土壤的组成

土壤是地壳岩石经过长期的物理、化学作用，形成的土颗粒、空气、水混合物。土颗粒之间有许多孔隙，孔隙中有气体（一般是空气）、液体（一般是水），土颗粒、空气和水之间的比例随着周围条件的变化而变化。例如，当土层中地下水位上升时，原地下水位以上的土中水的含量就要增加，土颗粒、空气和水的比例有了变化，造成土质的密实或松软、干土或湿土、黏土或淤泥、含水率高低等的相应变化。这三部分之间的比例关系以及体积、重量等的相互变化决定了土的物理性质，以此确定土的分类，从而可以较准确地选用工程计价定额。图 5.1 所示为土颗粒、空气和水在体积上的相互关系。

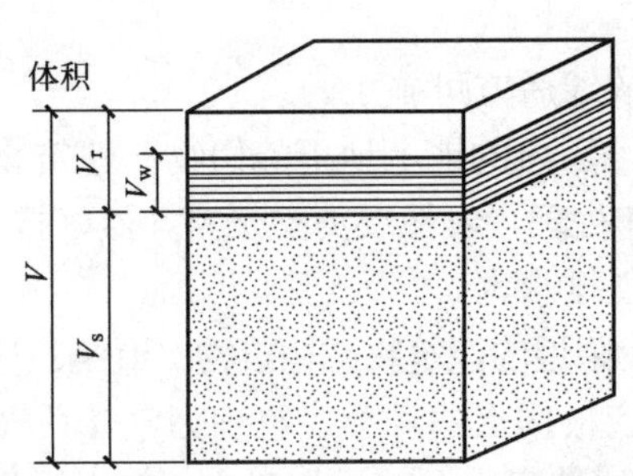

注：1. V—土的总体积；2. V_r—土中空气体积；3. V_s—土中土颗粒的体积；4. V_w—土中水的体积。

图 5.1 土颗粒、空气和水在体积上的相互关系

2. 土壤及岩石的分类

在市政工程中，土壤及岩石通常采用两种分类方法。一种是土石方工程分类，即按土的地质成因、颗粒组成或塑性指数及工程特征来划分。另一种是土石方定额分类，即按土的坚硬程度、开挖难易划分，也就是常用的普氏分类。

1）土壤的分类

在市政工程预算定额中，土壤类别是按土的开挖方法及工具、坚固系数（普氏岩石强度系数力值 f），划分为一至四类土，一般将一、二类土合并在一起。

2）岩石的分类

在市政工程预算定额中，根据岩石的极限压碎强度、坚固系数值，将岩石划分为 5—16 类共 12 种，由于在实际开挖中难以区别，一般分为松石、次坚石、普坚石和特坚石四大类。松石也称普通岩，鉴别或开挖方法是部分用手凿工具，部分用凿岩机（风镐）和爆破来开挖；其他大类称为坚硬岩，全部用风镐风钻爆破法来开挖。

岩石的分类适用于人工石方工程，也适用于机械石方工程。

5.1.2 土石方工程主要施工工艺简介

在市政工程中，常见的土石方工程有场地平整、基坑（槽）与管沟开挖、路基开挖、填土、路基填筑以及基坑回填等。土石方工程施工方法有人工施工和机械施工两种。人工施工比较简单，劳动强度较大。大型土石方工程采用机械施工较多。

1. 人工土石方工程施工工艺

1）人工土石方工程施工工艺流程（图 5.2）

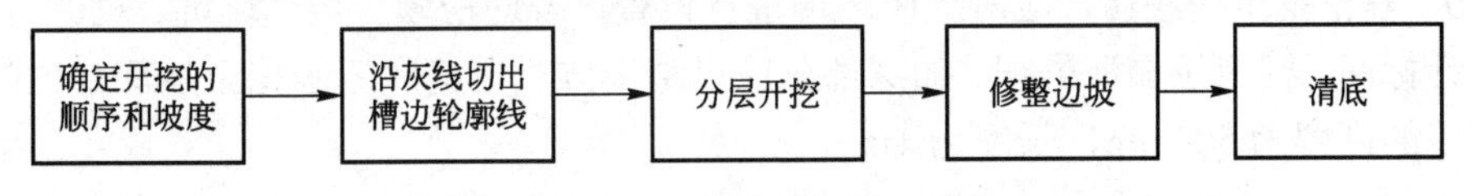

图 5.2 人工土石方工程施工工艺流程

2）施工要点

（1）挖方工程应在定位放线后方可施工。

（2）土方开挖前，施工现场内的地上地下障碍物（建筑物、构筑物、道路、沟渠、管线、坟墓、树木等）应清除和处理，表面要清理平整，做好排水坡向，一般不小于2%的坡度。在施工范围内应挖临时性排水沟。

（3）土方开挖时，应防止附近的建筑物或构筑物、道路、管线等发生下沉和变形的情况。

（4）挖方的边坡坡度，应根据土的种类、物理力学性质（密度、含水量、内摩擦角及黏聚力等）、工程地质情况、边坡高度及使用期确定，在土质构造均匀、水文地质良好且无地下水时，挖土放坡系数按表5-2确定。

表5-2　挖土放坡系数

土壤类别	放坡起至深度/m	机械开挖		人工开挖
		坑内作业	坑上作业	
一、二类土	1.20	1∶0.33	1∶0.53	1∶0.50
三类土	1.50	1∶0.25	1∶0.47	1∶0.33
四类土	2.00	1∶0.10	1∶0.23	1∶0.25

（5）当地质条件良好，土质均匀且地下水位低于基坑（槽）时，在规范允许挖土深度内可以不放坡，也可以不加支撑。

（6）当挖掘土方有地下水时，应先人工降低地下水位，防止建筑物基坑（槽）底土壤扰动，然后进行挖掘。

（7）开挖基坑（槽）时，应先沿灰线直边切出槽边的轮廓线。土方开挖宜自上而下分层、分段开挖，随时做成一定的坡势，以利泄水，并不得在影响边坡稳定的范围内积水，开挖端部逆向倒退按踏步型挖掘。三、四类土先用镐翻松，向下挖掘，每层深度视翻松度而定，每层应清底出土，然后逐层挖掘。所挖土方皆两侧出土，当土质良好时，抛于槽边的土方在槽边0.8m以外，高度不宜超过1.5m。在挖到距槽底500mm以内时，测量放线人员应配合定出距槽底500mm的水平线。自每条槽端部200mm处每隔2～3m，在槽帮上钉水平标高小木楔。在挖至接近槽底标高时，用尺或事先量好的500mm标准尺杆，以小木楔为准校核槽底标高。槽底不得挖深，如已挖深，不得用虚土回填。由两端轴线引桩拉通线，以轴线至槽边距离检查槽宽，修整槽壁，最后清除槽底土方，修底铲平。

（8）开挖放坡的坑（槽）和管沟时，应先按规定坡度，粗略垂直开挖，每挖至约1m深时，再按坡度要求做出坡度线，每隔3m做一条，以此为准进行铲坡。

（9）开挖大面积浅基坑时，沿基坑三面开挖，挖出的土方由未开挖的一面运至弃土地点，坑边存放一部分好土作为回填土。

（10）基槽挖至槽底后，应对地质环境进行检查，若遇松软土层、坟坑、枯井、树根等深于设计标高，则应予加深处理。加深部分应以踏步方式自槽底逐步挖至加深部位的底部，每个踏步的高度为500mm，长度为1m。

（11）在土方开挖过程中，如出现滑坡迹象（如裂缝、滑动等）时，应暂停施工，立即采取相应措施，并观测滑动迹象，做好记录。

2. 机械土石方工程施工工艺

1）机械土石方工程施工工艺流程（图 5.3）

图 5.3 机械土石方工程施工工艺流程

2）施工要点

（1）机械开挖应根据工程规范、地下水位高低、施工机械条件、进度要求等合理地选用施工机械，以充分发挥机械效率、节省机械费用、加快工程进度。一般深度 2m 以内的大面积基坑开挖，宜采用推土机推土和装载机装车；对长度和宽度均较大的大面积土方一次开挖，可用铲运机铲土；对面积大且深的基础，多采用 0.5m^3、1.0m^3 斗容量的液压正铲挖掘；如操作面较狭窄，且有地下水，土的湿度大，可采用液压反铲挖掘机在停机面一次开挖；深度 5m 以上，宜分层开挖或开沟道用正铲挖掘机入基坑分层开挖；对面积很大、深度很大的设备基础基坑或高层建筑地下室深基坑，可采用多层接力开挖方法，土方用机动翻斗汽车运出；在地下水中挖土可用拉铲或抓铲，效率较高。

（2）土方开挖应绘制土方开挖图，如图 5.4 所示。确定开挖路线、顺序、范围、基底标高、边坡坡度、排水沟、集水井位置以及挖出的土方堆放地点等。绘制土方开挖图，应尽可能使用机械开挖，减少机械超挖和人工挖方。

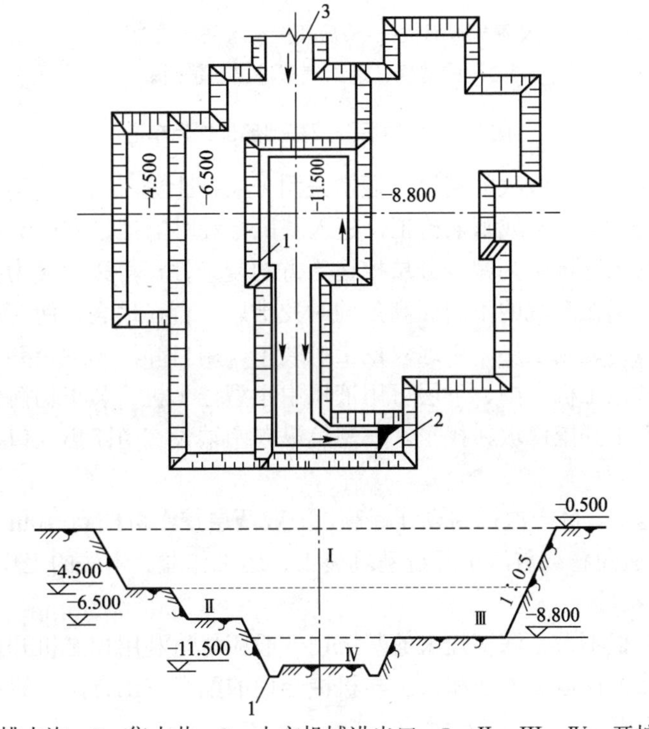

注：1—排水沟；2—集水井；3—土方机械进出口；Ⅰ、Ⅱ、Ⅲ、Ⅳ—开挖次序。

图 5.4 土方开挖图

（3）大面积基础群基坑底标高不一，机械开挖次序一般采取先整片挖至一个平均标高，然后挖个别较深部位。当一次开挖深度超过挖土机最大挖掘高度（5m 以上）时，宜分二至三层开挖，并修筑坡度为 10%～15%的坡道，以便挖土及运输车辆进出。

（4）基坑边角部位，机械开挖不到之处，应用少量人工配合清坡，将松土清至机械作业半径范围内，再用机械掏取运走。人工清土所占比例一般为 1%～10%，挖土方量越大，则人工清土比例越小，修坡以厘米为限制误差。大基坑宜另配一台推土机清土、送土、运土。

（5）挖掘机、运土汽车进出基坑的运输道路，应尽量利用基础一侧或两侧相邻的基础后期需开挖的部位，使它互相贯通作为车道，如图 5.5 所示，或利用提前挖除土方后的地下设施部位作为相邻的几个基坑开挖地下运输通道，以减少挖土量。

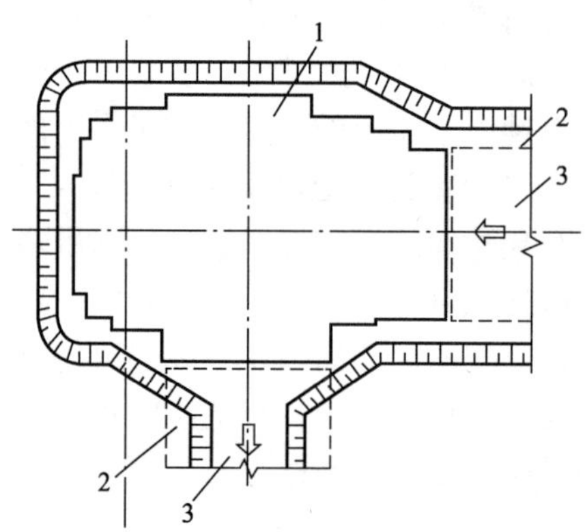

注：1—先开挖设备基础部位；2—后开挖设备基础或地下室、沟道部位；
3—挖掘机、运土汽车进出运输道。

图 5.5　利用后开挖基础部位作为车道

（6）对面积和深度均较大的基坑，通常采用分层挖土施工法，使用大型土方机械在坑下作业。若土层为软土地基或雨期施工，进入基坑行驶时需铺垫钢板或铺路基箱垫道。

（7）对大型软土基坑，为减少分层挖运土方的复杂性，可采用接力挖土法，即利用两台或三台挖土机分别在基坑的不同标高处同时挖土。一台在地表，两台在基坑不同标高的台阶上，边挖土边传递到上层，由地表挖土机装车，用自卸汽车运至弃土地点。为方便挖土，上部可用大型挖土机，中、下层可用液压中小型挖土机。装车均衡作业，机械开挖不到之处，需配以人工开挖修坡、找平。在基坑纵向两端设有道路出入口，上部汽车并列单向行驶。

用本法开挖基坑，可一次挖到设计标高，一般两层挖土可挖到-10m 左右，三层挖土可挖到-15m 左右，避免将载重汽车开进基坑装土、运土作业。本法的工作条件好、效率高，并可降低成本。

（8）对某些面积不大、深度较大的基坑，一般应尽量利用挖土机开挖，不开或少开坡道，先采用机械接力挖运土方法和人工与机械合理的配合挖土方法，然后用搭枕木垛的方法，使挖土机开出基坑，如图 5.6 所示。

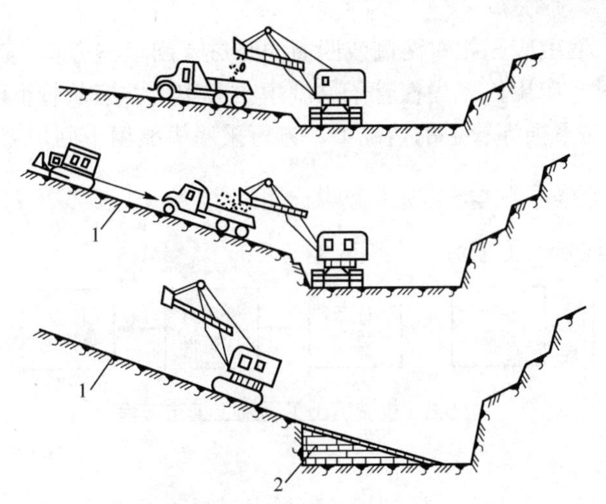

注：1—坡道；2—枕木垛。

图5.6 深基坑机械开挖

（9）机械开挖应由深而浅，基底及边坡应预留一层300～500mm厚土层，用人工清底、修坡、找平，以保证基底标高和边坡坡度正确，避免超挖和土层遭受扰动。

3. 人工填土工程施工工艺

1）人工填土工程施工工艺流程（图5.7）。

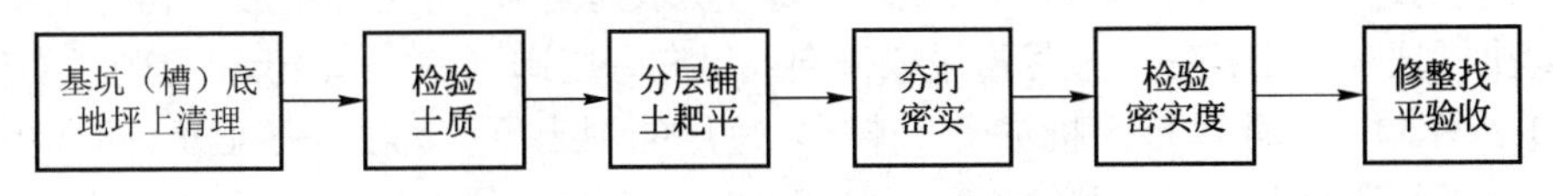

图5.7 人工填土工程施工工艺流程

2）施工要点

（1）用手推车送土，以人工用铁锹、耙、锄等工具进行回填土。填土应从场地最低部分开始，由一端向另一端自下而上分层铺填。每层虚铺厚度，用人工木夯夯实时不大于20cm，用打夯机械夯实时不大于25cm。

（2）深浅坑（槽）相连时，应先填深坑（槽），相平后与浅坑全面分层填夯。如果采取分段填夯，交接处应填成阶梯形。墙基及管道回填应在两侧用细土同时均匀回填、夯实，防止墙基及管道中心线移位。

（3）夯填土采用人工用60～80kg的木夯或铁、石夯，由4～8人拉绳，2人扶夯，举高不小于0.5m，一夯压半夯，按次序进行。较大面积人工回填用打夯机夯实。两机平行时，其间距不得小于3m；在同一夯打路线上，前后间距不得小于10m。

（4）人力打夯前应将填土初步整平，打夯要按一定方向进行，一夯压半夯，夯夯相接，夯夯相连，两边纵横交叉，分层夯打。夯实基槽及地坪时，行夯路线应先由四边开始，然后夯向中间。

（5）用柴油打夯机等小型机具夯实时，一般填土厚度不宜大于25cm，打夯之前对填土初步整平，打夯机依次夯打，均匀分布，不留间隙。

（6）基坑（槽）回填应在相对两侧或四周同时进行回填与夯实。

（7）回填管沟时，应用人工先在管子周围填土夯实，并应从管道两边同时进行，填土至管顶 0.5m 以上。在不损坏管道的情况下，方可采用机械填土回填夯实。

4. 机械填土工程施工工艺

1）机械填土工程施工工艺流程（图 5.8）

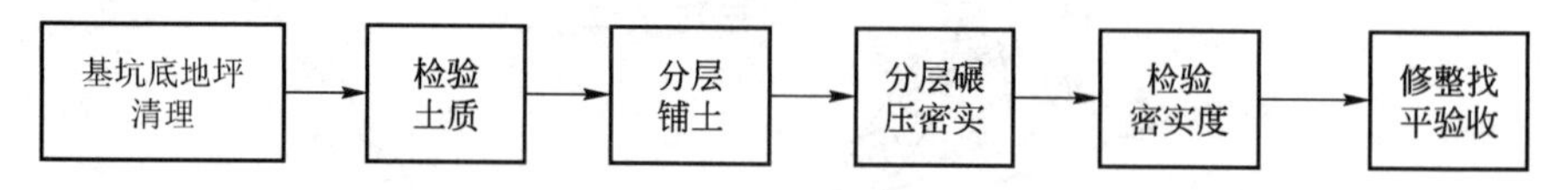

图 5.8 机械填土工程施工工艺流程

2）施工要点

（1）推土机填土应由下而上分层铺填，每层虚铺厚度不宜大于 30cm。大坡度堆填土不得居高临下，不分层次，一次堆填。推土机运土回填，可采用分堆集中，一次运送的方法，分堆距离为 10～15m，以减少运土漏失量。土方推至填方部位时，应提起一次铲刀，成堆卸土，并向前行驶 0.5～1.0m，利用推土机后退时将填土表面刮平。用推土机来回行驶进行碾压，履带应重叠宽度的一半。填土程序宜采用纵向铺填顺序，从挖土区段至填土区段，铺填距离以 40～60m 为宜。

（2）铲土机填土，铺填土区段长度不宜小于 20m，宽度不宜小于 8m。铺土应分层进行，每次铺土厚度为 30～50cm（视所用压实机械的要求而定），每层铺土后，利用空车返回时将填土表面刮平。填土程序一般尽量采取横向或纵向分层卸土，以利铲土机行驶时初步压实。

（3）汽车填土须配以推土机推土、摊平。每层的铺土厚度为 30～50cm（随选用压实机具而定）。填土可利用汽车行驶做部分压实工作，行车路线须均匀分布于填土层上。汽车不能在虚土上行驶，卸土推平和压实工作须分段交叉进行。

（4）为保证填土压实的均匀性及密实度，避免碾轮下陷，提高碾压效率，在碾压机械碾压之前，宜先用轻型推土机、拖拉机推平，低速预压四五遍，使填土表面平实；采用振动平碾压实爆破石渣或碎石类土，应先静压而后振压。

（5）碾压机械压实填方时，应控制行驶速度，一般平碾、振动碾速度不超过 2km/h，并要控制压实遍数。碾压机械与基础或管道应保持一定距离，防止将基础或管道压坏或使其移位。

（6）用压路机进行填方压实，应采用“薄填、慢驶、多次”的方法，填土厚度宜为 25～30cm；碾压方向应从两边逐渐压向中间，碾轮每次重叠宽度为 15～25cm，避免漏压。运行中，碾轮边距填方边缘应大于 500mm，以防发生溜坡倾倒。边角、边坡、边缘压实不到之处，应辅以人力夯实或小型夯实机具夯实。压实密实度，除另有规定外，应压至轮子下沉量 1～2cm 为宜。

（7）平碾碾压完一层后，应用人工或推土机将表面拉毛。土层表面太干时应洒水湿润后，继续回填，以保证上下层结合良好。

（8）使用铲运机及运土工具进行压实，铲运机及运土工具的移动须全面、均匀分布于填筑层，逐次卸土碾压。

5.1.3 市政土石方工程计价特点

市政土石方工程在《市政工程工程量计算规范》（GB 50857—2013）和《市政工程消耗量定额》（ZYA 1—31—2015）中编排为“通用项目”部分，适用于各类市政工程，也就是说市政土石方工程不是一个独立的工程项目，而是市政工程中修筑城镇道路、桥涵、隧道、地铁及铺设给排水管网等工程的前期工程。所以市政土石方工程的计价应区别于不同工程施工的特殊工艺及流程要求，在城镇道路、桥涵、隧道、地铁及铺设给排水管网等工程中列项计价。

5.2 市政土石方工程工程量清单编制

5.2.1 工程量清单编制的一般要求

1. 工程量清单组成

《建设工程工程量清单计价规范》（GB 50500—2013）中规定，工程量清单主要由工程量清单编制总说明、分部分项工程量清单、措施项目清单、其他项目清单、规费与税金清单组成。

分部分项工程是构成工程实体的项目，市政土石方工程属于实体工程项目，应编列在分部分项工程量清单中。

2. 分部分项工程量清单编制内容

分部分项工程量清单见表 5-3，应反映出拟建工程的项目编码、项目名称、项目特征、计量单位和工程量。其中，项目特征是构成分部分项工程量清单项目自身价值的本质特征，应按《市政工程工程量计算规范》（GB 50857—2013）中的规定，并结合市政土石方工程施工的特殊工艺及流程要求进行描述。

表 5-3 分部分项工程量清单

序号	项目编码	项目名称	项目特征描述	计量单位	工程量
			A.1 土方工程		
1	040101001001	挖一般土方	1. 土壤类别：三类土 2. 挖土深度：0.8m 3. 弃土运距：	m^3	100
2	040103001001	回填方	1. 密实度要求：>95% 2. 填方材料品种：三类土 3. 填方来源、运距	m^3	80
⋮	⋮	⋮	⋮	⋮	⋮

5.2.2 工程量清单编制的依据

1. 编制的依据

《建设工程工程量清单计价规范》（GB 50500—2013）中规定，编制工程量清单依据如下。

（1）国家标准建设工程工程量清单计价规范和各专业工程计量规范。

（2）国家或省级、行业建设主管部门颁发的计价依据和办法。

（3）建设工程设计文件。

（4）与建设工程项目有关的标准、规范、技术资料。

（5）招标文件及其补充通知、答疑纪要。

（6）施工现场情况、工程特点及常规施工方案。

（7）其他相关资料。

2. 分部分项工程量计价内容

《市政工程工程量计算规范》（GB 50857—2013）附录A 土石方工程—表A.1 土方工程（编码：040101）、表A.2 石方工程（编码：040102）、表A.3 回填方共分10个分项，土方工程、石方工程和回填方计价内容见表3-1、表5-4和表5-4。

表5-4 石方工程计价内容

项目编码	项目名称	项目特征描述	计量单位	工程量计算规则	工程内容
040102001	挖一般石方	1. 岩石类别 2. 开凿深度	m^3	按设计图示开挖线以体积计算	1. 排地表水 2. 石方开凿 3. 修整底、边 4. 场内运输
040102002	挖沟槽石方			按设计图示尺寸以基础垫层底面积乘以挖石深度计算	
040102003	挖基坑石方			按设计图示尺寸以体积计算	

表5-5 回填方计价内容

项目编码	项目名称	项目特征描述	计量单位	工程量计算规则	工程内容
040103001	回填方	1. 密实度要求 2. 填方材料品种 3. 填方粒径要求 4. 填方来源、运距	m^3	1. 按挖方清单项目工程量加原地面线至设计要求标高间的体积，减基础、构筑物等埋入体积计算 2. 按设计图示尺寸以体积计算	1. 运输 2. 回填 3. 压实
040103002	余方弃置	1. 废弃料品种 2. 运距	m^3	按挖方清单项目工程量减回填方体积（正数）计算。	余方点装料运输至弃置点

3. 相关问题说明

挖方应按天然密实度体积计算，填方应按压实后体积计算。

沟槽、基坑、一般土石方的划分应符合下列规定。

（1）底宽 7m 以内，底长大于底宽 3 倍以上应按沟槽计算。

（2）底长小于底宽 3 倍以下，底面积在 150m^2 以内应按基坑计算。

（3）超过上述范围，应按一般土石方计算。

5.2.3 工程量清单编制实例

1. 工程概况

桩号 K4+894.612～K5+880.000 红线范围内图示道路、排水工程。

本工程西起钓台路，经安谷路、段家路、广成路、崇文路、白马河路、河南街路、沣滨西路、沣滨东路、企业路，东至上林路，设计全长 5880m。

本标段为：K4+894.612～K5+880.000。

本工程规划红线宽度为 60m，三块板型式，其中：机动车道为 23m，隔离带为 2×3.5m，非机动车道为 2×5m，绿化带为 2×6m，人行道为 2×4m。

主要技术指标如下。

（1）道路等级：城市主干道。

（2）设计车速：50km/h。

（3）道路设计使用年限：12 年。

（4）道路设计横坡：2%。

（5）人行道设计横坡：2%。

（6）雨水设计重现期：P=1 年。

2. 施工方案

1）施工原则

（1）道路工程施工，测量先行，这是施工展开的先决条件，必须有准确而符合精度要求的数据为依托。

（2）积极做好确认签证制度工作，使每一道施工工序取得监理工程师的事前、事后认可。

（3）施工方法在满足现行质量评定标准的前提下，力求实用和新工艺应用；质量标准在符合现行验收评定标准的基础上，实现本工程提出的质量优良目标。

（4）切实组织落实本工程所制定的各种保证措施及创优规划。

2）雨水、污水管道施工

本合同段的雨水、污水管道的施工，为不影响路基施工和减小雨水影响，优先安排施工。

（1）管沟开挖。清场后根据设计标高位置，撒灰线示出开挖宽度，采用挖掘机开挖，垂直开挖至基底设计面上 15cm 后，改由人工修坡及开挖至设计标高，避免对基底的扰动，采用木撑加固沟壁。基底采用蛙式打夯机夯实使填土密实度达到设计要求，当不能满足要求时，视实际情况，用加灰或换填处理来保证基底填土密实度达到规定，施工开挖时预留 5cm 左右的夯实沉落量，并在基底夯实后及时做垫层，以免暴露过长时间，引起地基承载力下降。

（2）灰土垫层施工。管沟基底施工处理完成后及时报检，取得监理单位的签认后，按设计要求做 3∶7 灰土垫层，人工在管沟摊铺及整平，打夯机夯实。灰土摊铺时，按标定于沟壁上的标高控制桩进行摊铺，及时检测填土密实度，保证垫层质量。3∶7 灰土的拌合采用机械场内集中拌合，以确保匀质及含灰量符合图纸要求。

（3）管道安装及闭水试验。管道安装由具有经验的专业队伍施工，施工完成后按监理工程师的要求及时做闭水试验，合格后进行下一道工序施工。

（4）回填土。人工分段两侧对称水平打夯机回填，管下部机具不能施工的楔形部分，手锤夯实，每层虚铺厚度，打夯机≤15cm，手锤≤10cm，管顶以上打夯机夯实至路床顶面。注意打夯机与机械压实机接茬部位应重点压实。

3）路基挖方施工

本标段路基挖土方开挖高度较小，属浅挖地段，拟采用如下施工方法。

（1）采用全站仪打出线路中心线控制桩，按设计路基横断面放出开挖边线并用白灰线示出。

（2）采用挖掘机配合推土机进行挖方区清表工作，对于机械难以开挖的地段采用人工清表，并及时将废弃物用自卸汽车运至弃土场或垃圾场倾倒。

（3）针对本标段均为浅挖的情况，拟采用推土机推平，装载机装土，自卸汽车配合运输的方法进行施工，先沿标示开挖边线从上至下顺线路方向分层进行开挖，若挖方能利用，按就近利用的原则将挖方调配至填方区或运至料场用作灰土垫层、基层原料，最后人工修整边坡。

（4）为了保证不超挖并使边坡的线形美观，在边线开挖时可统一向道路中心线内移 15cm，待人工刷坡时一并开挖至路床面，并运至料场利用，若土质不符合要求时应远运弃土。

（5）当开挖至路拱顶面标高时，应对路拱顶面下 30cm 的原状土进行翻松，人工配合平地机挂线整平，及时检测含水量，针对实际含水量的大小，可采用洒水湿润，晾晒风干或加灰处理的办法，使含水量接近最佳含水量（±2%），并用自行式振动压路机碾压，若土质不符合要求则应换填压实。环刀法或灌砂法检测压实度，在坡脚处开挖临时排水沟。

4）路基填土施工

（1）施工程序。

路基填筑前，先做全幅不少于 100m 的压实试验段，以确定压实设备的组合方式、压实遍数、松铺厚度、松铺系数及含水量的控制范围等，作为后续施工的依据。将压实试验结果呈报监理工程师批准后方可大面积推广应用。

（2）施工方法。

① 路基填筑采用“四区段、八流程”（四区段：填筑区、平整区、碾压区、检验区；八流程：施工准备、测量放样、基底处理、分层填筑、摊铺整平、碾压夯实、检验签证、路基和边坡整修）工艺水平分层分段填筑，由低洼处填起，逐步过渡到一个平面更大面积的填筑，特别注意填挖与沟坎接茬处要分层挖成台阶碾压密实，消除质量隐患。

② 利用全站仪，通过控制导线测设道路中心控制桩点，根据设计横断面放出填筑边线并用白灰线示出，利用推土机进行表土清理，自卸汽车将土运输至弃土场或垃圾场。为了减少测量工作，避免每层填筑后使用测量仪器，可在第一次边线放出后，将边线控制桩统一外放 1m，打入木桩，并测定其标高，以作为分层填土临时控制桩使用。

③ 本标段的填方，采用挖掘机和装载机取土，自卸汽车将土运输至填筑区段，整平采用推土机粗平，平地机精平，松铺厚度原则上不超过 30cm，以试验段结果为准。含水量可通过洒水或翻晒的方式控制，必要时，还可加大投资，采用磨细生石灰、砂砾石或抛填片石处理软弱地基，以确保含水量在最佳含水量±2%以内，碾压采用振动凸块压路机和振动光面压路机组合的碾压方式。碾压原则为先慢后快、先边后中。为确保路基边缘压实度，每侧填筑宽度需超出设计宽度 30cm，且要多碾压一两遍。

④ 当填高达到 80cm 时，清表完成后应将基底翻松 30cm 后再进行碾压，以确保地基碾压密实。

⑤ 由于本标段实际填土高度大多数为 2～3 层，大于 95%的压实度标准将是土方施工质量控制的关键。为此，将采用大吨位压实机械，严格控制含水量和适当减薄厚度的方法和措施，确保工程质量。

⑥ 在施工之前，用平地机将下层填土表面进行初步刮平，测设出线路中线及填筑边线，并按纵向 5m 布撒方格网，按计算出的每格用土量进行卸土作业，避免土量忽大忽小的现象，造成粗平困难。要在线路中线及边线处，试选培土堆，顶面撒白灰点，测定其标高，作为土方摊铺平整的依据。整平以平地机为主，人工挂线找补配合。振动和静压组合，根据“宁刮勿补”的原则，虚铺时多铺高 1.5cm 以使碾压后标高比设计标高高约 1cm，以便精平时刮平至设计标高，确保路拱标高、平整度、压实度满足规范要求。

⑦ 试验检测。本段填土可采用环刀法进行检测填土密实度，在征得监理工程师许可的前提下，拟使用核子密度仪，以满足机械化施工要求及加快检测速度。路拱成形一段后可刷坡整形，将多余土方调运至下段使用。

5）灰土基层施工

本标段设计底基层为 10%灰土，拟采用机械路拌法施工，配备主导机械有稳定土拌合机 1 台、平地机 1 台、推土机 1 台、凸块压路机 1 台、光轮压路机 1 台、水车 1 台。根据施工规范分两层施工。

（1）施工程序。

先做机动车主车道灰土试验段，并将结果呈报监理工程师批准后方可大面积正式施工。先施工机动车道，后施工非机动车道。

（2）工艺流程。

① 施工准备。在已整修成形路拱上用全站仪准确放出中线及边线，撒出灰线布设长度为 4～6m 的方格网，并在分隔带两侧边缘及人行道边缘实施人工培土挡，以满足填料按设计位置摊料及保证宽度要求。进行前期材料试验和标准击实试验、机械进场、劳动力组织工作，为正式施工创造条件。

② 灰土拌合。现场拌合的设备及布置应在拌合前提交监理工程师并取得批准。当进行拌合操作时，原料应充分拌合均匀，拌合设备应为抽取试样提供方便。拌合时应根据原材

料和混合料的含水量，及时调整加水量，拌合后的合料要尽快摊铺。

③ 运输。灰土采用自卸汽车运输，车辆应装载均匀，在已完成的铺筑层整个表面上通过时，速度宜缓，以减少不均匀碾压或车辙。

④ 摊铺。摊铺采用推土机粗平，平地机精平，摊铺厚度严格按照试验段获得的数据。

⑤ 碾压。碾压采用凸块振动压路机碾压密实。前2遍碾压速度为1.5～1.7km/h，后几遍碾压速度为2.0～2.6km/h，并保证路面全宽范围内均匀碾压至合格，其中路面边缘和接缝处填料要多压一两遍。碾压完毕后，及时用环刀法测密实度，当达到要求后进行下道工序。

⑥ 整形。整形采用平地机刮平，光轮压路机封面，整形前要确保高程、平整度及横坡满足规范要求，本着“宁刮勿补”的原则进行。整形完成后再检测平面几何指标，必要时采用平地机再精平一遍后复压，以获得理想的平整度及外观质量。

⑦ 接缝处理。在碾压段末端压成斜坡，接缝时将此工作缝切成垂直于路面及路中心线的横向断面，再进行下一施工段的摊铺及碾压。

⑧ 养生。采用洒水养生。在碾压完成后，必须保湿养生，养生期不应少于7d，每天洒水次数视气温而定，以保证二灰土表面始终处于潮湿或湿润状态，但也不应过分潮湿。

⑨ 交通管制。灰土在养生期间，除洒水车外，原则上应封闭交通。若个别施工车辆非得通过，应限速20km/h。

6）二灰碎石基层施工

本标段二灰碎石拟采用厂拌法施工，先施工机动车道后施工非机动车道，一层压实完成，按搭接流水作业方式组织实施。配备主导机械稳定土拌合机1台，平地机1台，推土机2台，凸块压路机1台，振动光轮压路机1台，洒水车1台，施工方法同底基层施工。

（1）施工程序。

先施工机动主车道50m试验段，并及时上报试验段结果，经监理工程师审批后，再进行大面积展开施工，并以此作为后续施工的依据。

（2）工艺流程。

① 施工准备。施工准备包括原材料检验、标准击实试验、机械及劳动力组织等。对施工的底基层成形路段进行清理工作，放出中线及宽度边线，划分方网格，沿边线设置土挡以避免超宽，在边线土挡外30cm设立标高台，示出松铺厚度并作为摊料厚度控制依据。

② 拌合。厂拌设备及布置位置应在拌合前提交监理工程师并取得批准后，方可进行设备的安装、检修、调试，使混合料的颗粒组成、含水量达到规定的要求。拌合均匀的混合料中不得含有大于2mm的粉煤灰和石灰团粒。

③ 运输。采用自卸汽车运输。自卸汽车在已完成的铺筑层上通过时，速度宜慢，以减少不均匀碾压或车辙。拌合厂离摊铺地点较远时，混合料在运输时应覆盖，以防水分蒸发；卸料时应注意卸料速度，以防止离析。运到现场的混合料应及时摊铺。

④ 摊铺。摊铺采用稳定土摊铺机摊铺，摊铺厚度根据试验段获得的数据执行。

⑤ 碾压。采用凸块压路机碾压。碾压时顺线路方向，横向轮迹重叠1/2，按照由两边向中间，由慢到快的方法进行，保证在路面基层均匀连续碾压至密实。灌砂法检测密实度，其中基层边缘和接缝处应多压一两遍。

⑥ 整形。碾压密实后，用平地机精平，可按横断面方向用白灰点示出平整标高，依据“宁刮勿补”的原则，精平应顺线路方向沿同方向刮平，严禁反复刮平，以免造成顶部混合料发生离析现象。封面采用自行振动光轮压路机进行，按由慢到快、由静到振、由轻到重的方法完成封面作业，及时检测标高、横（纵）坡，必要时可再精平一遍后复压，使上述各项指标满足设计与规范的要求。

⑦ 养生。采用洒水养生。稳定土在养生期间应保持一定湿度，连续养生不小于 7d，洒水次数视气温而定，以保证二灰碎石表面始终处于潮湿状态。

⑧ 交通管制。养生期间，除洒水车外，原则上应封闭交通。若个别施工车辆非得通过，则限速 20km/h，并禁止急刹车或急打方向掉头。

7）路面面层施工

本工程路面结构依次为基层上喷洒乳化沥青透油层（喷洒量 1.2kg/m^2），5cm 粗粒式沥青碎石连接层，4cm 中粒式沥青混凝土面层。乳化沥青透油层采用沥青洒布车喷洒，沥青混凝土与沥青碎石采用机械拌合，自卸汽车运输，摊铺机摊铺，光轮、胶轮压路机碾压。

（1）施工顺序。

路面基层养护期结束→乳化沥青透油层施工→粗粒式沥青碎石连接层试验段施工→粗粒式沥青碎石连接层施工→中粒式沥青混凝土面层试验段施工→中粒式沥青混凝土面层施工。

（2）工艺流程。

① 乳化沥青透油层。基层检验合格后，对基层进行清扫，若基层表面过分干燥，则需少量洒水，并待表面稍干后用沥青洒布车喷洒乳化沥青。喷洒时做到薄厚均匀。人工撒铺石屑，铺完石屑后用压路机静压一两遍。施工中做好结构物和路缘石的防污保护。

② 乳化沥青黏层。根据设计要求在沥青混合料面层间洒布沥青黏层油，另外新铺沥青混合料与其他构造物的接触面，以及路缘石侧面涂刷沥青黏层油，施工过程中做好路缘石结构物防污保护。用沥青洒布车均匀喷洒，黏层沥青喷洒量为 0.4～0.6kg/m^2。

③ 沥青面层。当基层验收、路缘石施工、下封层检验合格后，方可施工粗粒式沥青碎石连接层、中粒式沥青混凝土面层。

A．施工准备。

基层表面干燥、整洁、无任何松散集料和尘土、污染物，并整理好排水设施。封层表面完好无损，有损坏部位及时修补。路缘石安装稳固，与沥青混合料接触面已涂刷黏层沥青。拌合设备、运料设备、摊铺机及压实设备已上场并调试好，标高控制设施已设好或摊铺机控制摊铺厚度已调好，并经复查无误。

B．拌和。

沥青采用导热油加热。AH-100 石油沥青加热温度为 150～170℃，集料的加热温度比沥青加热温度高 10～20℃，每锅拌合时间为 30～50s。沥青混合料拌合均匀一致，无花白、粗细料分离和结团成块现象，其出厂温度为 140～160℃。沥青混合料拌好后，在未运送前，先储存在有保温设施的储料仓内，储存超过 6h 或温度低于 130℃的沥青混合料不得出厂。

C．运输。

运输车的车厢侧板内壁和底板面清扫干净，不粘有有机物质，并涂刷一薄层油水（柴油∶水=1∶3）混合液，且每车备有保温盖布。运至摊铺地点的沥青混合料温度不低于120～150℃，但不超过175℃，质量不符合要求的沥青混合料不得铺筑在路上。

D．摊铺。

连接层用全半幅一次标高控制法，用摊铺机匀速连续摊铺，摊铺速度为4～5m/min。面层采用厚度控制法，即使用沥青混凝土摊铺机全半幅分次摊铺。在摊铺机装上自动找平基准装置后，为摊铺机设置铺设的厚度、仰角等参数，让摊铺机在全自动状态下运行，行驶速度为4～6m/min。沥青混凝土的摊铺温度保持在125～160℃，铺设厚度根据试验段试验结果确定。

E．碾压。

摊铺后检测沥青混合料温度适合后，紧接着进行碾压。碾压按初压、复压、终压三个阶段进行。压路机从低边向高边直线匀速行驶，先慢后快、先静压后振压（由弱振到强振，再由强振到弱振），每次应重叠1/3～1/2轮迹。工作中杜绝刹车、调头、曲线行驶。初压温度为110～130℃，速度为2～3km/h；复压温度为100～120℃，速度为3～5km/h；终压温度为80～90℃，速度为4～5km/h。对压路机无法压实的局部地段，采用振动平板夯夯实，压路机不在碾压成型并未冷却的路段上转向、调头或停车等候。

F．接缝处理。

同日摊铺的纵缝相邻两摊铺带应重叠2.5～5.0cm，先摊铺带纵缝一侧，应设置垫木预防发生变形和污染。不在同日摊铺的纵缝，应在摊铺新料前对先摊铺带的边缘加细修理，将松动、裂纹、厚度不足或未充分压实的部分清除，刨齐缝边要垂直，线形直顺，并喷洒一层热沥青黏层油方可摊铺新料。纵缝应在摊铺后立即碾压，碾压时碾轮大部分压在已碾压路面上，10～15cm宽度压在新铺的沥青混合料上，然后逐渐移动越过纵缝。上下两层纵缝不应重叠，一般错开30cm。

横缝宜长不宜短，应减少横缝，摊铺碾压时在端部设垫木。次日继续施工时，端部横缝若须刨除，工艺同纵缝措施。

G．开放交通。

沥青混合料各层铺筑完成后，等冷却后即可开放通车。

H．检测。

施工中抽检沥青混合料的沥青含量、集料级配、流值、稳定度、空隙率、饱和度等技术指标，每天完工后及时检测路面标高、厚度、平整度、密实度、宽度、横坡度等。这些技术指标需达到规范设计要求。

8）人行道施工

（1）灰土基层施工。

本合同段人行道设计为10%灰土基层，采用场拌法施工，分段进行。施工方案同底基层灰土施工。

施工时对填土顶面进行清理、整修，用自卸汽车将灰土运至现场，推土机粗平稳压，凸块压路机碾压密实，平地机精平后，光轮振动压路机封面。

灰土施工采取分段推进的方法，一次到位，做到“宁高勿低、宁刮勿补”，及时洒水养护7d并封闭交通。

（2）混凝土垫层施工。

① 混凝土拌制与运输。混凝土采用强制式混凝土拌和机拌制，拌制中严格控制混凝土坍落度和拌制时间，运输采用混凝土工程车运输，运输过程中，尽量减少颠簸，防止混凝土离析。

② 混凝土摊铺、振捣及收面。混凝土摊铺采用人工摊铺；平板振动器振捣，采用人工整平；收面可采用木模收面。

③ 养生。混凝土初凝后立即采用塑料薄膜覆盖，洒水养生。养生期间，必须确保混凝土始终处于潮湿状态，养生期不少于7d。

（3）地面彩砖施工。

人行道地面彩砖施工之前应进行道边路缘石的安装施工，路缘石严格按设计位置挂线施工，以保证顺直、美观。严格控制道牙的直顺度、高程，严禁使用缺角及不合格、不美观的道牙，做到线形美观及舒适。

地面砖铺砌前应先清理基层，然后进行砂浆拌合。砂浆拌合采用砂浆拌合机拌合，小翻斗车运输，严格控制砂浆水灰比。

地砖铺砌时应用铁模配合刮尺将砂浆铺平，地砖铺砌标高稍高于设计高程，然后进行地砖摆放，用橡胶锤击实。

地砖铺砌时应注意花纹、花形及盲道砖的摆放，进行挂线施工，3m 靠尺随时检查平整度。

地砖铺砌后应用湿砂洒面，雾状洒水养护，此期间封闭交通。

9）附属工程施工

（1）道牙、井盖、井箅安装。

路缘石及平石在基层施工完成一段后搭接进行，位置及标高控制每20m按设计位置外放15cm，红漆点示出于预设木桩顶作为施工控制的依据，采用内外两侧挂线法进行作业。用 3m 直尺检查，以达到顺直、美观，标高以符合要求为准，人工接头灌浆勾缝成型并洒水养护。

井盖及铁箅子由厂家供货，组织专人安装。

（2）防渗复合土工膜施工。

① 防渗复合土工膜的铺设紧贴坡面，从底部向上延伸，施工时避免日晒及施工人员踩踏。

② 防渗复合土工膜铺设前，应先检查基层表面是否有草根、树根等杂物或石块等大颗粒硬物，应深挖清除干净并填土夯实。在基层平整（不能有任何凹陷和凸出物）、干净、无杂物，经监理工程师检验签字后进行。

③ 铺设前应对防渗复合土工膜先行检查，有扯裂、蠕变、老化的不得使用，有孔洞、破损的应及时修补或更换。

④ 铺设应平顺，松紧适当，不允许伸拉过紧，应呈波纹状或留有褶皱，并和基层密贴。

10）雨季施工

（1）原则。

做到“超前预报、合理组织、机动灵活、措施得力”，以使施工尽量少受雨水的影响。

（2）措施。

① 掌握天气预报和气候趋势及动态，以利安排施工，做好预防和准备工作。

② 合理安排施工，道路基层以下施工避开雨季。

③ 机械设备和水泥等材料的存放应选择适宜场地，并做好防雨工作。对主要的工程做好防雨，运输便道做好排水工作，保证雨后畅通。

④ 道路填筑、底基层及基层要做到随填、随平、随压实。每层填土表面应按设计做成拱坡，随时掌握好天气变化情况，在雨前收工前将铺填的松土碾压密实。

⑤ 下雨、基层和面层的下层潮湿时，均不得摊铺沥青混合料。对未经压实即遭雨淋的沥青混合料，要全部清除，更换新料。

⑥ 基坑开挖后要及时施工垫层，不能让雨水浸泡，如正赶上下雨时，要预留一定的厚度，待雨后再继续施工。

⑦ 要发扬突击施工和加班加点精神，雨前要突击施工，好天气时要加班加点，做好晴雨天的工作调节。

⑧ 备好防雨物品和施工人员的雨衣和雨靴。

⑨ 施工用电严格管理，并有防雨、防雷电设施。

3. 工程量清单编制

编制好分部分项工程工程量清单，一是要列出分项工程名称，二是要描述项目特征，三是要按照规则正确计算工程量，而完成这一切离不开对施工过程的完整理解，这是工程量清单编制的基础。

根据上述所列某道路工程的施工方案，其中关于土方工程的施工过程可以归结为如下内容。

1）管沟土方开挖

清场后根据设计标高位置，撒灰线示出开挖宽度，采用反铲挖掘机开挖，垂直开挖至管沟基底设计标高上15cm后，改由人工修坡及开挖至设计标高。

2）管沟土方回填

人工分段两侧对称水平打夯机回填，管下部机具不能施工的楔形部分，手锤夯实。每层虚铺厚度，打夯机≤15cm，手锤≤10cm，管顶以上打夯机夯实至路床顶面。

3）道路土方开挖

① 采用全站仪打出线路中心线控制桩，按设计路基横断面放出开挖边线并用白灰线示出。

② 采用正铲挖掘机配合推土机进行挖方区清表工作，对于机械难以开挖的地段采用人工清表，并及时将废弃物用自卸汽车运至弃土场或垃圾场倾倒。

③ 针对本标段均为浅挖的情况，拟采用推土机推，装载机装土，自卸汽车配合运输的方法进行施工。沿标示开挖边线从上至下顺线路方向分层进行开挖，若挖方能利用，按就近利用的原则将挖方调配至填方区或运至料场用作灰土垫层、基层原料。

④ 人工修整边坡。为了保证不超挖并使边坡的线形美观，在边线开挖时可统一向道路中心线内移15cm，待人工刷坡时一并开挖至路床面。

⑤ 当开挖至路拱顶面标高时，应对路拱顶面下30cm的原状土进行翻松，人工配合平地机挂线整平。

4）路基填土施工

① 推土机清表。利用全站仪，通过控制导线测设道路中心控制桩点，根据设计横断面

放出填筑边线并用白灰线示出，用推土机进行表土清理，用自卸汽车运输废弃物至弃土场或垃圾场。

② 机械填方。采用挖掘机和装载机取土，自卸汽车运输至填筑区段，推土机粗平，平地机精平，松铺厚度原则上不超过 30cm，碾压采振动凸块压路机和振动光面压路机组合碾压。当填高达 80cm 时，清表完成后应将基底翻松 30cm 后再进行碾压，以确保地基碾压密实。

③ 在施工之前，用平地机将下层填土表面进行初步刮平，测设出线路中线及填筑边线，并按纵向 5m 布撒方格网，按计算出的每格用土量进行卸土作业。整平以平地机为主，配合人工挂线找补。

依据《市政工程工程量计算规范》(GB 50857—2013）和本工程拟采用的施工方案，编制土方工程分部分项工程量清单见表 5-6。

表 5-6　土方工程分部分项工程量清单表

序号	项目编码	项目名称	项目特征描述	计量单位	工程量
		一、管沟土石方工程			
1	040101002001	挖沟槽土方（机械）	1. 土壤类别：×类 2. 挖土深度：××m 3. 弃土运距：××km	m^3	
3	040103001001	回填方（机械）	1. 密实度要求：0.95 2. 填方材料品种：×类土 3. 填方粒径要求：×× 4. 填方来源、运距：××	m^3	
		二、道路土石方工程			
4	040101001001	挖一般土方（机械）	1. 土壤类别：×类 2. 挖土深度：××m 3. 弃土运距：××km	m^3	
6	040103001002	回填方（机械）	1. 密实度要求：0.95 2. 填方材料品种：×类土 3. 填方粒径要求：×× 4. 填方来源、运距：××	m^3	
⋮	⋮	⋮	⋮	⋮	⋮

5.3　市政土石方工程计量与计价

5.3.1 土石方工程项目分项

1. 土石方工程清单分项

(1) 挖土方：包括挖一般土方、挖沟槽土方、挖基坑土方、盖挖土方、挖淤泥、挖流砂共 6 个项目。

（2）挖石方：包括挖一般石方、挖沟槽石方、挖基坑石方、盖挖石方、基底摊座共 5 个项目。

（3）回填方：1 个项目。

2. 土石方工程定额分项

（1）人工挖土方细分为一、二类土，三类土，四类土，共 3 个项目。

（2）人工挖沟槽土方细分为三类土，挖深在 2m、4m、6m、8m 以内共 4 个项目。

（3）人工挖基坑土方细分为三类土，挖深在 2m、4m、6m、8m 以内共 4 个项目。

（4）人工清理土堤基础细分为厚度在 10cm、20cm、30cm 共 3 个项目。

（5）人工挖土堤台阶细分为三类土，横向坡度在 1∶3.3 以下、1∶3.3～1∶2、1∶2 以上共 3 个项目。

（6）人工装、运土方细分为人工运土运距 20m 以内，运距每增 20m；双轮车运土运距 50m 以内，运距每增 50m；机动翻斗车运距 100m 以内，运距每增 100m；人工装汽车运土方；共 7 个项目。

（7）人工挖运淤泥、流砂细分为人工挖淤泥、流砂；人工运淤泥、流砂运距 20m 以内，人工运淤泥、流砂运距每增 20m；双轮车运淤泥、流砂运距 100m 以内，双轮车运淤泥、流砂运距每增 50m；共 5 个项目。

（8）人工平整场地、填土夯实、原土打夯细分为平整场地、原土打夯、松填土、填土夯实共 4 个项目。

（9）推土机推土细分为三类土推土机推距 20m 以内，推距每增 10m，共 2 个项目。

（10）铲运机铲运土方细分为三类土运土 200m 以内，运距每增 50m，共 2 个项目。

（11）挖掘机挖土细分为三类土装车、不装车，共 2 个项目。

（12）挖掘机挖淤泥、流砂细分为装车、不装车，共 2 个项目。

（13）装载机装土 1 个项目。

（14）装载机装运土方按运距不同细分为运距 20m 以内、60m 以内、80m 以内、100m 以内、150m 以内，共 5 个项目。

（15）自卸汽车运土细分为运距 1km 以内和每增加 1km 共 2 个项目。

（16）机械平整场地、原土夯实、填土（石）夯实细分推土机平整场地、拖式铲运机平整场地、拖式双筒羊足碾原土碾压、内燃压路机原土碾压、拖式双筒羊足碾填土碾压、振动压路机填土碾压、内燃压路机填土碾压、机械填石方碾压、平地原土夯实、槽坑原土夯实、平地填土夯实、槽坑填土夯实，共 12 个项目。

（17）单列沟槽回填砂 1 个项目。

（18）挖掘机转堆土方和机械垂直运输土方，共 2 个项目。

（19）人工凿石细分为平基软岩、较软岩、较硬岩、坚硬岩和坑槽软岩、较软岩、较硬岩、坚硬岩，共 8 个项目。

（20）人工打眼爆破石方细分为平基爆软岩、较软岩、较硬岩、坚硬岩；坑槽内爆破软岩、较软岩、较硬岩、坚硬岩，共 8 个项目。

（21）机械打眼爆破石方细分为平基爆软岩、较软岩、较硬岩、坚硬岩；坑槽内爆破软岩、较软岩、较硬岩、坚硬岩，共 8 个项目。

（22）石方控制爆破细分为平基爆软岩、较软岩、较硬岩、坚硬岩；坑槽内爆破软岩、较软岩、较硬岩、坚硬岩，共 8 个项目。

（23）静力爆破岩石细分为平基爆较软岩、较硬岩、坚硬岩；坑槽内爆破较软岩、较硬岩、坚硬岩，共 6 个项目。

（24）凿岩机破碎岩石细分为软岩、较软岩、较硬岩、坚硬岩，共 4 个项目。

（25）液压岩石破碎机破碎岩石、混凝土和钢筋混凝土细分为软岩、较软岩、较硬岩或混凝土、坚硬岩或钢筋混凝土，共 4 个项目。

（26）明挖石方运输细分为人力运距 20m 以内，每增 20m；双轮车运距 50m 以内，每增 50m；人装翻斗车运距 100m 以内，每增 100m：共 6 个项目。

（27）推土机推石渣细分为推土机推渣运距 20m 以内，每增 20m，共 2 个项目。

（28）挖掘机挖石渣细分为装车、不装车，共 2 个项目。

（29）自卸汽车运石渣细分为自卸汽车运距 1km 以内，每增 1km，共 2 个项目。

（30）挖掘机转堆松散石方和机械垂直运输石方，共 2 个项目。

3. 定额项目的工作内容说明

定额项目的工作内容是正确选用定额子项的关键因素。全国统一的市政工程预算定额土石方部分定额项目的工作内容列于表 5-7 中，方便学习与使用。

表 5-7 定额项目的工作内容

序号	项目名称	定额编号	工作内容说明
1	人工挖土方	1-1～1-3	挖土、抛土、修整底边、修边坡
2	人工挖沟、槽土方	1-4～1-15	挖土、装土或抛土于沟、槽边 1m 以外堆放、修整底边、修边坡
3	人工挖基坑土方	1-16～1-27	挖土、装土或抛土于坑边 1m 以外堆放、修整底边、修边坡
4	人工清理土堤基础	1-28～1-30	挖除、检修土堤面废土层，清理场地，废土 30m 内运输
5	人工挖土堤台阶	1-31～1-39	划线、挖土将刨松土抛至下方
6	人工铺草皮	1-40～1-42	铺设紧拍、花格接槽、洒水、培土、场内运输
7	人工装、运土	1-43～1-49	装车，运土，卸土，清理道路，铺、拆走道板
8	人工挖运淤泥、流砂	1-50～1-52	挖淤泥、流砂，装、运淤泥、流砂，1.5m 内垂直运输
9	人工平整场地、填土夯实、原土夯实	1-53～1-58	1. 场地平整：厚度 30cm 以内的就地挖填、找平 2. 松填土：5m 以内的就地取土、填平 3. 填土夯实：填平、夯土、运水、洒水 4. 原土夯实：打夯
10	推土机推土	1-51～1-118	1. 推土、弃土、平整、空回 2. 修理边坡 3. 工作面内排水
11	铲运机铲运土方	1-119～1-214	1. 铲土、运土、卸土、空回； 2. 推土机配合助铲； 3. 修理边坡、工作面内排水

续表

序号	项目名称	定额编号	工作内容说明
12	挖掘机挖土	1-215～1-256	1．挖土，将土堆放在一边或装车，清理机下余土 2．修理边坡、工作面内排水
13	装载机装松散土	1-257～1-259	铲土装车、修理边坡、清理机下余土
14	装载机装运土方	1-260～1-269	1．铲土、运土、卸土 2．修理边坡 3．人工清理机下余土
15	自卸汽车运土	1-270～1-329	运土、卸土，场内道路洒水
16	抓铲挖掘机挖土、淤泥、流砂	1-330～1-353	挖土、淤泥、流砂，堆放在一边或装车，清理机下余土
17	机械平整场地、填土夯实、原土夯实	1-354～1-366	1．平整场地：厚度30cm以内的就地挖、填、找平，工作面内排水 2．原土碾压：平土、碾压、工作面内排水 3．填土碾压：回填、推平、碾压、工作面内排水 4．原土夯实：平土、夯土 5．填土夯实：摊铺、碎石、平土、夯土
18	人工凿石	1-367～1-370	凿石、基底检平、修理边坡，弃渣于3m以外或槽边1m以外
19	人工打眼爆破石方	1-370～1-382	1．布孔、打眼、封堵孔口 2．爆破材料检查领用、安放爆破线路 3．炮孔检查清理、装药、堵塞、警戒及放炮、处理暗炮、危石，余料退库
20	机械打眼爆破石方	1-383～1-394	1．布孔、打眼、封堵孔口 2．爆破材料检查领用、安放爆破线路 3．炮孔检查清理、装药、堵塞、警戒及放炮、处理暗炮、危石，余料退库
21	液压岩石破碎机破碎岩石、混凝土和钢筋混凝土	1-395～1-406	装、拆合金钎头，破碎岩石，机械移动
22	明挖石方运输	1-407～1-412	1．清理道路，装、运、卸 2．推渣、集（弃）渣
23	推土机推石渣	1-413～1-428	集渣、弃渣、平整
24	挖掘机挖石渣	1-429～1-422	1．集渣、挖渣、装车、弃渣、平整 2．工作面内排水及场内道路维护
25	自卸汽车运石渣	1-433～1-452	1．运渣、卸渣 2．场内道路洒水养护

4．清单分项与定额分项的组合关系

清单分项与定额分项的组合关系列举见表5-8。

表 5-8　清单分项与定额分项的组合关系列举

清单分项					定额分项	
项目编码	项目名称	项目特征	计量单位	工程内容	主要内容	定额子目
040101001	挖一般土方	1. 土壤类别 2. 挖土深度 3. 弃土运距	m^3	1. 排地表水 2. 土方开挖 3. 围护（挡土板）支撑 4. 基底钎探 5. 场内、外运输	1. 人工挖土方	1-1～1-3
					2. 机械挖土方	1-215～1-226
					3. 打拔工具桩	1-453～1-508
					4. 挡土板	1-531～1-544
					5. 人工装运土方	1-43～1-49
					6. 人工场平夯实	1-53～1-58
					7. 推土机推土	1-59～1-118
					8. 装载机装运土	1-257～1-269
					9. 自卸汽车运土	1-270～1-329
					10. 机械场平夯实	1-354～1-357
040101002	挖沟槽土方	1. 土壤类别 2. 挖土深度 3. 弃土运距	m^3	1. 排地表水 2. 土方开挖 3. 围护（挡土板）支撑 4. 基底钎探 5. 场内、外运输	1. 人工挖沟槽土方	1-4～1-15
					2. 机械挖沟槽土方	1-227～1-244
					3. 打拔工具桩	1-453～1-508
					4. 挡土板	1-531～1-544
					5. 人工装运土方	1-43～1-49
					6. 人工场平夯实	1-53～1-58
					7. 推土机推土	1-59～1-118
					8. 装载机装运土	1-257～1-269
					9. 自卸汽车运土	1-270～1-329
					10. 机械场平夯实	1-354～1-357
040101003	挖基坑土方	1. 土壤类别 2. 挖土深度 3. 弃土运距	m^3	1. 排地表水 2. 土方开挖 3. 围护（挡土板）支撑 4. 基底钎探 5. 场内、外运输	1. 人工挖基坑土方	1-16～1-27
					2. 机械挖基坑土方	1-227～1-244
					3. 打拔工具桩	1-453～1-508
					4. 挡土板	1-531～1-544
					5. 人工装运土方	1-43～1-49
					6. 人工场平夯实	1-53～1-58
					7. 推土机推土	1-59～1-118
					8. 装载机装运土	1-257～1-269
					9. 自卸汽车运土	1-270～1-329
					10. 机械场平夯实	1-354～1-357

续表

清单分项					定额分项	
项目编码	项目名称	项目特征	计量单位	工程内容	主要内容	定额子目
040101006	挖淤泥流砂	1. 挖掘深度 2. 弃淤泥、流砂距离	m^3	1. 开挖 2. 场内、外运输	1. 人工挖淤泥、流砂	1-50～1-52
					2. 机械挖淤泥、流砂	1-338～1-341 1-350～1-353
					3. 人工运淤泥	1-51～1-52
040102001	挖一般石方	1. 岩石类别 2. 开凿深度 3. 弃渣运距	m^3	1. 排地表水 2. 凿石 3. 运输	1. 人工凿石	1-367～1-370
					2. 人工打眼爆破石方	1-371～1-371
					3. 机械打眼爆破石方	1-383～1-386
					4. 明挖石方运输	1-407～1-412
					5. 推土机推石渣	1-413～1-428
					6. 挖掘机挖石渣	1-429～1-432
					7. 自卸汽车运石渣	1-433～1-452
040102002	挖沟槽石方	1. 岩石类别 2. 开凿深度 3. 弃渣运距	m^3	1. 排地表水 2. 凿石 3. 运输	1. 人工凿石	1-367～1-370
					2. 人工打眼爆破石方	1-375～1-378
					3. 机械打眼爆破石方	1-387～1-390
					4. 明挖石方运输	1-407～1-412
					5. 推土机推石渣	1-413～1-428
					6. 挖掘机挖石渣	1-429～1-432
					7. 自卸汽车运石渣	1-433～1-452
040102003	挖基坑石方	1. 岩石类别 2. 开凿深度 3. 弃渣运距	m^3	1. 排地表水 2. 凿石 3. 运输	1. 人工凿石	1-367～1-370
					2. 人工打眼爆破石方	1-379～1-382
					3. 机械打眼爆破石方	1-391～1-394
					4. 明挖石方运输	1-407～1-412
					5. 推土机推石渣	1-413～1-428
					6. 挖掘机挖石渣	1-429～1-432
					7. 自卸汽车运石渣	1-433～1-452
040103001	回填	1. 密实度要求 2. 填方材料品种 3. 填方来源、运距	m^3	1. 填方材料运输 2. 回填 3. 分层碾压、夯实	1. 人工填土夯实	1-54～1-56
					2. 机械填土碾压	1-358～1-362
					3. 机械填土夯实	1-365～1-366

5.3.2 土石方工程量计算规则

1. 土石方工程清单工程量计算规则

土石方工程清单工程量计算规则见表 3-1、表 5-4、表 5-5 中的规定。

2. 土石方工程定额工程量计算规则

某地的市政工程计价标准中有如下规定。

（1）土方的挖、推、铲、装、运等体积均以天然密实土体积（自然方）计算，填方按设计的回填体积（夯实方）计算。土方体积换算见表5-9。

表5-9 土方体积换算

虚土体积	天然密实土体积	夯实土体积	松填土体积
1.00	0.77	0.67	0.83
1.30	1.00	0.87	1.08
1.50	1.15	1.00	1.25
1.20	0.92	0.80	1.00

（2）土方工程量按图纸尺寸计算，修建机械上下坡便道的土方量以及为保证路基边缘的压实度而设计的加宽填筑土方并入土方工程量内。

（3）夯实土堤按设计面积计算。清理土堤基础按设计规定以水平投影面积计算。

（4）人工挖土堤台阶工程量，按挖前的堤坡斜面积计算，运土应另行计算。

（5）挖土放坡应按设计文件的数据或图纸尺寸计算，设计文件未明确的按经批准的施工组织设计的数据或图纸尺寸计算，设计文件未明确也无施工组织设计的数据或图纸尺寸可按表5-10中规定计算。

表5-10 放坡系数

土壤类别	放坡起点深度/m	人工开挖	机械开挖		
			沟槽坑内作业	沟槽坑边作业	顺沟槽方向坑上作业
一、二类土	1.20	1∶0.50	1∶0.33	1∶0.75	1∶0.50
三类土	1.50	1∶0.33	1∶0.25	1∶0.67	1∶0.33
四类土	2.00	1∶0.25	1∶0.10	1∶0.33	1∶0.25

（6）挖土交叉处产生的重复工程量不扣除。基础土方放坡，自基础（含垫层）底标高算起；如在同一断面内遇有数类土壤，其放坡系数可按各类土占全部深度的百分比加权计算。计算基础土方放坡时，不扣除放坡交叉处的重复工程量。基础土方支挡土板时，不计算放坡。

（7）大型支撑基坑土方开挖工程量按设计图示尺寸以体积计算。

（8）挖淤泥、流砂按设计图示位置、界限以体积计算，无设计图示时，按实际开挖体积计算。晾晒后的运输工程量按签证计算。

（9）开挖施工的工作面宽度，按设计或规范要求计算；设计或规范无要求的，按经批准的施工组织设计计算；施工组织设计或方案无规定时，按下列规定计算。

① 区别不同的组成材料、施工方式，施工的单面工作面宽度按表5-11的规定计算。

② 当基础土方大、开挖需做边坡支护时，基础施工的工作面宽度按每边加2.00m计算。

③ 基础内施工各种桩时，基础施工的工作面宽度按每边加2.00m计算。

表 5-11　施工的单面工作面宽度计算表

组成材料、施工方式	每侧增加工作面宽度/mm
砖基础	200
毛石、方整石基础	250
混凝土基础（支模板）	400
混凝土垫层基础（支模板）	150
砖、石垂直面做砂浆防潮层	400（自防潮层面）
基础、水池垂直面做防水层或防腐层	1000（自防水层面或防腐层面）
支挡土板	100（另加）

④ 管道施工单面工作面宽度，按表 5-12 中的规定计算。

表 5-12　管道施工单面工作面宽度计算表

管道材质	管道基础外沿宽度（无基础时管道外径）/mm			
	≤500	≤1000	≤2500	>2500
混凝土管、水泥管	400	500	600	700
其他管道	300	400	500	600

⑤ 沟槽的断面面积，应包括工作面、放坡或允许超挖量的面积。

⑥ 计算工作面宽度时，出现上述两种及两种以上工作面宽度的，按最大值计算。

⑦ 基础施工需要搭设脚手架时，基础施工的工作面宽度：条形基础按 1.50m 计算（只计算一面）；独立基础按 0.45m 计算（四面均计算）。

⑧ 管道的沟槽长度，按设计规定计算；设计无规定时，以设计图示管道中心线长度（不扣除下口直径或边长≤1.5m 的井池）计算。下口直径或边长>1.5m 的井池的土石方，另按基坑的相应规定计算。

（10）回填工程量。

回填工程量按下列规定以体积计算。

① 基坑回填，按挖方体积减去设计室外地坪构筑物的基础（含垫层）体积计算。

② 管道沟槽回填，按挖方体积减去管道基础和表 5-13 中管道折合回填体积计算。

表 5-13　管道折合回填体积　　单位：m^3/m

管道	公称直径（mm 以内）					
	500	600	800	1000	1200	1500
混凝土管及钢筋混凝土管	—	0.33	0.60	0.92	1.15	1.45
其他管材	—	0.22	0.46	0.74	—	—

注：当管径超过 1500mm 时，扣除管道的实际体积。

5.3.3 土石方工程量计算方法

1. 清单工程量计算说明

（1）填方以压实（夯实）后的体积计算，挖方以自然密实土体积计算。

（2）挖一般土石方的清单工程量按原地面线与开挖达到设计要求线间的体积计算。

（3）挖沟槽和基坑土石方的清单工程量，按原地面线以下构筑物最大水平投影面积乘以挖土深度（原地面平均标高至基坑、沟槽底平均标高的高度）以体积计算，如图 5.9 所示。

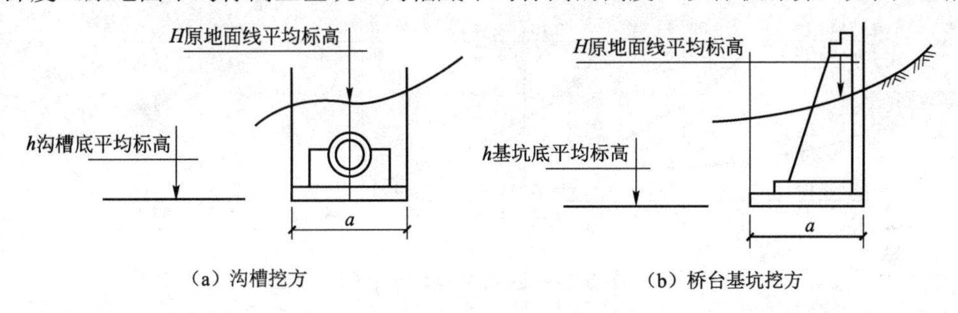

图 5.9 挖沟槽和基坑土石方示意图

（4）市政管网中各种井的井位挖方计算。

因为管沟挖方的长度按管网铺设的管道中心线的长度计算，所以管网中的各种井的井位挖方清单工程量必须扣除与管沟重叠部分的方量，如图 5.10 所示，只计算斜线部分的土石方量。

（5）填方清单工程量计算。

① 道路填方按设计线与原地面线之间的体积计算，如图 5.11 所示。

② 沟槽及基坑填方按沟槽或基坑挖方清单工程量减埋入构筑物的体积计算，如有原地面以上填方则再加上这部体积即为填方量。

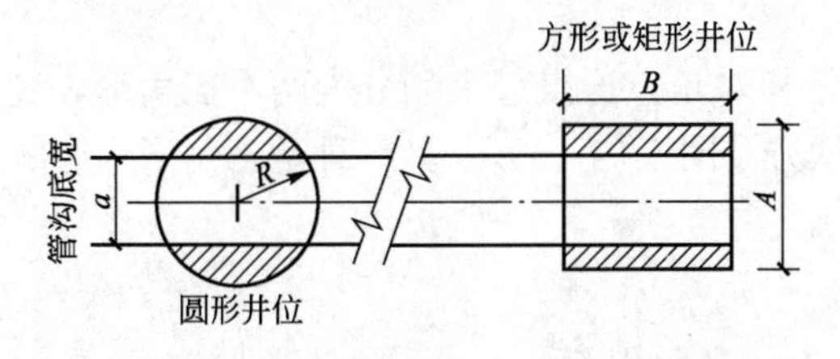

图 5.10 井位挖方清单工程量示意图

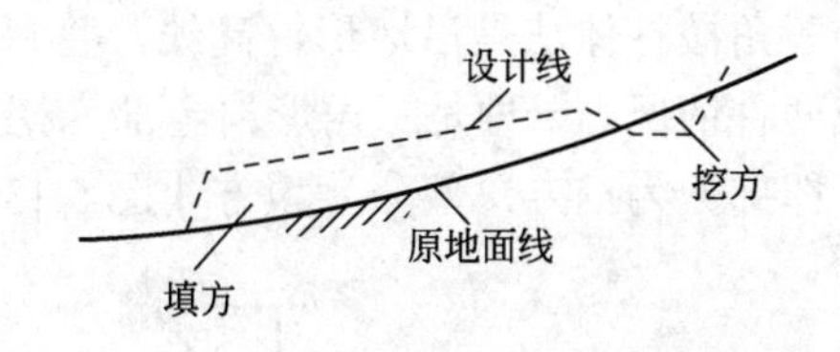

图 5.11 道路填方工程量示意图

2. 大型土石方工程量方格网计算法

1）方格网

大型土石方工程量方格网：一般是指在有等高线的地形图上，划分许多正方形的网格；正方形的边长，在初步设计阶段一般为 50m 或 40m；在施工图设计阶段为 20m 或 10m 方格；边长越小，计算得出的工程量数值越准确；在划分的方格的各角点上标出推算出的设计高程，同时也标出自然地面的实际高程；通常是将设计高程填写在角点的右上角，实际地面高程填写在角点的右下角；该地面高程以现场实际测量为准，将地面实测标高减设计标高，正号（+）为挖方，负号（-）为填方，带正负号的数值填写在负点的左上角；在角点的左下角的数字为角点的排列号，如图 5.12 所示。

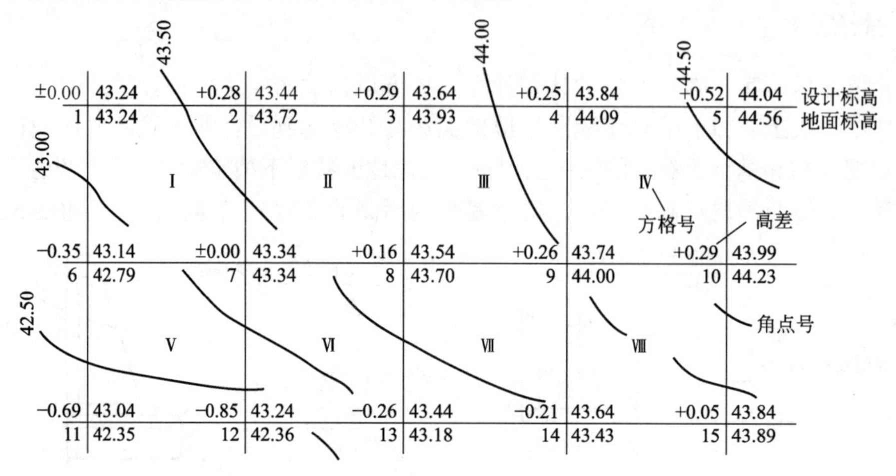

图 5.12　20m 方格网示意图

2）大型土石方工程量计算

大型土石方工程量计算有图解法和公式计算法两种，一般来说，图解法不仅使用不便，而且精度太差，一般均不采用。公式计算法有三角棱柱体法、四方棱柱体法和横断面法三种方法。

（1）图解法。

图解法用于地形比较复杂，高程相差较大的地形，将各测点连成三角形，用比例尺量距离，以三点平均高程乘以面积得到工程量。此方法不利用方格网，而且误差较大，实际工作中一般不使用。

（2）公式计算法。

① 三角棱柱体法。

三角棱柱体法是沿地形等高线，将每个方格相对角点连接起来划分为两个三角形。这时有两种情况：一种是三角形内全部为挖方或填方［图 5.13（a）］；另一种是三角形内有零线，即部分为挖方，部分为填方［图 5.13（b）］。

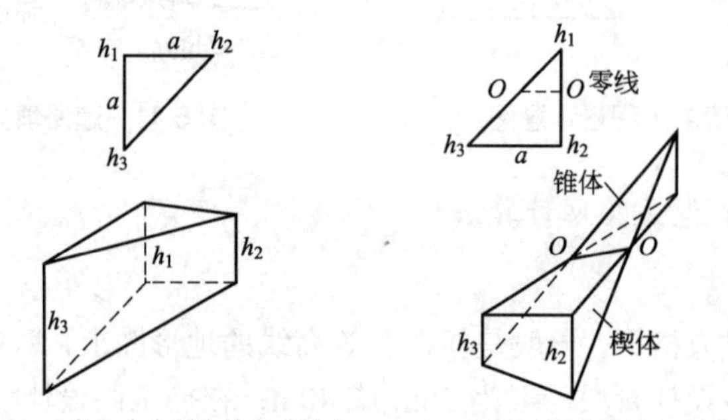

（a）三角形内全部为挖方或填方　（b）三角形内部分为挖方或填方

图 5.13　三角棱柱体法示意图

当三角形内全部为挖方或填方时，其截棱柱的体积：

$$V=\frac{a^2}{6}(h_1+h_2+h_3) \tag{5-1}$$

式中，V 为挖方或填方的体积（m^3）；a 为方格边长；h_1、h_2、h_3 分别为各角顶点的施工高度（m），用绝对值代入。

各施工高度若有“+”“-”，应与图中相符合。

当三角形内部为部分挖方及部分填方时［图 5.13（b）］，必然出现零线，这时小三角形部分为锥体，其体积：

$$V_{锥}=\frac{a^2}{6}\cdot\frac{h_1^3}{(h_1+h_2)(h_1+h_3)} \tag{5-2}$$

斜梯形部分为楔体，其体积：

$$V_{楔}=\frac{a^2}{6}\left[\frac{h_1^3}{(h_1+h_2)(h_1+h_3)}-h_1+h_2+h_3\right] \tag{5-3}$$

② 四方棱柱体法。

四方棱柱体法是用于地形比较平坦或坡度比较一致的地形。一般采用 30m 方格或 20m 方格，以 20m 方格使用为多并且计算较方便，一般均可查阅土方量计算表。根据四角的施工高度（高差）符号不同，零线可能将正方形划分为四种情况（图 5.14）：全部为填方（或挖方）的正方形面；其中一小部分为填方（或挖方）形成三角形和五角形面积；其中近一半为填方（或挖方）形成两个梯形；有两个三角形及一个六角形（假定空白为挖，阴影为填）。图 5.14 所示方格边长以 a 表示，对有零线的零位距离，计算式中有两种表示方式：一种以 b，c 表示，另一种以施工高度 h_1，h_2……的比值来表示距离，示例如下。

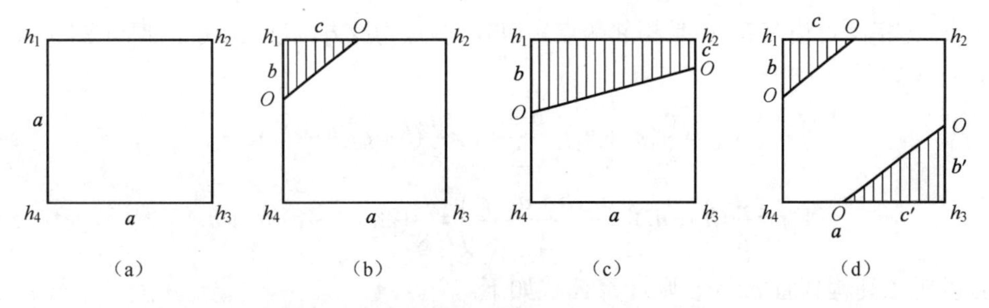

图 5.14 正方形被零线划分的四种情况

a. 方格内全部为填方（或挖方）［图 5.14（a）］。

$$V_{挖}=\frac{a^2}{4}(h_1+h_2+h_3+h_4) \tag{5-4}$$

b. 方格内有底面积为三角形的角锥体的填方（或挖方）及五角形的截棱柱体的挖土（或填方）。则三角形［图 5.14（b）］角锥体的体积的计算公式如下。

$$V_{填}=\frac{1}{2}b\times c\frac{h_1}{3}=\frac{h_1}{6}(b\times c) \tag{5-5}$$

若以施工高程来表示距离 b、c，则：

$$b=\frac{a\times b_1}{h_1+h_4} \tag{5-6}$$

$$c=\frac{a\times h_1}{h_1+h_2} \tag{5-7}$$

代入式（5-5）得：

$$V_{填}=\frac{a^2\times h_1^3}{6(h_1+h_4)(h_1+h_2)} \tag{5-8}$$

五角形［图 5.14（b）］的截棱柱体的体积，在一般土石方计算资料中均采用近似值，计算公式如下。

$$V_{挖}=\left(a^2-\frac{b\times c}{2}\right)\frac{h_2+h_3+h_4}{6} \tag{5-9}$$

若将 b、c 以施工高度表示，则计算公式如下。

$$V_{挖}=a^2\left[1-\frac{h_1^2}{2(h_1+h_4)(h_1+h_2)}\right]\frac{h_2+h_3+h_4}{5} \tag{5-10}$$

若对该五角形的截棱柱体体积进行精确计算，则计算公式如下。

$$\begin{aligned}V_{挖}&=a^2\times\frac{h_2+h_3+h_4}{3}-\left[\frac{1}{3}\times\frac{a^2}{2}(h_1+h_3)-V_{填}\right]\\&=\frac{a^2}{6}(2h_2+h_3+h_4-h_1)+V_{填}\\&=\frac{a^2}{6}\left[2h_2+h_3+h_4-h_1+\frac{h_1^3}{(h_1+h_4)(h_1+h_2)}\right]\end{aligned} \tag{5-11}$$

c. 若方格两对边有零点，且相邻两点为填方，两点为挖方，底面为两个梯形［图 5.14（c）］，则计算公式如下。

$$V_{填}=\frac{a}{4}(h_1+h_2)\left(\frac{b+c}{2}\right)=\frac{a}{8}(b+c)(h_1+h_2) \tag{5-12}$$

$$V_{挖}=\frac{a}{4}(h_3+h_4)\left(\frac{a-b+a-c}{2}\right)=\frac{a}{8}(2a-b-c)(h_3+h_4) \tag{5-13}$$

若以施工高程代替 b、c，则计算公式如下。

$$V_{填}=\frac{a^2}{8}(h_1+h_2)\left(\frac{2h_1h_2+h_1h_3+h_2h_4}{h_1+h_2+h_3+h_4}\right)=\frac{a^2}{4}\times\frac{(h_1+h_2)^2}{h_1+h_2+h_3+h_4} \tag{5-14}$$

$$V_{挖}=\frac{a^2}{8}(h_3+h_4)\left(2a-\frac{2h_3h_4+h_1h_3+h_2h_4}{h_1+h_2+h_3+h_4}\right)=\frac{a_2}{4}\times\frac{(h_3+h_4)^2}{h_1+h_2+h_3+h_4} \tag{5-15}$$

d. 若方格四边都有零点，则填方为对顶点所组成的两个三角形，中间部分为挖方底面为六角形［图 5.14（d）］，则计算公式如下。

$$V_{1填}=\frac{a^2h_1^3}{6(h_1+h_4)(h_1+h_2)} \tag{5-16}$$

$$V_{2填}=\frac{a^2h_3^2}{6(h_3+h_4)(h_3+h_2)} \tag{5-17}$$

$$V_{挖}=\frac{a^2}{6}(2h_2+2h_4-h_3-h_1)+V_{1填}+V_{2填} \tag{5-18}$$

其他尚有零线通过 h 点及零线在相邻三边组成两个相邻三角形等（图 5.15），按三角形及五角形的各角点的符号在上列计算公式中变换即可。

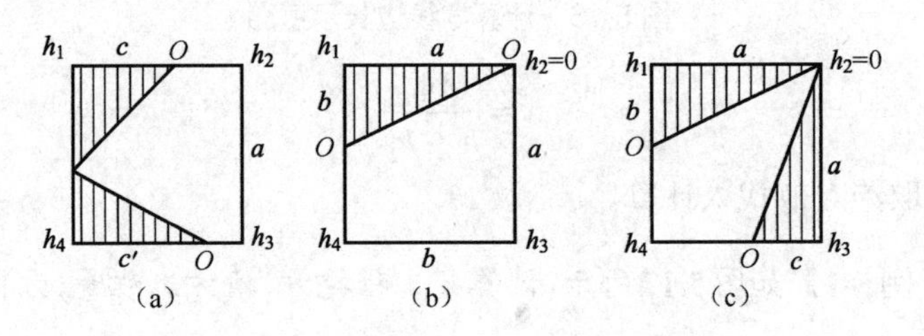

图 5.15 正方形被零线划分的其他情况

③ 常用方格网点挖填土方的计算公式。

常用方格网点挖填土方的计算公式见表 5-14。

表 5-14 常用方格网点挖填土方的计算公式

情况	图式	计算公式
一点填土方或挖土方（三角形）		$V=\frac{1}{2}b\cdot c\frac{\sum h}{3}=b\cdot c\cdot h_3$ 当 $b=c=a$ 时，$V=\frac{a_2\cdot h_3}{6}$
二点填土方或挖土方（梯形）		$V_+=\frac{b+c}{2}\cdot a\cdot\frac{\sum h}{4}=\frac{a}{8}(b+c)(h_1+h_3)$ $V_-=\frac{d+e}{2}\cdot a\cdot\frac{\sum h}{4}=\frac{a}{8}(d+e)(h_2+h_4)$
二点填土方或挖土方（五角形）		$V=\left(a^2-\frac{b\cdot c}{2}\right)\frac{\sum h}{5}$ $=\left(a^2-\frac{b\cdot c}{2}\right)\frac{h_1+h_2+h_3+h_4}{5}$
二点填土方或挖土方（正方形）		$V=\frac{a^2}{4}\sum h(h_1+h_2+h_3+h_4)$

其中，计算零线边长示意图如图 5.16 所示，计算公式见式（5-19）。

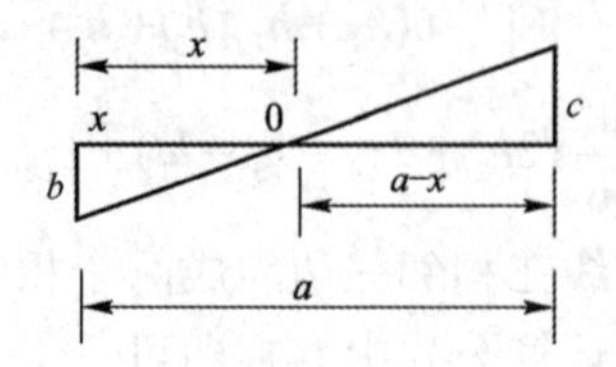

图 5.16　计算零线边长示意图

$$x=\frac{ah_1}{h_1+h_2} \tag{5-19}$$

h_1、h_2、h_3 取绝对值代入计算。

例 5-1

【例 5-1】如图 5.17 所示，计算某工程挖方、填方工程量，方格网为 20m×20m。

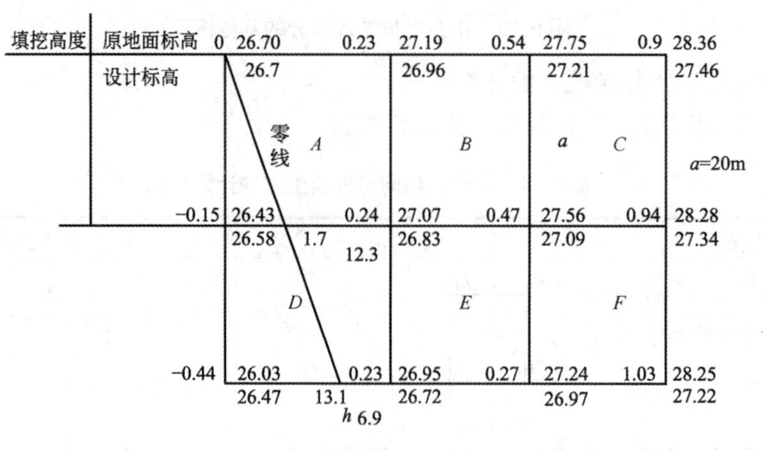

图 5.17　某工程挖方、填方方格网

【解】方格 A，图 5.17 中有零线通过 h 点及零线在相邻三边组成一个三角形、一个梯形，如图 5.14（b）所示，a=20m，h_1=−0.15m，h_3=0.23m，h_4=0.24m，代入式（5-19）计算得：

$$b=\frac{20\times 0.15}{0.15+0.24}\approx 7.7\ \text{（m）}$$

$$a-b\ =\ 20-7.7\ =12.3\ \text{（m）}$$

将 b 代入式（5-5），其中 $c=20$，三角形体积计算得：

$$V_{填}=\frac{h_1}{6}(b\times c)=\frac{0.15}{6}\times 7.7\times 20=3.85\ \text{（m}^3\text{）}$$

代入式（5-13），$c=12.3$，梯形体积计算得：

$$V_{挖}=\frac{a}{8}(a+c)(h_3+h_4)=\frac{20}{8}(20+12.3)(0.23+0.24)=37.95\ \text{（m}^3\text{）}$$

方格 B、C、E、F 底面为正方形，可代入式（5-4）计算得：

$$V_{挖}=\frac{a^2}{4}(h_1+h_2+h_3+h_4)=\frac{a^2}{4}\cdot\sum h$$

方格 B：$V_{挖}=\frac{20^2}{4}(0.23+0.24+0.47+0.54)=148$（$m^3$）

方格 C：$V_{挖}=\frac{20^2}{4}(0.54+0.47+0.94+0.8)=285$（$m^3$）

方格 E：$V_{挖}=\frac{20^2}{4}(0.24+0.23+0.27+0.47)=121$（$m^3$）

方格 F：$V_{挖}=\frac{20^2}{4}(0.47+0.27+1.03+0.94)=271$（$m^3$）

方格 D 图中有零线通过及零线在相邻三边组成两个梯形，其中 $a=20\text{m}$，$h_1=-0.15\text{m}$，$h_2=0.44\text{m}$，$h_3=0.23\text{m}$，$h_4=0.24\text{m}$，则

$$x_2=\frac{20\times0.44}{0.44+0.23}=13.1\text{（m）}$$

$$a-x_2=20-13.1=6.9\text{（m）}$$

$$V_{填}=\frac{20}{8}(7.7+13.1)(0.15+0.44)=30.68\text{（m}^3\text{）}$$

$$V_{挖}=\frac{20}{8}(6.9+12.3)(0.23+0.24)=22.56\text{（m}^3\text{）}$$

土方总量：

挖方量=37.95+148+285+121+271+22.56=885.51（m^3）

填方量=3.85+30.68=34.53（m^3）

挖方量−填方量=885.51−34.53=850.98（m^3）

计算结果土方就地平衡后，多余 850.98m^3 需运往其他区域。

3. 大型土石方工程量横断面计算法

横断面计算法讲解

横断面计算法是用于地形特别复杂，并且大多用于沟、渠等工程。计算方法是先计算每个变化点的横断面面积，再以两横断面的平均值乘以长度即为该段的土石方工程量，计算公式见式（5-20），最后将各段总加成为该工程的全部土石方工程量。

$$V=\frac{F_1+F_2}{2}\times L \tag{5-20}$$

式中，V 为相邻两断面间的土石方工程量（m^3）；F_1、F_2 分别为相邻两断面的断面积（m^2）；L 为相邻两断面的距离（m）。

【例 5-2】设桩号为 K0+000m 的挖方横断面面积为 11.523m^2，填方横断面面积为 3.215m^2，K0+050m 的挖方横断面面积为 14.812m^2，填方横断面面积为 0.00m^2，计算挖方和填方工程量。

【解】

$$V=1/2(F_1+F_2)L$$

$$V_{挖}=1/2\times(11.523+14.812)\times50=658.38\text{（m}^3\text{）}$$

$$V_{填}=1/2\times(3.215+0.000)\times50=80.38\text{（m}^3\text{）}$$

土石方工程量横断面面积计算公式见表 5-15。

表 5-15　土石方工程量横断面面积计算公式

序号	图示	体积计算式
1	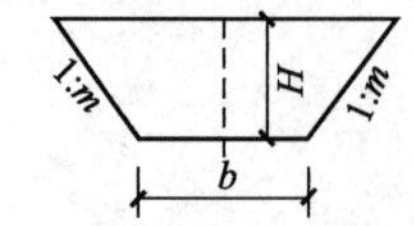	$F=h(b+mH)$
2	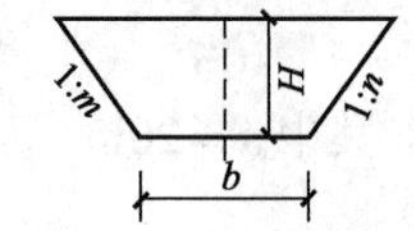	$F=h\left[b+\dfrac{h(m+n)}{2}\right]$
3	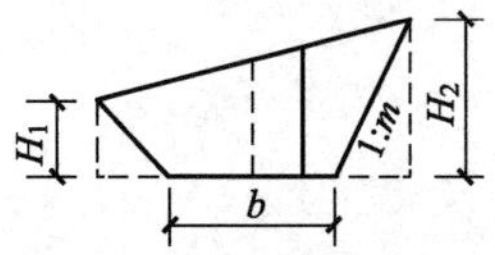	$F=b\dfrac{H_1+H_2}{2}+mH_1H_2$
4	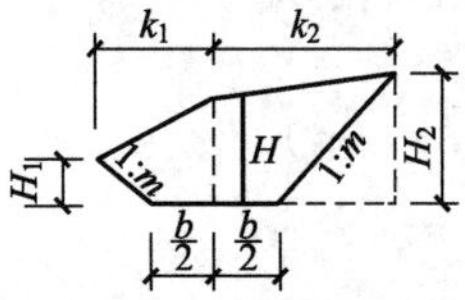	$F=\dfrac{H(k_1+k_2)+b(H_1+H_2)}{2}$
5	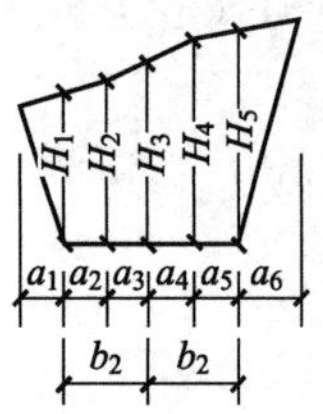	$F=H_1\dfrac{a_1+a_2}{2}+H_2\dfrac{a_2+a_3}{2}+H_3\dfrac{a_3+a_4}{2}+H_4\dfrac{a_4+a_5}{2}+H_5\dfrac{a_5+a_6}{2}$

土石方体积计算公式见表 5-16。

表 5-16　土石方体积计算公式

序号	图示	体积计算式
1	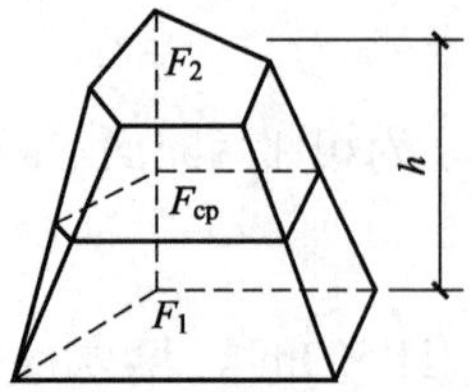	$V=\dfrac{h}{6}(F_1+F_2+4F_{cp})$
2	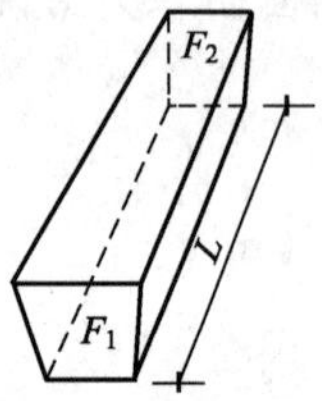	$V=\dfrac{F_1+F_2}{2}\cdot L$

续表

序号	图示	体积计算式
3		$V=F_{cp}L$
4		$V=\left[\frac{F_1+F_2}{2}-\frac{n(H-h)^2}{6}\right]\cdot L$ 若斜坡 $n=1.5$，则： $V=\left[\frac{F_1+F_2}{2}-\left(\frac{H-h}{2}\right)^2\right]\cdot L$ $V=\left[F_{cp}-n\frac{(H-h)^2}{12}\right]\cdot L$ 若斜坡 $n=1$，则： $V=\left[F_{cp}-\frac{(H-h)^2}{6}\right]\cdot L$

【例 5-3】 某道路工程挖方、填方横断面面积见表 5-17，试计算挖方和填方工程量。

表 5-17　某道路工程挖方、填方横断面面积数据

桩号/m	横断面面积/m²	
	挖方	填方
K0+000	21.357	0.000
K0+050	21.357	0.534
K0+100	27.195	0.933
K0+150	27.568	0.000
K0+200	37.484	0.000
K0+250	32.479	0.000
K0+300	34.962	0.000

【解】 挖方和填方工程量计算结果见表 5-18。

$$V_{填}=13.35+36.70+23.35=73.40\ (m^3)$$

$$V_{挖}=1067.85+1213.80+1369.10+1626.30+1749.10+1686.05=8712.20\ (m^3)$$

表 5-18　挖方和填方工程量计算结果

桩号/m	断面面积/m^2		平均断面面积/m^2		间距/m	土方量/m^3	
	挖方	填方	挖方	填方		挖方	填方
K0 +000	21.357	0.000					
			21.357	0.267	50	1067.85	13.35
K0 +050	21.357	0.534					
			24.276	0.734	50	1213.80	36.70
K0+100	27.195	0.933					
			27.382	0.467	50	1369.10	23.35
K0+ 150	27.568	0.000					
			32.526	0.000	50	1626.30	0.00
K0+200	37.484	0.000					
			34.982	0.000	50	1749.10	0.00
K0+250	32.479	0.000					
			33.721	0.000	50	1686.05	0.00
K0+300	34.962	0.000					

4. 沟、槽、坑土石方工程量计算方法

沟、槽、坑土石方工程量计算是指地沟、地槽、地坑开挖的土石方工程量计算。但沟、槽、坑开挖工程量应区分建筑工程沟、槽、坑土石方工程量和市政工程沟、槽、坑土石方工程量。这是因为划分标准及施工方法不同所决定的，见表 5-19。

表 5-19　建筑工程与市政工程的沟、槽、坑土石方划分标准

分项名称	建筑工程	市政工程
沟、槽	底宽在 3m 以内，且沟、槽长大于沟槽宽 3 倍以上的	底宽 7m 以内，且底长大于底宽 3 倍以上的
坑	坑地底面积在 $20m^2$ 以内的	底长小于底宽 3 倍以下，底面积在 $150m^2$ 以内的
一般施工方法	人工开挖	机械开挖
一般技术措施	放坡或支护	—

为了缩短篇幅和冗长的文字叙述，以下介绍沟、槽、坑等项目土石方工程量计算式。

1）沟、槽土石方工程量计算

（1）不放坡、不增加工作面［见图 5.18（a）］的土石方计算公式如下。

$$V = L \times b \times H \tag{5-21}$$

式中，V 为沟、槽挖土石体积（m^3）；L 为沟、槽挖土石长度（m）；b 为沟、槽挖土石宽度（m）；H 为沟、槽挖土石图示深度（m）。

（2）不放坡、增加工作面［见图 5.18（b）］的土石方计算公式如下。

$$V = L \times (b + 2c) \times H \tag{5-22}$$

式中，c 为沟、槽挖土石方增加工作面宽度（m）；其余同上。

基础施工中所需要增加的工作面宽度（c 值）按表 5-11、表 5-12 中的规定计算。

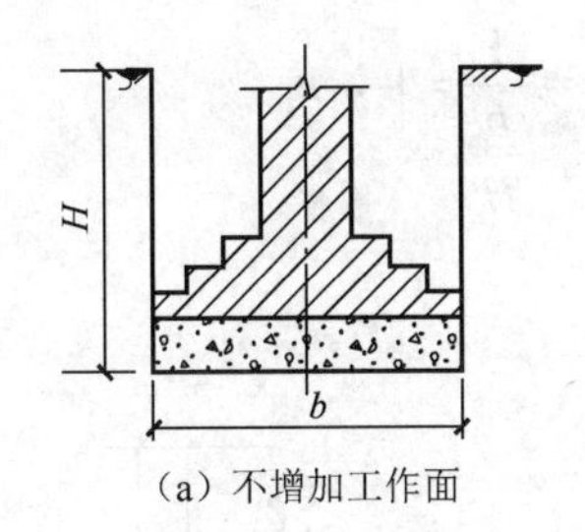

（a）不增加工作面

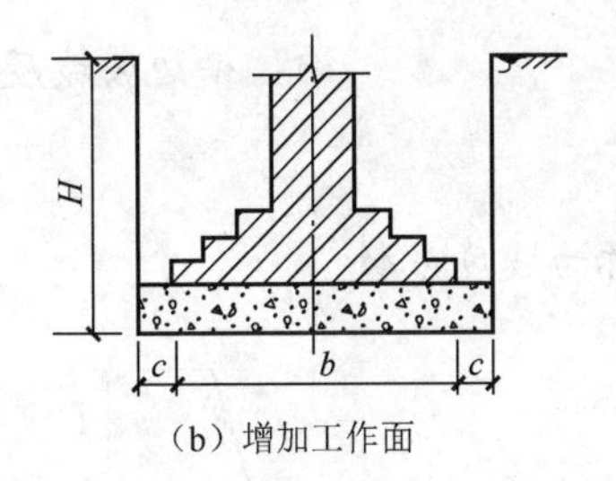

（b）增加工作面

图 5.18　沟、槽挖土石方断面图

小知识

在沟、槽、坑下进行基础施工，需要一定的操作空间。为满足此需要，在挖土时按基础垫层的双向尺寸向周边放出一定范围的操作面积，作为工人施工时的操作空间，这个单边放出宽度［图 5.18（b）］就称为工作面。

（3）放坡不支挡土板的计算公式。

区分下列两种不同情况分别计算。

① 由垫层上表面放坡时［图 5.19（a）］的计算公式如下。

$$V = L\times[(b+2c)\times h_1 + (b+2c+kh_2)\times h_2] \qquad (5\text{-}23)$$

② 由垫层底面放坡时［图 5.19（b）］的计算公式如下。

$$V = L\times(b+2c+kH)\times H \qquad (5\text{-}24)$$

式中，k 为放坡系数（表 5-10）；h_1 为基础垫层厚度（m）；h_2 为沟、槽上口面至基础垫层上表面的深度。

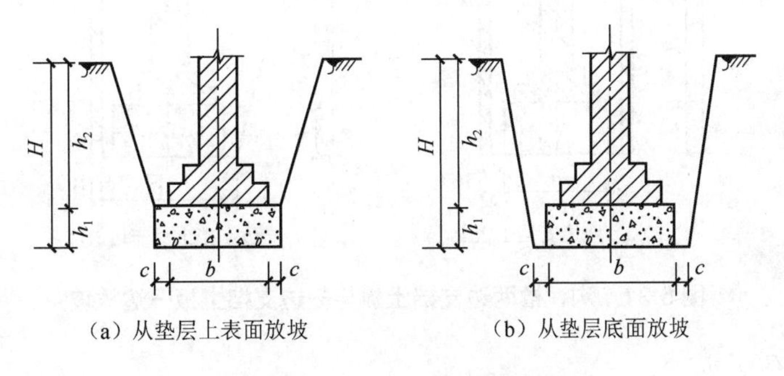

（a）从垫层上表面放坡　　（b）从垫层底面放坡

图 5.19 沟、槽挖土放坡断面图

小知识

人工挖沟、槽、基坑如果深度较深、土质较差，为了防止坍塌和保证安全，需要将沟、槽、基坑边壁修成一定的倾斜坡度，称作放坡。沟槽边坡坡度以挖沟、槽或基坑深度 H 与边坡底宽 b 之比表示（图 5.20）。

$$沟、槽边坡坡度 = \frac{H}{b} = \frac{1}{\frac{b}{H}} = 1 : m \quad (5\text{-}25)$$

其中，$m = \frac{b}{H}$ 称为坡度系数。

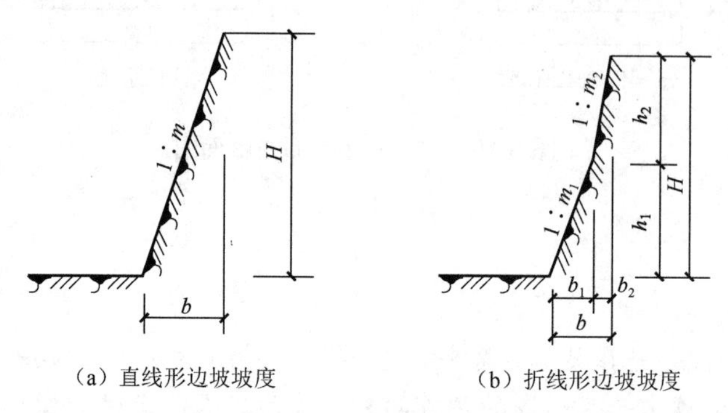

（a）直线形边坡坡度　　（b）折线形边坡坡度

图 5.20　沟、槽或基坑示意图

（4）两边支挡土板［见图 5.21（a）］的计算公式如下。

$$V = L \times (a + 2c + 2 \times 0.1) \times H \quad (5\text{-}26)$$

式中，0.1 为单边支挡土板的厚度（m）。

（5）一边支挡土板一边放坡［见图 5.21（b）］的计算公式如下。

$$V = L \times (a + 2c + 1/2kH + 0.1) \times H \quad (5\text{-}27)$$

式中，a 为沟、槽挖土石宽度（m）；$1/2kH$ 为沟、槽两边放坡的一半。

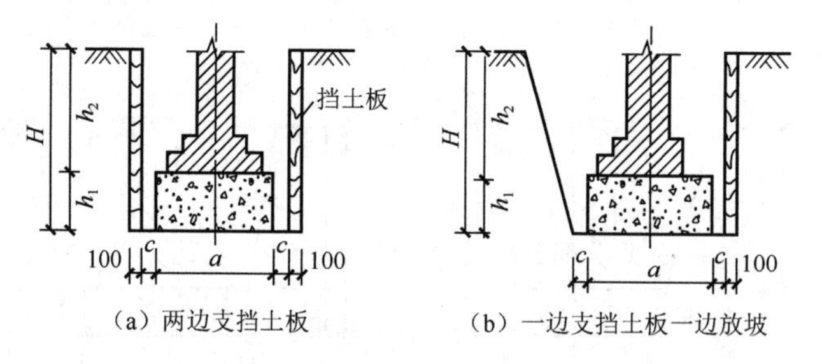

（a）两边支挡土板　　（b）一边支挡土板一边放坡

图 5.21　沟、槽两边支挡土板与一边支挡土板一边放坡

2）基坑土方计算

（1）不放坡方形或矩形基坑的计算公式如下。

$$V = (a + 2c) \times (b + 2c) \times H \quad (5\text{-}28)$$

式中，a 为基坑一边长度（m）；b 为基坑另一边长度或宽度（m）；c 为增加工作面一边宽度（m）。

（2）放坡方形或矩形基坑（图 5.22）的计算公式如下。

$$v = (a + 2c + kH)(b + 2c + kH)H + \frac{1}{3}K^2H^3 \quad (5\text{-}29)$$

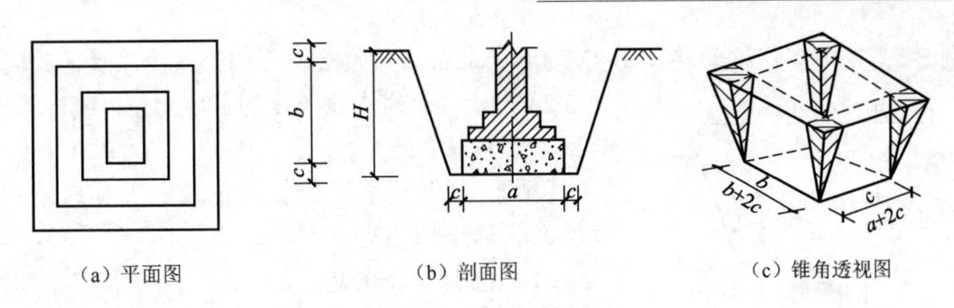

（a）平面图 （b）剖面图 （c）锥角透视图

图 5.22　方形或矩形基坑

（3）不放坡圆形基坑的计算公式如下。

$$V=\frac{1}{4}\pi D^2H=0.7854D^2H \tag{5-30}$$

$$V=\pi R^2H \tag{5-31}$$

式中，π 为圆周率，取 3.1416；D 为基坑、桩底直径（m）；R 为基坑、桩底半径（m）。

（4）放坡圆形基坑、桩孔（图 5.23）的计算公式如下。

$$V=\frac{1}{3}\pi H(R_1^2+R_2^2+R_3^2) \tag{5-32}$$

式中，V 为挖土体积（m^3）；H 为基坑深度（m）；R_1 为坑底半径（m）；R_2 为坑面半径（m），$R_2=R_1+kH$；k 为放坡系数（取值见表 5-9）。

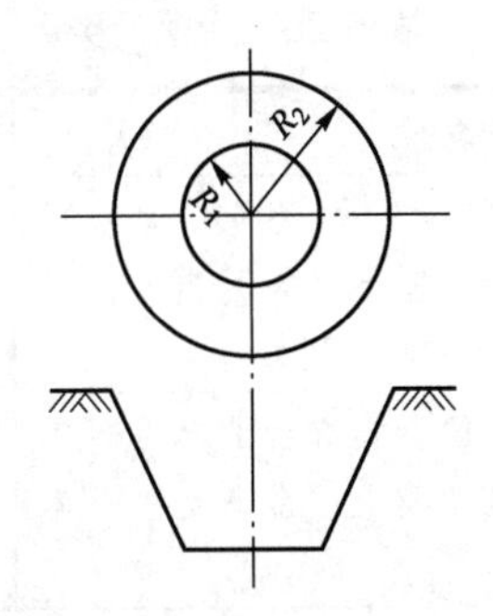

图 5.23　放坡圆形基坑、桩孔

3）沟、槽、坑回填土石方的计算公式如下。

$$V_{填}=V_{挖}-V_{埋} \tag{5-33}$$

式中，$V_{埋}$ 为埋入土石中的垫层、基础和管道的体积（m^3）。

【例 5-4】 ××市和平东街天然气管道沟挖三类土长度为 338.55m，钢管直径 600mm，沟深 1.20m，试计算其人工挖土工程量。

【解】 按上述已知条件，该天然气管道地沟挖土不需放坡，但应增加工作面 2×0.4m（表 5-11）。依据式（5-22）计算，其挖土方工程量得：

$$V=338.55\times(0.6+2\times0.4)\times1.2=568.76\ (m^3)$$

【例 5-5】××市建设西路使用 $DN600$ 的混凝土排水管，管沟形式、深度、放坡系数如图 5.24 所示，管沟直线长度为 526.81m，试计算挖土方、填土方工程量。

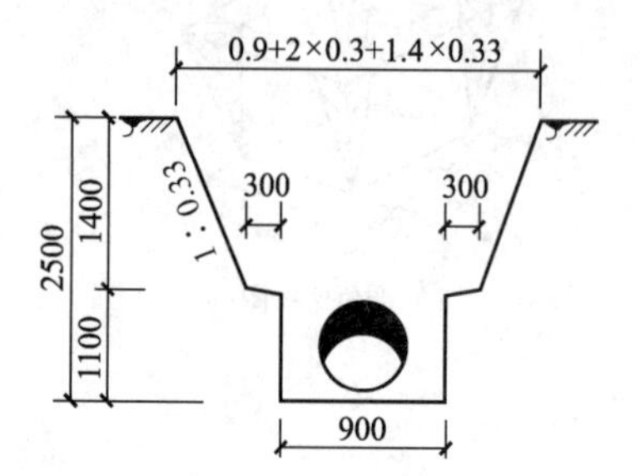

图 5.24　排水管的管沟形式、深度、放坡系数

【解】 根据资料可知，该地段土壤类别为三类土，放坡系数取 1∶0.33。

（1）挖土方工程量。

$$V_{挖}=526.81\times[0.9\times1.1+(0.9+2\times0.3+1.4\times0.33)\times1.4]$$
$$=526.81\times(0.99+2.7473)$$
$$=526.81\times3.74$$
$$=1970.27\ (\mathrm{m}^3)$$

（2）填土方工程量（管道折合回填体积为 0.33 m^3/m）。

$$V_{填}=1970.27-526.81\times0.33=1796.43\ (\mathrm{m}^3)$$

5.3.4 土石方工程计价

1. 定额应用说明

（1）土壤分类。

土壤分类见表 5-20。

表 5-20　土壤分类

土壤类别	土壤名称	开挖方式
一、二类土	粉土、砂土（粉砂、细砂、中砂、粗砂、砾砂）、粉质黏土、弱中盐渍土、软土（淤泥质土、泥炭、泥炭质土）、软塑红黏土、冲填土	主要用锹开挖，少许用镐、条锄开挖；机械能全部直接铲挖满载者
三类土	黏土、碎石土（圆砾、角砾）混合土、可塑红黏土、硬塑红黏土、强盐渍土、素填土、压实填土	主要用镐、条锄、少许用锹开挖。机械需部分刨松方能铲挖满载者或直接铲挖但不能满载者
四类土	碎石土（卵石、碎石、漂石、块石）、坚硬红黏土、超盐渍土、杂填土	全部用镐、条锄挖掘、少许用撬棍挖掘。机械须普遍刨松方能铲挖满载者

注：本表土的名称及其含义按国家标准《岩土工程勘察规范（2009 年版）》（GB 50021—2001）定义。

（2）干土、湿土的划分。

以地质勘察资料为准，含水率≤25%为干土，含水率>25%为湿土；或以地下常水位为准，常水位以上为干土，常水位以下为湿土。含水率超过液限的为淤泥。

除大型支撑基坑土方开挖外，挖湿土时，人工和机械挖土定额项目乘以系数 1.18。干土、湿土工程量分别计算。采用井点降水的土方应按干土计算。运湿土时，相应项目人工、机械乘以系数 1.15。采取降水、止水措施后，人工挖土、运土相应项目人工乘以系数 1.05，机械挖土、运土相应项目不再乘以系数。

（3）人工挖沟、槽土方，一侧弃土时，人工乘以系数 1.18。

（4）挖掘机在垫板上作业，人工和机械乘以系数 1.25。挖掘机下铺设垫板、汽车运输道路上铺设材料时，其费用另行计算。

（5）推土机推土或铲运机铲土的平均厚度小于 30cm 时，推土机台班乘以系数 1.25，铲运机台班乘以系数 1.17。

（6）除大型支撑基坑土方开挖外，在支撑或挡土板下挖土，按实挖体积、人工挖土定额乘以系数 1.43，机械挖土定额乘以系数 1.20。先开挖后支撑或挡土板的不属于支撑下挖土。

（7）人力及人力车运土石方上坡坡度在 15%以上，推土机、铲运机等重车上坡坡度大于 5%，斜道运距按斜道长度乘以表 5-21 中的折算系数。

表 5-21　斜道长度折算系数

项目	推土机、铲运机				人力及人力车
坡度/（%）	5～15	15 以内	20 以内	25 以内	15 以上
系数	1.75	2.00	2.25	2.5	5.00

（8）定额除人工挖土方外均按三类土编制，如实际是一类土、二类土、四类土时，分别按三类土相应定额子目中的人工或机械乘以表 5-22 中的土壤类别系数。

表 5-22　土壤类别系数

项目	计算系数	一类土、二类土	四类土
人工土方	人工	0.60	1.45
机械土方	机械	0.84	1.18

2. 市政道路土方工程计价示例

【例 5-6】某道路工程长为 100m，人行道宽为 6m，非机动车道宽为 12m，机动车道宽为 24m，非机动车道与机动车道间的绿化带宽为 2m，机动车道与机动车道间的绿化带宽为 4m，横断面如图 5.25 所示。施工方案规定土方采用履带式单斗液压挖掘机（三类土）开挖并装车，全部挖出的土方采用自卸汽车运 500m（只考虑场内运输）。

（1）计算该道路的开挖土方工程量，假定自然地坪标高与人行道面层标高一致。

（2）采用当地《市政工程计价标准》计算该道路的土方工程的直接工程费（即人工费、材料费、机械费）。

【解】（1）开挖土方工程量计算。

非机动车道挖土：V_1=（12.0+0.4×2）×100×0.7×2=1792.00（m^3）

机动车道挖土：V_2=（24.0+0.4+0.5）×100×0.86×2=4282.80（m^3）

人行道挖土：V_3=（6.0-0.4）×100×0.22×2=246.40.00（m^3）

土方开挖：$V=V_1+V_2+V_3$=1792.00+4282.80+246.40=6321.20（m^3）

（2）定额选用。

适合上述施工方案的某地《市政工程计价标准》中土方工程相应项目定额和单位估价表见表5-23。

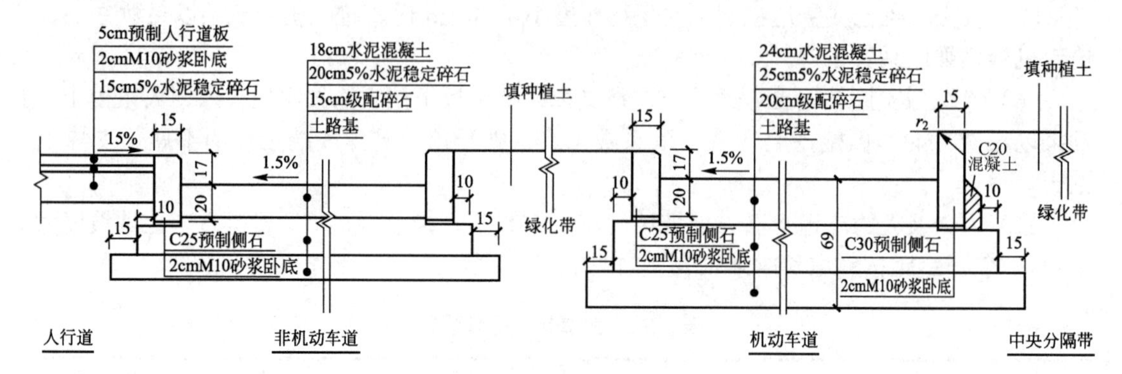

图5.25　某道路横断面

表5-23　土方工程相应项目定额和单位估价表

定额编号				3-1-1	3-1-30	3-1-67	3-1-68
项目				人工挖一般土方	履带式单斗液压挖掘机挖土方（三类土）	自卸汽车运土运距	
				挖深2m以内	装车	1km以内	每增运1km
计量单位				$100m^3$	$100m^3$	$100m^3$	$100m^3$
基价/元				2356.65	366.63	606.64	135.16
其中	人工费/元			2356.65	21.36	—	—
	其中：定额人工费/元			1963.87	17.80	—	—
	其中：规费/元			392.78	3.56	—	—
	材料费/元			—	—	7.13	—
	机械费/元			—	345.27	599.51	135.16
名称		单位	单价/元	数量			
人工	综合人工	工日	106.80	22.066	0.200	—	—
材料	水	m^3	5.94	—	—	1.20	—
机械	履带式单斗挖掘机	台班	1281.29	—	0.250	—	—
	履带式推土机 75kW		998.01	—	0.025	—	—
	自卸汽车（综合一）		824.16	—	—	0.697	0.164
	洒水车 400L		522.19	—	—	0.048	—

（3）直接工程费计算。

直接工程费计算结果见表 5-24。

表 5-24　直接工程费计算结果

序号	定额编号	项目名称	计量单位	工程量	单价/元			合价/元			
					人工费	材料费	机械费	人工费	材料费	机械费	小计
1	3-1-30	履带式单斗液压挖掘机挖土方（装车）	$100m^3$	63.212	21.36	0.00	345.27	1350.21	0.00	21825.21	23175.42
2	3-1-67	自卸汽车运 1km 以内	$100m^3$	63.212	0.00	7.13	599.51	0.00	450.70	37896.23	38346.93
合计								1350.21	450.70	59721.44	61522.15

3. 雨水管道土方工程计价示例

【例 5-7】 某工程雨水管道纵断面图、雨水检查井断面图、管基断面图如图 5.26～图 5.28 所示，钢筋混凝土管 120° 混凝土基础管材数据见表 5-25，求该雨水管工程的土方工程量（该管道选用 $D400$）。

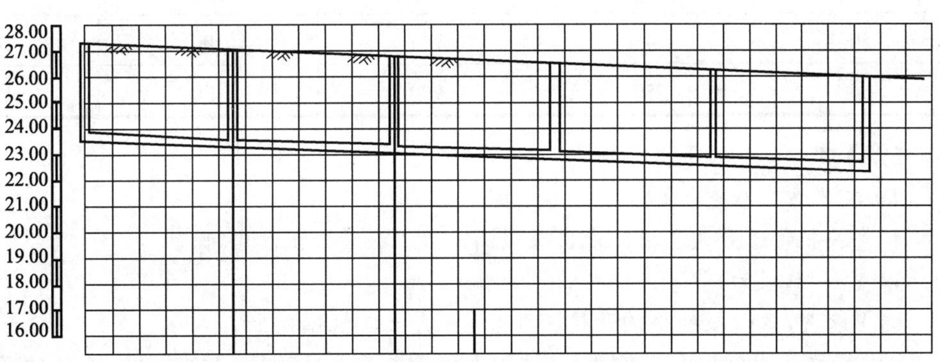

	Y_4	Y_5	Y_6	Y_7	Y_8	Y_9
设计井顶标高/m	27.316	27.050	26.730	26.390	26.070	25.800
设计管内底标高/m	24.233	23.935	23.605	22.527	22.201	
管径及坡度	$D400$　i=0.011					
平面长度/m	L=27.09	L=30.00	L=30.00	L=29.92	L=30.00	
井标号	Y_4	Y_5	Y_6	Y_7	Y_8	Y_9
管道基础	120°混凝土基础					
管道埋深/m	3.083	3.115	3.125	3.863	3.869	
道路桩号						

图 5.26　某工程雨水管道纵断面图

例 5-7 讲解

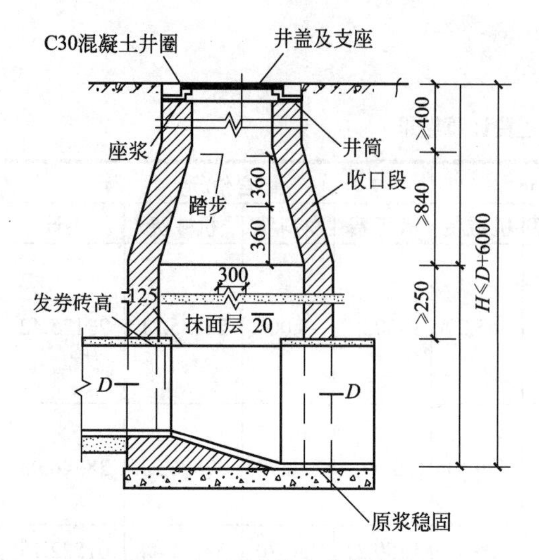

图 5.27　雨水检查井断面图

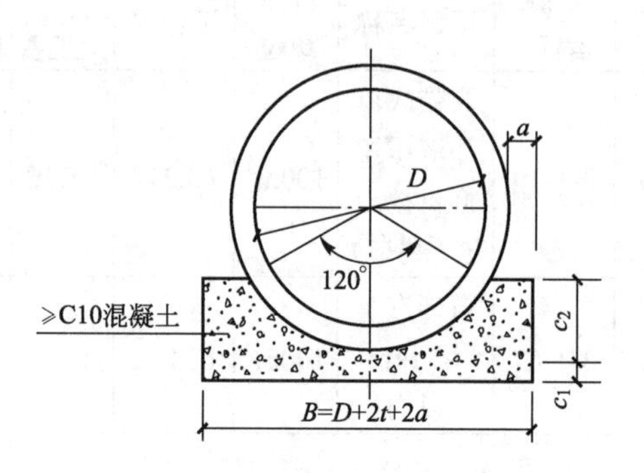

图 5.28　管基断面图

表 5-25　钢筋混凝土管 120°混凝土基础管材数据　　单位：mm

管径（D）	管壁厚（t）	管基宽（B）	管基厚（c_1）	管基厚（c_2）
300	30	520	100	90
400	35	630	100	118
500	42	744	100	146
600	50	900	100	175

【解】

1）挖土方工程量计算

检查井把管道分为 5 段，求出每段的土方工程量，汇总即可。

以 Y_4—Y_5 段为例：

（1）求 Y_4—Y_5 段的平均开挖深度 h（三类土，机械挖土）。

h=该段自然地面平均高程-该段设计管内底平均高程+管道壁厚+基础加深

$$=\frac{27.316+27.052}{2}-\frac{24.233+23.935}{2}+0.035+0.1=3.234\ （\mathrm{m}）$$

根据此高度和土壤的类别判别是否放坡。

（2）求 Y_4—Y_5 段的平均开挖宽度 a。

a=管道结构宽（B）+工作面=0.63+2×0.50=1.63（m）

（3）求 Y_4—Y_5 段的平均开挖土方工程量 V。

$$V=(a+kh)hL=(1.63+0.67\times3.234)\times3.234\times27.09=332.63\ （\mathrm{m}^3）$$

（4）Y_9 处设计管内底标高未给出，计算如下。

$$22.201-30\times0.011=21.871\ （\mathrm{m}）$$

（5）管道沟、槽土方工程量计算结果见表 5-26。

表 5-26　管道沟、槽土方工程量计算结果

管沟段	管径/mm	沟长	原地面高程/m		设计管内底标高/m		壁厚（t）/m	基础加深/m	平均深度（h）/m	开挖宽度（a）/m	土方工程量/m^3
			地面	平均	管内底	平均					
Y_4—Y_5	400	27.09	27.316 27.050	27.183	24.233 23.935	24.084	0.035	0.1	3.234	1.63	332.63
Y_5—Y_6	400	30.00	27.050 26.730	26.890	23.935 23.605	23.770	0.035	0.1	3.255	1.63	372.13
Y_6—Y_7	400	30.00	26.730 26.390	26.560	23.605 25.527	23.066	0.035	0.1	3.629	1.63	442.17
Y_7—Y_8	400	29.92	26.390 26.070	26.230	25.527 22.201	22.364	0.035	0.1	4.001	1.63	516.03
Y_8—Y_9	400	30.00	26.070 25.800	25.935	22.201 21.871	22.036	0.035	0.1	4.034	1.63	524.35
合计											2187.31

（6）井位数据统计（表 5-27）。

表 5-27　井位数据统计

井位	井直径/mm	原地面高程/m	管内底标高/m	壁厚/m	基础加深/m	平均挖深（H）/m	个数
4	1.58	27.316	24.233	0.035	0.1	3.218	1
5	1.58	27.050	23.935	0.035	0.1	3.250	1
6	1.58	26.730	23.605	0.035	0.1	3.260	1
7	1.58	26.390	22.527	0.035	0.1	3.998	1
8	1.58	26.070	22.201	0.035	0.1	4.004	1
9	1.58	25.800	21.871	0.035	0.1	4.064	1

（7）检查井土方工程量计算。

检查井挖深=（3-218+3.25+3.26+3.998+4.004+4.064）÷ 6≈3.632（m）

检查井的土方工程量：3.14×3.632×［（0.79+0.15）^{2}+（0.79+0.15+0.67×3.632）^{2}+（0.79+0.15）×（0.79+0.15+0.67×3.632）］×5≈880.13（m^3）

注：因依据某省 20 版定额中工程量计算规则中注明，管道的沟、槽长度，按设计规定计算；设计无规定时，以设计图示管道中心线长度（不扣除下口直径或边长≤1.5m 的井池）计算。下口直径或边长>1.5m 的井池，另按基坑的相应规定计算。

（8）沟、槽和井位土方工程量合计。

2187.31+880.13=3067.44（m^3）

2）填土工程量计算

假设地坪标高与设计井顶标高一致。

$$V_{填}=V_{挖}-（管基体积+管道体积+检查井体积+检查井垫层体积）$$

（1）管基体积。

$$V_1=管基断面面积（S）\times管沟长（L）$$

图5.27和表5-26所示，$R=0.235\text{m}$。

$$S=0.63\times(0.100+0.118)-(扇形面积-三角形面积)$$

$$=0.63\times0.218-\left[\frac{3.1416\times0.235^2}{360}\times120-\frac{1}{2}\times0.235^2\times\sin120°\right]\approx0.103\ (\text{m}^2)$$

$$L=27.09+30.00+30.00+29.92+30.00-5.00=142.01\ (\text{m})$$

$$V_1=0.103\times142.01\approx14.687\ (\text{m}^3)$$

（2）管道体积。

$$V_2=管道断面面积（S）\times管沟长（L）$$

$$=3.1416\times0.235^2\times142.01\approx24.638\ (\text{m}^3)$$

（3）检查井体积。

Y_4检查井的井深：27.316−24.233+0.035+0.1=3.218（m）

Y_5检查井的井深：27.050−23.935+0.035+0.1=3.250（m）

Y_6检查井的井深：26.730−23.605+0.035+0.1=3.260（m）

Y_7检查井的井深：26.390−22.527+0.035+0.1=3.998（m）

Y_8检查井的井深：26.070−22.201+0.035+0.1=4.004（m）

Y_9检查井的井深：25.800−21.871+0.035+0.1=4.064（m）

检查井的平均井深：（3−218+3.25+3.26+3.998+4.004+4.064）÷6≈3.632（m）

检查井尺寸如图5.29所示。

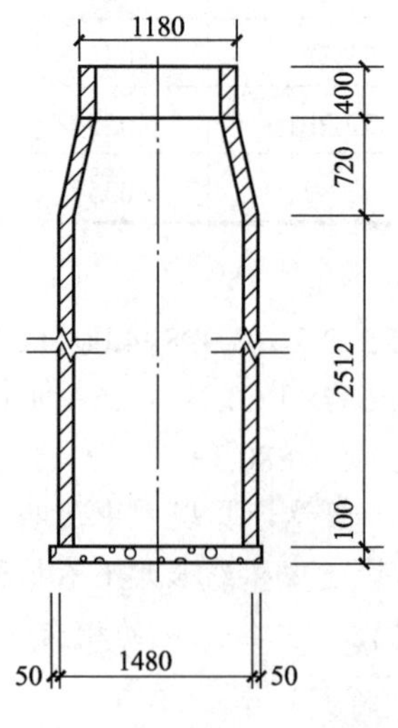

图5.29　检查井尺寸

检查井体积:

$$V_3=\frac{1}{4}\times 3.1416\times\left(1.18^2\times 0.4+\frac{1.18^2+1.48^2}{2}\times 0.72\times 1.48^2\times 2.512\right)\times 5$$

$$\approx 28.845(m^3)$$

(4) 检查井垫层体积。

$$V_4=1/4\times 3.1416\times 1.58^2\times 0.1\times 5\approx 0.980\ (m^3)$$

(5) 回填土的体积。

$$V_{填}=3067.44-(14.687+24.638+28.845+0.980)=2998.29\ (m^3)$$

3) 缺方运土体积

$$V_{缺}=V_{填}\times 1.15-V_{挖}=2998.29\times 1.15-3067.44\approx 380.59\ (m^3)$$

某雨水管道工程土方工程量汇总见表 5-28。

表 5-28 某雨水管道工程土方工程量汇总

序号	项目名称	单位	工程量	建议施工方式	套用定额编号
1	挖掘机挖三类土(不装车)	m^3	3067.44	履带式单斗液压挖掘机挖土方(不装车)	3-1-29
2	挖掘机挖三类土(装车)	m^3	380.59	履带式单斗液压挖掘机挖土方(装车)	3-1-30
3	回填土(槽、坑)	m^3	2998.29	机械填土夯实(槽、坑)	3-1-164
4	自卸汽车运土,16km 以内	m^3	380.59	自卸汽车运土(16km)	3-1-67、(3-1-68)×15

【例 5-8】 试用例 5-7 计算得到的土方工程量数据,采用清单计价法计算某雨水管道工程部分的分部分项工程费。

设定条件:施工地点在某市区,道路原为土路,埋管完成后加铺混凝土路面。

【解】

(1) 土方部分工程量清单编制见表 5-29。

表 5-29 土方部分工程量清单

序号	项目编码	项目名称	项目特征描述	计量单位	工程量
1	040101002001	挖沟槽土方	(1) 土壤类别:三类土 (2) 挖土深度:4m (3) 此处清单工程量计算规则同当地定额	m^3	3067.44
2	040103001001	回填方(场内平衡)	填方来源:场内平衡	m^3	2667.34
3	040103001002	回填方(缺方内运)	填方来源:缺方内运 运距:16km	m^3	330.95

（2）清单项与定额项的对应关系见表5-30。

表5-30 清单项与定额项的对应关系

清单项目					对应定额项目				
序号	项目编码	项目名称	计量单位	工程量	序	定额编码	项目名称	计量单位	工程量
1	040101002001	挖沟槽土方	m^3	3067.44	1	3-1-31	反铲挖掘机（不装车）	$100m^3$	3067.44
2	040103001001	回填方（场内平衡）	m^3	2667.34	1	3-1-164	机械填土夯实（槽、坑）	$100m^3$	2667.34
3	040103001002	回填方（缺方内运）	m^3	330.95	1	3-1-30	反铲挖掘机（装车）	$100m^3$	380.59
					2	3-1-67、（3-1-68）×15	自卸汽车运土16km	$100m^3$	380.59
					3	3-1-164	机械填土夯实（槽、坑）	$100m^3$	330.95

（3）某地《市政工程计价标准》中土方工程相应项目单位估价表见表5-31。

表5-31 土方工程相应项目单位估价表

定额编号		3-1-146	3-1-5	3-1-29
项目		人工填土夯实	人工挖沟、槽土方	履带式单斗液压挖掘机挖土方
		（槽、坑）	基深4m以内	（不装车）
计量单位		$100m^3$	$100m^3$	$100m^3$
基价/元		3598.33	4356.27	297.58
其中	人工费/元	3589.12	4356.27	21.36
	其中：定额人工费/元	2990.93	3630.22	17.80
	其中：规费/元	598.19	726.05	3.56
	材料费/元	9.21	—	—
	机械费/元	—	—	276.22

（4）分部分项工程量清单综合单价分析计算。

套用表5-31中相应的人工费、定额人工费、材料费、机械费单价，分部分项工程量清单综合单价计算结果见表5-32。

（5）分部分项工程量清单计价结果见表5-33。

4. 排水管道土方工程计量示例

（1）工程名称：××市××城中村改造工程。

（2）项目名称：室外排水管道安装工程。

表 5-32　分部分项工程量清单综合单价计算结果

序号	项目编码	项目名称	计量单位	清单综合单价组成明细															综合单价/元
				定额编号	定额名称	定额单位	数量	单价/元				合价/元							
								人工费		材料费	机械费	人工费		材料费	机械费	管理费	利润	风险费	
								定额人工费	规费			定额人工费	规费						
1	040101002001	挖沟槽土方	m^3	3-1-31	反铲挖掘机（不装车	$100m^3$	0.01	21.36	17.80	0.00	279.89	0.21	0.18	0.00	2.80	0.11	0.06		3.36
2	040103001001	回填方（场内平衡）	m^3	3-1-164	机械填土夯实（槽、坑）	$100m^3$	0.01	1193.76	238.75	0.00	182.25	11.94	2.39	0.00	1.82	3.12	1.67		20.94
3	040103001002	回填方（缺方内运）	m^3	3-1-30	反铲挖掘机（装车）	$100m^3$	0.0115	17.80	3.56	0.00	345.27	0.20	0.04	0.00	3.97	0.13	0.07		56.61
				3-1-67	自卸汽车运土 1km	$100m^3$	0.0115	0.00	0	7.13	599.51	0.00	0.00	0.08	6.89	0.14	0.08		
				3-1-68×15	自卸汽车运土每增运 1km	$100m^3$	0.0115	0.00	0	0.00	2027.40	0.00	0.00	0.00	23.32	0.48	0.26		
				3-1-164	机械填土夯实（槽坑）	$100m^3$	0.01	1193.76	238.75	0.00	182.25	11.94	2.39	0.00	1.82	3.12	1.67		
				小计								12.14	2.43	0.08	36.00	3.88	2.08		

注：管理费费率见表 4-18，利润率见表 4-19。

表 5-33　分部分项工程量清单计价结果

序号	项目编码	项目名称	计量单位	工程量	金额/元				
					综合单价	合价	其中：		
							人工费	机械费	暂估价
1	040101002002	挖沟槽土方	m^3	3067.44	3.36	10318.65	1201.21	8585.46	—
2	040103001001	回填方（场内平衡）	m^3	2667.34	20.94	55847.32	38209.91	4861.23	—
3	040103001002	回填方（缺方内运）	m^3	330.95	56.61	18735.15	4822.19	11915.05	—
合计						84901.13	44233.31	25361.74	—

（3）施工图纸：室外排水管道平面图如图 5.30 所示，室外排水管道纵断面图如图 5.31 所示，平口式钢筋混凝土管 180° 混凝土基础如图 5.32 所示，ϕ1000 砖砌圆形雨水检查井标准图如图 5.33 所示，平箅式单箅雨水口标准图如图 5.34 所示。

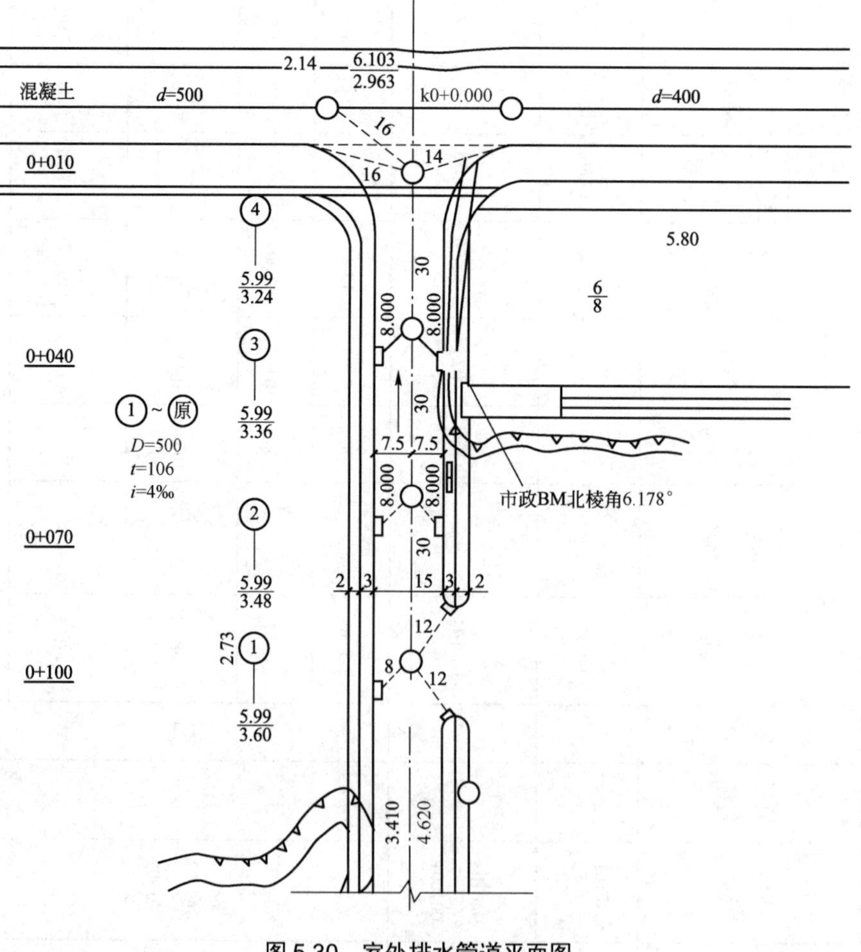

图 5.30　室外排水管道平面图

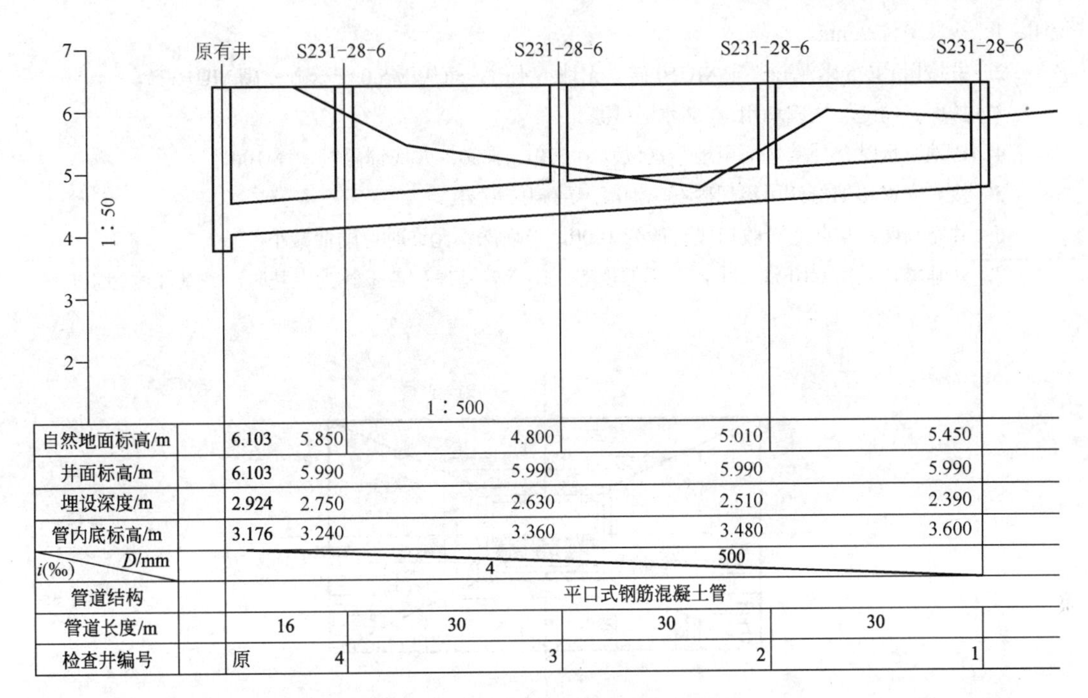

自然地面标高/m	6.103	5.850	4.800	5.010	5.450
井面标高/m	6.103	5.990	5.990	5.990	5.990
埋设深度/m	2.924	2.750	2.630	2.510	2.390
管内底标高/m	3.176	3.240	3.360	3.480	3.600
i(‰) D/mm	4		500		
管道结构	平口式钢筋混凝土管				
管道长度/m	16	30	30	30	
检查井编号	原	4	3	2	1

图 5.31 室外排水管道纵断面图

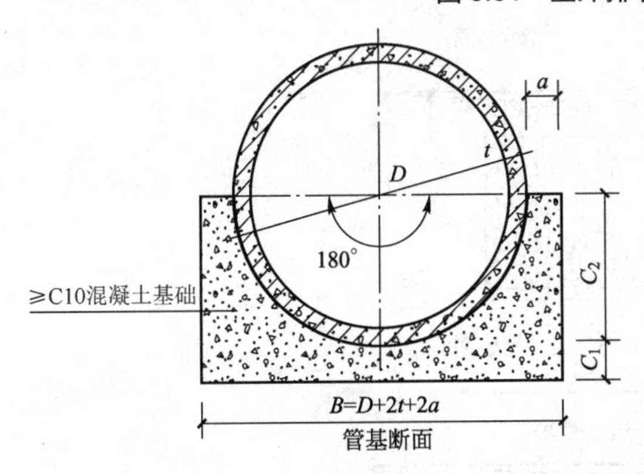

说明：1．本图适用于开槽施工的雨水和合流管道及污水管道。

2．C_1、C_2 分开浇筑时，C_1 部分表面要求做成毛面并冲洗干净。

3．图 5.32 中 B 值根据混凝土和《钢筋混凝土排水管》（GB/T 11836—2023）所给的最小管壁厚度确定，使用时可根据管材具体情况调整。

4．覆土 4m<H≤6m。

图 5.32 平口式钢筋混凝土管 180° 混凝土基础

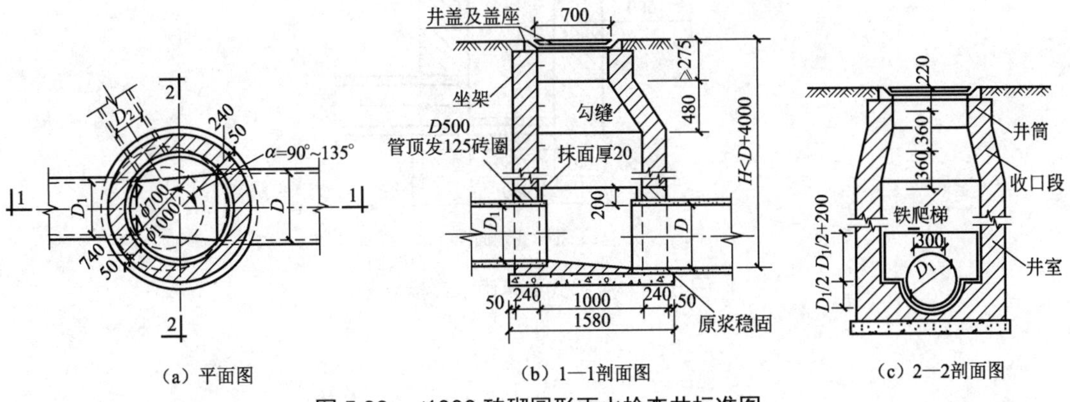

图 5.33 ϕ1000 砖砌圆形雨水检查井标准图

说明：1．尺寸单位：mm。

2．井墙用 M7.5 水泥砂浆砌 MU10 砖，无地下水时，可用 M5.0 混合砂浆砌 MU10 砖。

3．抹面、勾缝、坐浆均用 1∶2 水泥砂浆。

4．遇地下水时井外壁抹面至地下水位以上 500，厚 20；井底铺碎石，厚 100。

5．接入支管超挖部分用级配砂石，混凝土或砌砖填实。

6．井室高度：自井底至收口段一般为 1800，当埋深不允许时可酌情减小。

7．井基材料采用 C10 混凝土，井基厚度等于干管管基厚；若干管为土基时，井基厚度为 100。

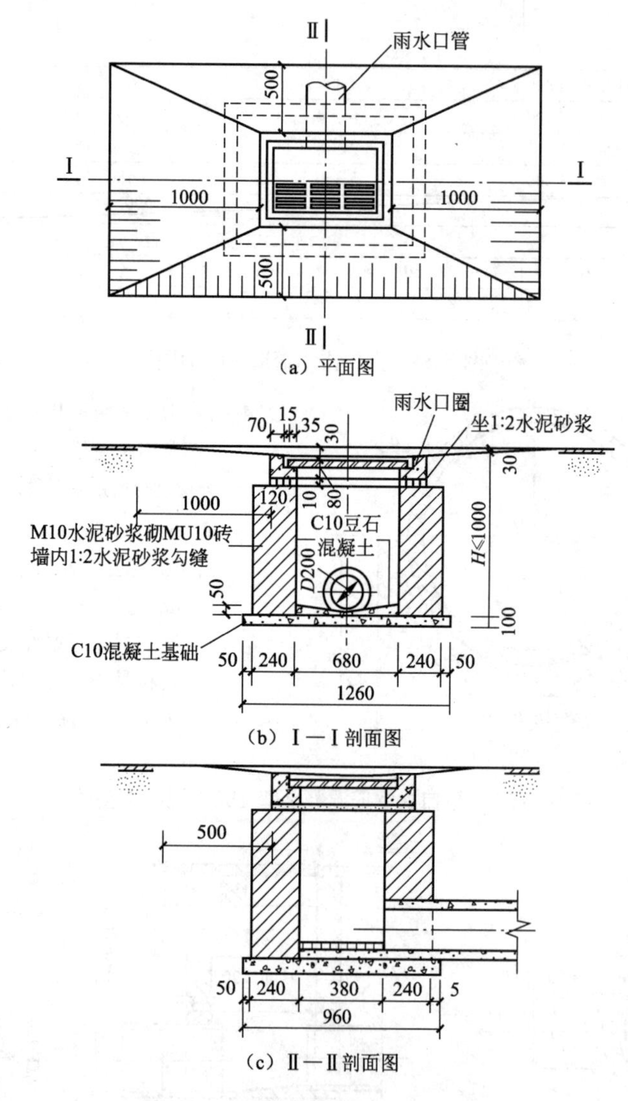

图 5.34　平箅式单箅雨水口标准图

（4）相关设计参数见表 5-34～表 5-38。

表 5-34 钢筋混凝土管 180° 混凝土基础设计参数表

管内径（D）/mm	管壁厚/mm	管肩管/mm	管基宽/mm	管基厚/mm		基础混凝土/（m^3 / m）
				C_1	C_2	
300	30	80	520	100	180	0.9470
400	35	80	630	100	235	0.1243
500	42	80	744	100	292	0.1577
600	50	100	900	100	350	0.2126
700	55	110	1030	1100	405	0.2728
800	65	130	1190	130	465	0.3684
900	70	140	1320	140	520	0.4465
1000	75	150	1450	150	575	0.5319
1100	85	170	1610	170	635	0.6627
1200	90	180	1740	180	690	0.7659
1350	105	210	1980	210	780	1.0045
1500	115	230	2190	230	865	1.2227
1650	140	280	2640	280	1040	1.7858
1800	140	280	2640	280	1040	1.7858
2000	155	310	2930	310	1155	2.1970
2200	175	350	3250	350	1275	2.7277
2400	185	370	3510	370	1385	3.1469

表 5-35 ϕ1000 砖砌圆形雨水检查井材料表

管径（D）/mm	砖砌体/m^3		井筒/m	C10 混凝土/m^3	砂浆抹面（nlz）
	收口段	井室			
200	0.39	1.76	0.71	0.20	2.48
300	0.39	1.76	0.71	0.20	2.60
400	0.39	1.76	0.71	0.02	2.70
500	0.39	1.76	0.71	0.22	2.79
600	0.39	1.76	0.71	0.24	2.86

表5-36　平算式单箅雨水口材料表

H/mm	工程数量					铸铁箅子/个
	C10混凝土/m^3	C30混凝土/m^3	C10豆石混凝土	砖砌体/m^3	钢筋/kg	
700	0.121	0.03	0.013	0.43	2.68	1
1000	0.121	0.03	0.013	0.65	2.68	1

表5-37　主要工程材料清单设计表

序号	名　称	单位	数量	规　格	备　注
1	钢筋混凝钢管	m	94	D300×2000×30	—
2	钢筋混凝土管	m	106	D500×2000×42	—
3	检查井	座	4	ϕ1000砖砌	S231-28-6
4	雨水口	座	9	680×380　H=1.0	S235-2-4

表5-38　管道铺设及基础清单设计表

管段井号	管径/mm	管道铺设长度（井中至井中）/m	基础及接口形式	支管及180°平接口基础铺设	
				D300	D250
1	500	30	180°平接口	32	
				16	
2	500	30			
3	500	30		16	
4	500	16		30	
原有井					
合计		106		94	

（5）分项工程量计算。

① 检查井、进水井数量统计表（表5-39）。

② 挖干管管沟土方工程量计算表（表5-40）。

③ 挖支管管沟土方工程量计算表（表5-41）。

④ 挖井位土方工程量计算表（表5-42）。

表 5-39 检查井、进水井数量统计表

井号	检查井设计井面标高/m	井底标高/m	井深/m	砖砌圆形井				砖砌雨水口井		
				雨水检查井		沉泥井				
				图号井径	数量/个	图号井径	数量/座	图号规格	井深	数量/座
	1	2	3=1-2							
1	5.990	3.6	2.39	S231-28-6 ⊁1000	1			S235-2-4 C680×380	1	3
2	5.990	3.48	2.51	S231-28-6 ϕ1000	1			S235-2-4 C680×380	1	2
3	5.990	3.35	2.64	S231-28-6 ϕ1000	1			S235-2-4 C680×380	1	2
4	5.990	3.24	2.75	S231-28-6 ϕ1000	1			S235-2-4 C680×380	1	2
原有井	6.103	2.936	3.14							
本表综合小计	（1）砖砌圆形雨水检查井ϕ1000 平均井深 2.6m，共计 4 座。 （2）砖砌雨水口进水井 680×380，井深 1m，共计 9 座。									

表 5-40 挖干管管沟土方工程量计算表

井号或管数	管径/mm	管沟长度/m	沟底宽度/m	自然地面标高（综合取定）/m	井底流水位标高/m		基础加深/m	平均挖深/m	土壤类别	计算式	数量/m^3
		L	b	平均	流水位	平均		H		L×b×H	
1	500	30	0.744	5.400	3.60	3.54	0.14	2.00	三类土	30×0.744×2.00	44.64
	500	30	0.744	4.750	3.48 3.36	3.42	0.14	1.47	三类土	30×0.744×1.47	32.48
2											
3 4	500	30	0.744	5.28	3.24	3.30	0.14	2.12	三类土	30×0.744×2.21	47.32
原有井	500	16	0.744	5.98	3.176	3.21	0.14	2.91	四类土	16×0.744×2.91	34.64

表 5-41　挖支管管沟土方工程量计算表

管径/mm	管沟长/m	沟底宽/m	平均挖深/m	土壤类别	计算式	数量/m³	备注
D	L	b	H	三类土	L×b×H		
300	94	0.52	1.13		94×0.52×1.13	55.23	

表 5-42　挖井位土方工程量计算表

井号	井底基础尺寸/m			原地面至流水面高/m	基础加深/m	平均挖深/m	个数/个	土壤类别	计算式	数量/m³
	长	宽	直径							
	L	B	φ			H			L×B×H	
雨水井	1-26	0.96		1.0	0.13	1.13	9	三类土	1.26×0.96×1.13×9	12.30
1			1.58	1.86	0.14	2.00	1	三类土	井位 2 块弓形面积为 0.83×2.00	1.66
2			1.58	1.33	0.14	1.47	1	三类土	0.83×1.47	1.22
3			1.58	1.98	0.14	2.12	1	三类土	0.83×2.12	1.76
4			1.58	2.77	0.14	2.91	1	四类土	0.83×2.91	2.42

⑤ 挖混凝土路面及稳定层工程量计算表（表 5-43）。

表 5-43　挖混凝土路面及稳定层工程量计算表

序号	拆除构筑物名称	面积/m²	体积/m³	备注
1	挖混凝土路面（厚 22cm）	16×0.744=11.9	11.9×0.22=2.62	
2	挖稳定层（厚 35cm）	16×0.744=11.9	11.9×0.35=4.17	

本 章 小 结

土石方工程是市政工程的前期工程。

市政土石方工程列项、计价，一定要在熟悉了工程全貌、土石方工程施工流程的基础上进行。不同的工程对象有不同的施工工艺，采用的机械类型也有很大的不同。

结合道路工程、给排水工程以及其他工程的不同特点，有针对性地计算市政土石方工程量，是市政土石方工程预算的关键。

习 题

1. 如槽坑宽度超过4.1m，其挡土板支撑如何套用定额？

2. 已知某沟长为800m、宽为2.5m，原地面标高为4.3m，沟底标高为1.2m，地下常水位标高为3.3m。试计算沟开挖的干土、湿土工程量。

3. 某道路路基工程，已挖土2500m^3，其中可利用2000m^3，需要填土4000 m^3，现场挖填平衡。试计算余土外运量及填土缺方量。

4. 某土方工程采用90kW履带式推土机推土上坡，已知斜道坡度为8%，斜道水平距离为50m，推土厚度为20cm、宽度为40cm，土壤类别为二类土。试求该工程的人工、机械工程量，并确定该工程套用的定额子目及编号。

5. 某管道槽开挖时采用钢制挡土板竖板、横撑（密排、钢支撑），已知槽长为350m、宽为2.8m，挖深为3.0m。试计算该支撑工程人工、钢挡土板的工程量。

第6章 市政道路工程计量与计价

教学目标

本章主要讲述市政道路工程如何进行计量与计价。通过本章的学习，应达到以下目标。

（1）了解市政道路工程的基本构造及施工工艺。

（2）熟悉市政道路工程常见的施工图识读方法。

（3）掌握市政道路工程的清单编制、工程量计算和计价方法。

教学要求

知识要点	能力要求	相关知识
市政道路工程概述	（1）了解市政道路与其他道路的异同； （2）了解市政道路工程的不同分类方法	（1）市政道路分类； （2）市政道路工程基本构造
市政道路工程施工	了解常见的市政道路工程施工工艺	（1）市政道路路基处理基本方法； （2）市政道路基层、面层施工工艺； （3）附属设施施工
市政道路工程施工图	（1）熟悉市政道路工程施工图的基本识读方法； （2）熟悉各种市政道路工程施工图在编制施工图预算中的主要作用	（1）市政道路工程平面图； （2）市政道路工程纵断面图； （3）市政道路工程横断面图； （4）市政道路路面结构图及路拱详图
市政道路工程工程量清单	掌握市政道路工程量清单的统一编码、项目名称、计量单位和计算规则的编制	（1）项目特征； （2）项目编码； （3）工程内容
市政道路工程工程量计算与清单计价	（1）掌握常见的市政道路工程工程量计算方法； （2）掌握市政道路工程工程量清单计价方法	（1）计价依据； （2）计算规则和计量单位

基本概念

快速路、主干路、支路、次干路；路幅；柔性路面、刚性路面、半刚性路面；路基、路面；垫层、基层和面层；路基处理、基层施工、面层施工、附属设施；平面图、纵断面图、横断面图、路面结构图；项目编码、项目特征、计量单位、计算规则、工程内容；计价依据。

引例

某市政道路改造工程

某市为了解决日益增长的交通量带来的拥堵问题，对旧路进行了检查并加以修整。此工程桩号为 K0+000 ~ K0+350。其中 K0+000 ~ K0+150 为新建道路，路面宽度为 24m，车道为双向四车道，每车道宽为 4m，人行道宽为 4m × 2，路面中央设隔离栅，路面结构为水泥混凝土路面，从下到上依次为：15cm 厚砂砾石底层，20cm 厚石灰、粉煤灰、土基层（8∶80∶12），20cm 厚水泥混凝土路面。水泥混凝土路面设伸缩缝，结合该市的气温变化幅度来设置伸缝、缩缝，填充物为沥青玛蹄脂。原路面损坏严重，故应先对路面进行整理和拆除。对于人行道，K0+000 ~ K0+150 采用石灰砂浆垫层，K0+150 ~ K0+290 采用砂垫层，K0+290 ~ K0+350 采用炉渣垫层。

6.1 市政道路工程概述

广义而言，可供机动车行驶的道路大致有公路、市政道路、专用公路三种类型。这三种类型的道路除了在使用功能、所处地域、管辖权限等方面有所不同，它们在结构构造方面并无本质区别，都是一条带状的实体构筑物，供车辆行驶和（或）行人行走，承受移动荷载的反复作用。市政道路主体工程有车行道（快、慢车道）、非机动车道、分隔带（绿化带），附属工程由人行道、侧平石、排水系统、交通工程及各类管线组成。特殊路段可能还需要修筑挡土墙、立交桥、隧道等结构。

6.1.1 市政道路分类

1. 按交通功能分类

（1）快速路。快速路是城市大容量、长距离、快速交通的通道，具有四条以上的车道。快速路对向车行道之间应设中央分隔带，其进出口应全部采用全立交或部分立交。

（2）主干路。主干路是市政道路网的骨架，为连接各区的干部和外省市相通的交通干路，以交通功能为主。自行车交通量大时，机动车与非机动车应分隔。

（3）次干路。次干路是城市的交通干路，以区域性交通功能为主，起集散交通的作用，兼有服务功能。

（4）支路。支路是居住区、工业区、其他区的通道，为连接次干路与街坊路的道路，解决局部地区交通，以服务功能为主。

2. 按道路平面及横向布置分类（图 6.1）

（1）单幅路：机动车与非机动车混合行驶。

（2）双幅路：机动车与非机动车分流向混合行驶。

（3）三幅路：机动车与非机动车分道行驶，非机动车分流向行驶。

（4）四幅路：机动车与非机动车分道、分流向行驶。

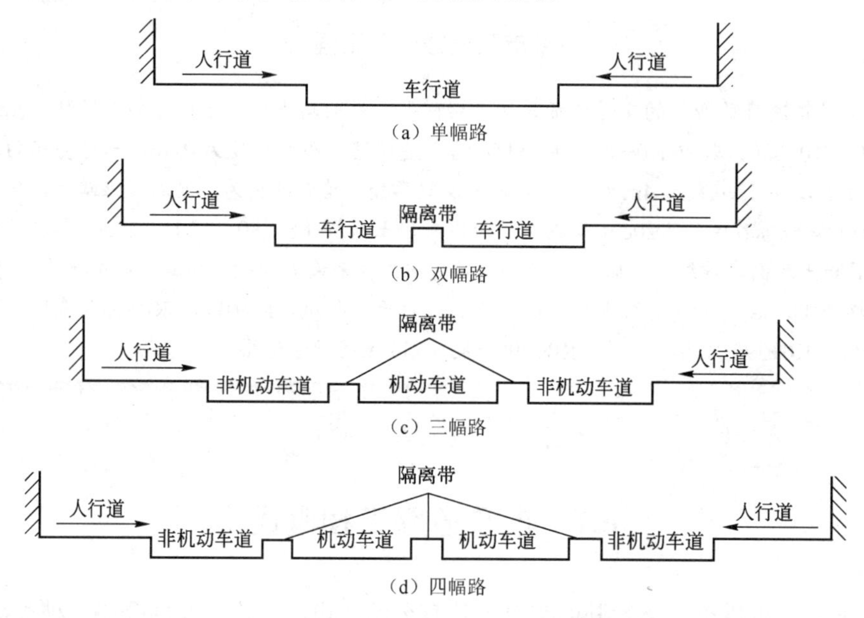

图 6.1　市政道路按道路平面及横向布置分类

3. 按路面力学性质分类

（1）柔性路面。柔性路面主要是指除水泥混凝土以外的各类基层和各类沥青面层、碎石面层等组成的路面，如沥青混凝土路面。柔性路面的主要力学特点是在行车荷载作用下的弯沉变形较大，路面结构本身抗弯拉强度小，在重复荷载作用下产生累积残余变形。柔性路面的破坏取决于荷载作用下所产生的极限垂直变形和弯拉应力。

（2）刚性路面。刚性路面主要是指用水泥混凝土作为面层或基层的路面，如水泥混凝土路面。刚性路面的主要力学特点是在行车荷载作用下产生板体作用，其抗弯拉强度和弹性模量较其他各种路面要大得多，故呈现出较大的刚性，路面荷载作用下所产生的弯沉变形较小。刚性路面的破坏取决于荷载作用下所产生的疲劳弯拉应力。

（3）半刚性路面。半刚性路面主要是指以沥青混合料作为面层，水硬性无机结合稳定类材料作为基层的路面，如水泥或石灰粉煤灰稳定粒料类基层的沥青路面。这种半刚性路面在前期的力学特性呈柔性，而后期趋于刚性。

6.1.2 道路工程基本构造

道路是一种带状构筑物，主要承受汽车荷载的反复作用和经受各种自然因素的长期影响。路基、路面是道路工程的主要组成部分。路面按其组成的结构层次从下至上可分为垫层、基层和面层。

1. 路基

1）路基的作用

路基是路面的基础，是用土石填筑或在原地面开挖而成的、按照路线位置和一定的技术要求修筑的、贯通道路全线的道路主体结构。

2）路基的基本形式

路基按填挖形式可分为路堤、路堑和半填半挖路基。高于天然地面的填方路基为路堤，低于天然地面的挖方路基称为路堑，介于二者之间的称为半填半挖路基，如图6.2所示。

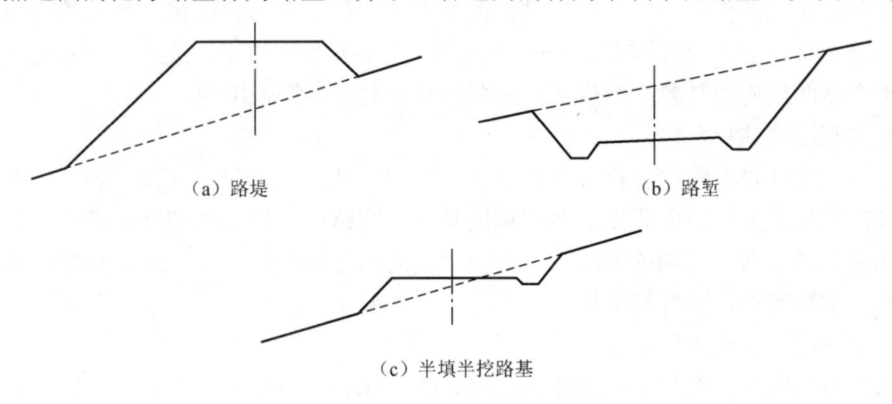

图6.2 路基的基本形式

3）对路基的基本要求

路基是道路的重要组成部分，没有稳固的路基就没有稳固的路面。对路基的基本要求如下。

（1）具有合理的断面形式和尺寸。路基的断面形式和尺寸应与道路的功能要求，道路所经过地区的地形、地物、地质等情况相适应。

（2）具有足够的强度。路基在荷载作用下应具有足够的抗变形破坏的能力。路基在汽车荷载、路面自重和计算断面以上的路基土自重的作用下，会发生一定的变形。路基强度是指在上述荷载作用下，路基所发生的变形不超过允许变形的力学性能。

（3）具有足够的整体稳定性。路基是在原地面上填筑或挖筑而成的，它改变了原地面的天然平衡状态。在工程地质不良地区，修建路基可能加剧原地面的不平衡状态，有可能产生路基整体下滑、边坡塌陷、路基沉降等，若整体变形过大甚至破坏，则路基失去整体稳定性。因此，必须采取必要措施，保证其整体稳定性。

（4）具有足够的水温稳定性。路基在水温不利的情况下，其强度应不致降低过大而影响道路的正常使用。水温变化时，路基强度变化小，则水温稳定性好。

2. 路面

1）对路面结构的要求

路面是用各种不同材料或混合料分层铺筑在路基表面上直接承受车辆荷载作用的一种层状构筑物。道路路面结构按路面的力学特性及工作状态，分为柔性路面（如沥青混凝土路面等）和刚性路面（如水泥混凝土路面等）。路面应具有下列性能。

（1）具有足够的强度和刚度。

路面强度是指路面结构及其各个组成部分都必须具有与行车荷载相适应的，使路面在车辆荷载作用下不致产生形变或破坏的能力。车辆行驶时，既对路面产生竖向压力，又使路面承受纵向水平力。由于发动机的机械振动和车辆悬挂系统的相对运动，路面还受到车辆振动力和冲击力的作用。在车轮后面还会产生真空吸力作用。在这些外力的综合作用下，路面会逐渐出现磨损、开裂、坑槽、沉陷和裂纹等，严重时甚至影响车辆正常行驶。因此，路面应具有足够的强度。

路面刚度是指路面抵抗变形的能力。路面结构整体或某部分的刚度不足时，即使强度足够，在车轮荷载的作用下也会产生过量的变形，而形成车辙、沉陷或裂纹等。因此，不仅要研究路面结构的应力和强度之间的关系，还要研究荷载与变形或应力与应变之间的关系，使整个路面结构及其各个组成部分的变形量控制在容许范围内。

（2）具有足够的稳定性。

路面的稳定性是指路面保持其本身结构强度的性能，也就是指在外界各种因素影响下路面强度的变化幅度。路面强度的变化幅度越小，则路面的稳定性越好。没有足够的稳定性，路面会形成车辙、沉陷或裂纹等，影响道路的通行和使用寿命。路面稳定性通常分为水稳定性、干稳定性、温度稳定性。

（3）具有足够的耐久性。

耐久性是指路面具有足够的抗疲劳强度、抗老化和抗形变积累的能力。路面结构要承受行车荷载和冷热、干湿气候因素的反复作用，由此而逐渐产生疲劳破坏和塑性形变积累。另外，路面材料还可能由于老化衰老而导致破坏。这些都将缩短路面的使用年限，增加养护工作量。因此，路面应具有足够的耐久性。

（4）具有足够的平整度。

路面平整度是道路使用质量的一项重要标准。路面不平整，行车颠簸，前进阻力和震动冲击力都大，导致行车速度、舒适性和安全性大大降低，机件损坏严重，轮胎磨损和油料消耗都迅速增加。不平整的路面会积水，从而加速路面的破坏。所有这些都使路面的经济效益降低。因此，越是高级的路面，平整度要求也越高。

（5）具有足够的抗滑性。

车辆行驶时，车轮与路面之间应具有足够的摩阻力，以保证行车的安全性。

（6）具有尽可能低的扬尘性。

车辆在路面上行驶时，车轮后面所产生的真空吸力会将路面面层或其中的细料吸起而产生扬尘。扬尘不仅增加车辆机件磨损，影响环境，降低旅行的舒适度，而且恶化视距条件，容易酿成行车事故。因此，路面应具有尽可能低的扬尘性。

2）路面结构层及其材料要求

（1）垫层。

垫层是设置在土基和基层之间的结构层。其主要功能是改善土基的温度和湿度状况，以保证面层和基层的强度和稳定性，不受冻胀翻浆的破坏作用。此外，垫层还能扩散由面层和基层传来的车轮荷载，减小土基的应力和变形，阻止路基土嵌入基层中，使基层结构不受影响。

修筑垫层的材料，强度不一定很高，但水稳定性和隔热性要好。常见的有碎石垫层、砾石砂垫层等。

（2）基层。

基层主要承受由面层传来的车辆荷载，并把它扩散到垫层和土基中。基层可分两层铺筑，其上层仍称为基层，下层则称为底基层。

基层应有足够的强度和刚度，基层应有平整的表面以保证面层厚度均匀，基层受大气的影响比较小，但因面层可能透水及受地下水的侵蚀，要求基层有足够的水稳定性。常用的基层有石灰土基层、二灰稳定碎石基层、水泥稳定碎石基层、二灰土基层、粉煤灰三渣基层等。

（3）面层。

面层是修筑在基层上的表面层次，保证车辆以一定的速度安全、舒适而经济地运行。面层是直接同车辆和大气接触的表面层次，它承受车辆荷载和冲击力、雨水和气温变化等不利影响。

面层应具备较高的结构强度、刚度和稳定性，而且应当耐磨、不透水，其表面还应有良好的抗滑性和平整度。常见的有水泥混凝土面层和沥青混凝土面层。

6.2 市政道路工程施工工艺

6.2.1 常见路基处理方法

（1）填筑粉煤灰路堤。

粉煤灰路堤是指利用发电厂的湿灰或调湿灰，全部或部分替代土壤填筑的路堤。粉煤灰路堤具有自重轻、强度高、施工简便、施工受雨水影响小的优点。填筑粉煤灰等轻质路堤，可减轻路堤自重，减小路堤沉降及提高路堤的稳定安全系数。

粉煤灰路堤的施工程序：放样、分层摊铺、碾压、清理场地。粉煤灰分层摊铺和碾压时，应先铺筑路堤两侧边坡护土，然后铺中间粉煤灰，要做到及时摊铺，及时碾压，防止水分的蒸发和雨水的渗入。摊铺前，宜将粉煤灰含水量控制在最佳含水量的±10 %范围内。

（2）二灰填筑基层。

二灰填筑基层一般按石灰与粉煤灰的质量比配合，含水量可以按 5%、8%、10%等比例配合，采用人工拌合、拖拉机拌合、拌合机拌合等方法拌合，人工摊铺铲车配合、振动压路机碾压的方法进行施工。摊铺时应分层压实，一般以 20cm 为一层，最后采用压力机碾压。

（3）原槽土掺灰。

在路基土中，就地掺入一定数量的石灰，按照一定的技术要求，将拌匀的石灰土压实来改善路基土性质的方法称为原槽土掺灰。机械掺灰一般采用推土机推土、拖拉机拌合、压路机碾压的方法进行施工。

（4）间隔填土。

间隔填土主要使用于填土较厚的地段，作为湿软土基处理的一种方法。

填土时，可采用一层透水性较好的材料一层土的间隔填筑的施工方法，每层压实厚度一般为 20cm 左右。

（5）袋装砂井。

袋装砂井是用于软土地基的一种竖向排水体，一般采用导管打入法，即将导管打入土中预定深度，将丙纶针织袋（比砂井深 2m 左右）放入孔中，边振动边灌砂直至装满为止。徐徐拔除导管，在地基上铺设排水砂垫层，填筑路堤，加载预压，促使软土地基排水固结而加固。

袋装砂井直径一般为 7～10cm 即能满足排除孔隙水的要求。

袋装砂井的施工程序：孔位放样、机具定位、设置桩尖、打拔钢套管、灌砂、补砂封口等。

（6）铺设土工布。

铺设土工布等变形小、老化慢的抗拉柔性材料作为路堤的加筋体，可以减小路堤填筑后的地基不均匀沉降，提高地基承载能力，大大增强路堤的整体性和稳定性。

土工布应垂直于道路中心线铺设，搭接不得少于 20cm，纵坡段搭接方式应似瓦鳞状，以利排水。铺设土工布必须顺直平整，紧贴土基表面，不得有皱折、起拱等现象。

（7）铺设塑料排水板。

塑料排水板是设置在软土地基中的竖向排水体，施工方便、简捷，效果好。铺设塑料排水板即将带有孔道的塑料板体插入土中形成竖向排水通道，可以缩短排水距离，加速地基的固结。

塑料排水板的结构形式可分为多孔单一结构和复合结构。多孔单一结构塑料排水板由两块聚氯乙烯树脂组成，两板之间有若干个突起物相接触，而其间留有许多空隙，故透水性好。复合结构塑料排水板以聚氯乙烯或聚丙烯作为芯板，外面套上用涤纶类或丙烯类合成纤维制成的滤膜。

塑料排水板插设方式一般采用套管式，芯带在套管内随套管一起打入，随后将套管拔出，芯带留在土中。铺设排水板施工工序：桩机定位、沉没套管、打至设计标高、提升套管、剪断塑料排水板。

（8）其他方法。

还可采用石灰桩等加固措施或采用碎石盲沟、明沟等排水措施来处理地基，排除湿软地基中的水分，改善地基性质。

6.2.2 道路基层施工工艺

道路基层包括砾石砂垫层、碎石垫层等垫层和石灰土基层、二灰稳定碎石基层、水泥稳定碎石基层、二灰土基层、粉煤灰三渣基层等基层。

（1）砾石砂垫层。

砾石砂垫层是设置在路基与基层之间的结构层，主要用于隔离毛细水上升浸入路面基层。垫层设计厚度一般为 15～30cm。

（2）碎石垫层。

碎石垫层主要用于改善路基工作条件，也可作为整平旧路之用，适用于一般道路。

（3）石灰土基层。

石灰土是由石灰和土按一定比例拌合而成的一种筑路材料。石灰含量为 5%、8%、10%、12%等。

（4）二灰稳定碎石基层。

二灰稳定碎石是由粉煤灰、石灰和碎石按照一定比例拌合而成的一种筑路材料，如厂拌二灰（石灰：粉煤灰= 20：80）和道碴（50～70mm）。

（5）水泥稳定碎石基层。

水泥稳定碎石是由水泥和碎石级配料经拌合、摊铺、振捣、压实、养护后形成的一种新型路基材料，特别在地下水位以下部位，材料强度能持续成长，从而延长道路的使用寿命。

水泥稳定碎石基层的施工工序：放样、拌合、摊铺、振捣、压实、养护、清理。

水泥稳定碎石基层一般每层的铺筑厚度不宜超过 15cm，超过 15cm 时应分层施工。因水泥稳定碎石在水泥初凝前必须终压成形，所以采用现场拌合，并采用支模后摊铺，摊铺完成后，用平板式振捣器振实再用轻型压路机初压、重型压力机终压的施工方法。

（6）二灰土基层。

二灰土是由粉煤灰、石灰和土按照一定比例拌合而成的一种筑路材料，如厂拌二灰土（石灰：粉煤灰：土=1：2：2）。

二灰土压实成形后能在常温和一定湿度条件下起水硬作用，逐渐形成板体。它的强度在较长时间内随着龄期而增加，但不耐磨，因其初期承载能力小，在未铺筑其他基层、面层以前，不宜开放交通。二灰土的压实厚度以 10～20cm 为宜。

（7）粉煤灰三渣基层。

粉煤灰三渣基层是由熟石灰、粉煤灰和碎石拌合而成的，是一种具有水硬性和缓凝性特征的路面结构层材料。其在一定的温度、湿度条件下碾压成形后，强度逐步增长，形成板体，有一定的抗弯能力和良好的水稳性。

6.2.3 道路面层施工工艺

1. 沥青混凝土面层

沥青混凝土路面具有行车舒适、噪声低、施工期短、养护维修简便等特点，因此得到了广泛的应用。

沥青混凝土是沥青和级配矿料按一定比例拌合而成的较密级配的混合料，压实后称为沥青混凝土。它是按密实级配原则表征沥青混合料的结构强度，是以沥青与矿料之间的黏结力为主，矿料的嵌挤力和内摩阻力为辅。

沥青混凝土混合料根据矿料最大粒径的不同，分为粗粒式、中粒式、细粒式。粗粒式定额基本厚度为 3～6cm，中粒式定额基本厚度为 3～6cm，细粒式定额基本厚度为 2～3cm。

另外，还设置了每增加1cm或0.5cm的定额子目。

2. 沥青碎石面层

沥青碎石混合料是沥青和级配矿料按一定比例拌合而成的孔隙较大的混合料，压实后称为沥青碎石。

3. 沥青透层

沥青透层用于非沥青类基层表面，增强与上层新铺沥青层的黏结性，减小基层的透水性。所以，沥青透层一般设置在沥青面层和粒料类基层或半刚性基层之间。沥青透层宜采用慢凝的洒布型乳化沥青，也可采用中、慢凝液体石油沥青或煤沥青，稠度宜通过试洒确定。

沥青透层的施工工序：清扫路面、浇透层油、清理。

4. 沥青封层

沥青封层是在面层或基层上修筑的沥青表面薄层，用于封闭表面孔隙，防止水分侵入面层或基层，延缓面层老化，改善路面外观。修筑在面层上的称为上封层，修筑在基层上的称为下封层。上封层及下封层可采用层铺法或拌合法施工的单层式沥青表面处治，也可采用乳化沥青稀浆封层。

5. 水泥混凝土面层

（1）水泥混凝土。

水泥混凝土面层是水泥、粗细集料和水，按一定的比例均匀拌制而成的混合料，经摊铺、振实、整平、硬化而成的一种路面面层，适用于各种交通的道路。

水泥混凝土路面施工工艺流程：基层验收合格→模板安装→混凝土搅拌、运输、摊铺→振捣→安装伸缩缝板、传力杆和钢筋→找平→拉毛→刷纹、养护→切缝、清缝、灌缝→清理场地。

（2）混凝土板的平面尺寸及板厚。

混凝土板一般为矩形，纵向和横向接缝一般垂直相交，其纵缝两侧的横缝，不得相互错位。

纵缝可分为缩缝和施工缝。纵向缩缝间距即板宽，可按路面宽度和每个车道宽度而定，其最大间距不得大于4.5m。

横缝可分为缩缝、伸缝和施工缝。横向缩缝间距即板长，应根据气候条件、板厚和实践经验确定，一般为4～5m，最大不得超过6m。混凝土板的板宽与板长之比为1∶1.3为宜。混凝土板的横断面一般采用等厚式，厚度通过计算确定，最小厚度一般不小于18cm。

（3）接缝。

① 纵缝。纵缝是沿行车方向两块混凝土板之间的接缝，通常为假缝，并应设置拉杆。

② 缩缝。缩缝是在混凝土浇筑以后用切缝机进行切缝的接缝，通常为无传力杆的假缝。

③ 伸缝。伸缝下部应设预制填缝板，中穿传力杆，上部填封缝料。传力杆在浇筑前必须固定，使之平行于板面及路中心线。若伸缝两侧分两次浇筑，传力杆可用顶头模板固定法或钢支板两侧固定法来固定。先浇筑传力杆固定的一侧，拆模后校正活动一侧传力杆的顺直度，再浇筑另一侧混凝土。若伸缝两侧需同时浇筑，则宜采用钢支板两侧固定法施工。

④ 施工缝。每日施工终了或在浇筑混凝土过程中而中断施工时，必须设置横向施工缝，其位置宜设在缩缝或伸缝处。伸缝处的施工缝同伸缝施工，缩缝处的施工缝必须安放传力杆。

⑤ 锯缝施工。锯缝缝宽一般为 5～8mm，缝深按设计规定。如天气干热或温差较大，可先每隔三四块板间隔锯缝，然后将缝边抹成小圆角；也可先在胀缝两侧锯两条缝，再凿除填缝板上部的水泥混凝土条，最后灌封填料。纵缝可根据施工条件确定锯缝或压缝。

（4）钢纤维混凝土面层。

钢纤维混凝土是在混凝土中掺入一定量的钢纤维材料的新品种混凝土，它可以增强路面的强度和刚度，目前钢纤维混凝土的钢纤维材料的含量还没有一个统一的标准，所以，在套用定额时，应根据实际情况计算。

（5）混凝土路面钢筋。

混凝土路面中除在纵缝处设置拉杆、伸缝处设置传力杆外，还需设置补强钢筋，如边缘钢筋、角隅钢筋、钢筋网等。水泥混凝土面层钢筋定额中编制了构造筋和钢筋网子目。除钢筋网片外，传力杆、边缘、角隅、加固筋、纵向拉杆等钢筋均套用构造筋的定额子目。

6.2.4 附属设施施工

附属设施包括人行道基础、预制人行道板、现浇人行道、排砌预制侧平石、现浇圆弧侧石、混凝土块砌边、小方石砌路边线、砖砌挡土墙、踏步、路名牌、升降窨井进水口、开关箱、调换窨井盖座盖板、调换进水口盖座侧石等。本小节只介绍以下内容。

1. 人行道基础

人行道基础包括现浇混凝土、级配三渣、级配碎石、道碴等项目。

2. 预制人行道板

预制人行道板分为预制混凝土人行道板和彩色预制块两种。

3. 现浇人行道

现浇人行道包括人行道、斜坡和彩色混凝土人行道。

（1）现浇混凝土人行道和斜坡。现浇混凝土人行道和斜坡的施工程序：放样、混凝土配置、运输、浇筑、抹平、粉面滚眼、养护、清理场地等。

（2）彩色混凝土人行道。彩色混凝土人行道是一种新型装饰铺面，其施工方法是在面层混凝土处于初凝期间，洒铺上彩色强化料，成形后在混凝土表面形成色彩和图案的一种新型的施工工艺。彩色混凝土铺面按成形工艺可分为纸模和压模两种。纸模是在有一定韧性和抗水性的纸上预先做成各种图形，在混凝土浇筑后铺在其表面，以形成不同花纹和图案的一种成形工艺。压模是用具有各种图形的软性塑料组成的模具，压入混凝土面层表面，形成各种仿天然的石纹和图案的一种成形工艺。

4. 排砌预制侧平石

排砌预制侧平石包括侧石、平石、侧平石、隔离带侧石、高侧平石、高侧石等项目。

（1）侧石和平石。侧石和平石可合并或单独使用。侧平石通常设置在沥青类路面边缘。平石铺在沥青路面与侧石之间形成街沟。侧石支护其外侧人行道或其他组成部分。水泥混凝土路面边缘通常仅设置侧石，同样可起到街沟的作用。侧石和平石一般采用水泥混凝土预制块。

城市道路刚性面层侧石、柔性面层侧石通用结构如图 6.3、图 6.4 所示。

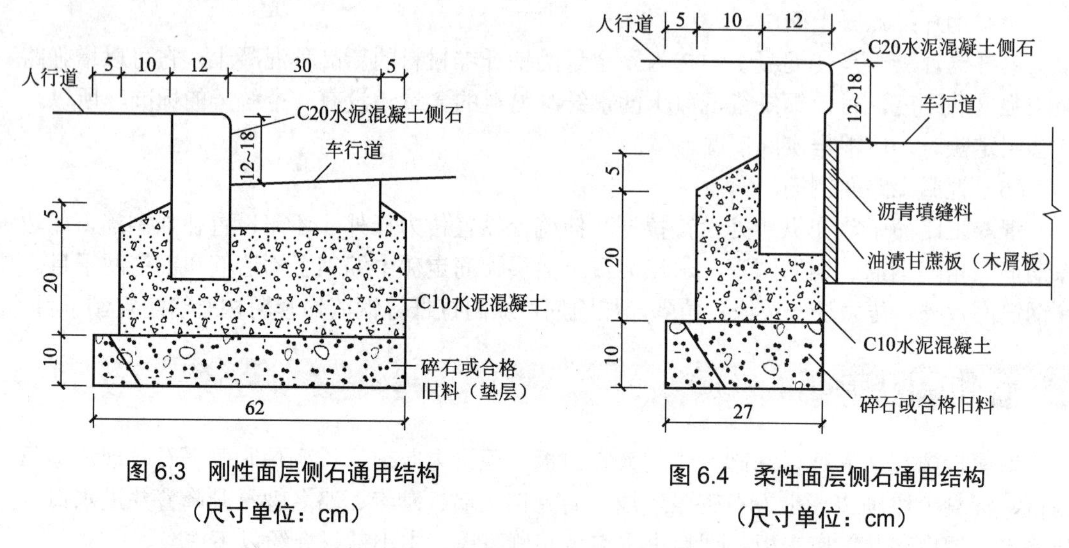

图 6.3　刚性面层侧石通用结构

（尺寸单位：cm）

图 6.4　柔性面层侧石通用结构

（尺寸单位：cm）

（2）高侧平石。高侧平石施工与普通预制侧平石基本相同，只是规格有所不同，高侧平石的规格为 1000mm×400mm×120mm，普通预制侧平石的规格为 1000mm×300mm×120mm。

5. 路名牌

凡新道路应新装路名牌。凡原有道路拓宽、改建时，应先拆除路名牌，工程结束后再安装。

6.3　市政道路工程施工图识读

6.3.1　市政道路工程施工图识读要点

图纸是工程师的语言，设计人员通过绘制施工图，表达设计构思和设计意图，而施工人员通过正确地识读施工图，理解设计意图，并按图施工，使施工图变为工程实物。一套市政道路工程施工图通常由图纸目录、施工图设计说明、道路平面图、道路纵断面图、道路横断面图、路面结构图等组成。

1. 识读基本方法

学生应掌握投影原理和熟悉市政道路、桥涵、管道等构造及常用图例，并应正确掌握识读图纸的方法和步骤，要耐心细致并结合实践反复练习，才能不断提高识读图纸的能力。

（1）由下往上、从左往右的看图顺序是施工图识读的一般顺序。

（2）由先往后看，指根据施工先后顺序，比如道路施工有土石方工程、基层、面层、附属工程四大部分，各部分施工应遵守先下后上，先深后浅，先主体后附属的原则，而此顺序基本上也是道路施工图编排的先后顺序。

（3）由粗到细，由大到小。先粗读一遍，了解工程概况、总体要求等，然后细读每张图，熟悉图的尺寸、构件的详图配筋等。

（4）将整套施工图结合起来看，从整体到局部，从局部到整体，系统识读。

2. 市政道路工程施工图识读要求

识读市政道路工程施工图必须按部就班，认真细致，系统识读，相互参照，反复熟悉。

（1）看图纸目录，了解图纸的组成。

（2）看施工图设计说明，了解市政道路工程施工图的主要文字部分。施工图设计说明主要是对市政道路工程施工图上未能详细表达或不易用图纸表示的内容用文字或图表加以描述。

（3）识读道路平面图，了解道路平面图上新建工程的位置、平面形状。道路平面图是施工过程中定位放线的主要依据，识读平面图能进行主点坐标计算、桩号推算、平曲线计算。

（4）识读道路纵断面图，了解构筑物的外形和外观、横纵坐标的关系。识读构筑物的标高，能进行竖曲线要素计算。

（5）识读道路横断面图，能进行土石方工程量的计算。

（6）识读沥青路面结构设计图，了解路面结构的组合、组成的材料，能进行工程量的计算。

（7）识读水泥混凝土路面结构设计图，了解路面接缝分类名称、接缝的基本要求、常用钢筋强度级别与作用，能进行工程量的计算。

6.3.2 市政道路工程施工图识读内容

市政道路主要是由机动车道、非机动车道、人行道、绿化带、分隔带、交叉口及其他各种交通设施所组成的。市政道路工程施工图主要包括道路平面图、道路纵断面图、道路横断面图、路面结构设计图及路拱详图等。

1. 道路平面图

道路在平面上的投影称为道路平面图。它是根据城市道路的使用任务、性质、交通量以及所经过地区的地形、地质等自然条件来决定道路的空间位置、线形与尺寸，按一定的比例绘制的带状路线图。

（1）图示主要内容。

图示主要内容包括指北针、房屋、桥梁、河流、已建道路、街道里巷、洪道河堤、林带植树、高低压电力线、通信线和地面所见的各种地貌。地下各种隐蔽设施，如给排水管道、燃气管道、热力管道、地下电缆、地铁、地下防空设施等。平面线形、路线桩号、转弯角及半径、平曲线和缓曲线等平面设计几何要素。

（2）平面设计几何要素的标注。

道路平面图表示道路的走向、平面线形、两侧地形地物、路幅布置、路线定位等内容，如图 6.5 所示。

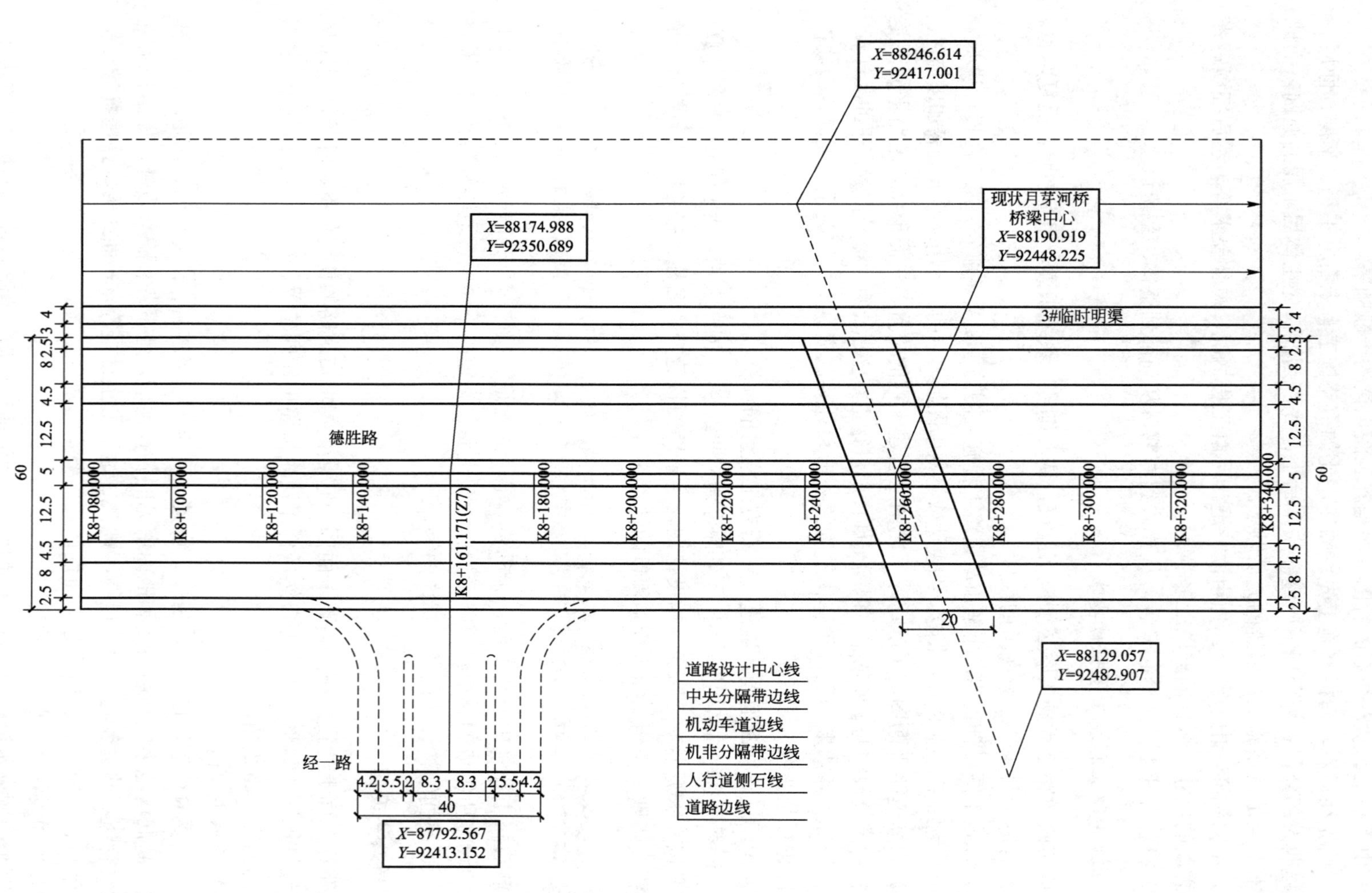

图 6.5　道路平面图（尺寸单位：m）

道路平面设计内容包括道路红线、道路中心线、里程桩号、道路坐标定位、道路平曲线的平面设计几何要素、道路分幅线等。

道路红线规定道路的用地界限，用双点长画线表示。

里程桩号反映道路分段长度和总长度，一般在道路中心线上，也可向垂直道路中心线上引一细直线，再在同样边上标注里程桩号，如K1+580.000，即指距路线起点为1580m。如里程桩号直接注写在道路中心线上，则"+"号位置即为桩的位置。

路线定位一般采用坐标定位。在图样中绘出坐标图，并注明坐标，例如其 x 轴向为南北方向（上为北），y 轴向为东西方向。道路分幅线分别表示机动车道、非机动车道、人行道、绿化隔离带等内容。

道路平曲线的平面设计几何要素的表示及控制点位置，如图6.6所示，JD点表示路线转点。α 为路线转向的折角，是沿路线前进方向向左或向右偏转的角度。R 为圆曲线半径，T 为切线长，E 为外矢距。曲线控制点：ZH表示直缓，为曲线起点；HY表示缓圆交点；QZ表示曲线中点；YH表示圆缓交点；HZ表示缓直交点。只设圆曲线不设缓曲线时，控制点：ZY表示直圆点，QZ表示曲中点，YZ表示圆直点。

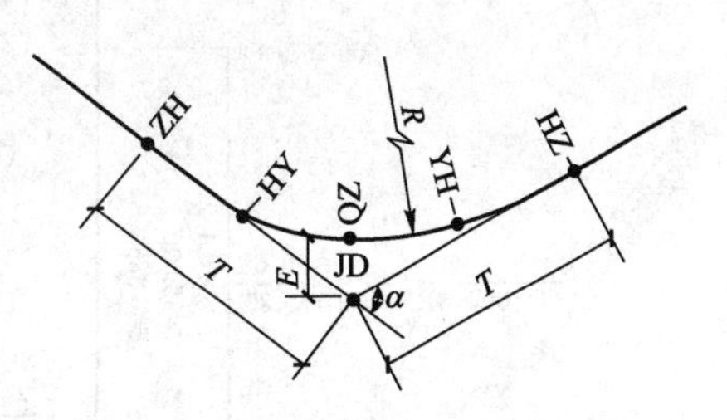

图6.6　道路平曲线平面设计几何要素示意图

（3）道路平面图在编制施工图预算中的主要作用。

道路平面图提供了道路直线段长度、交叉口转弯角及半径、路幅宽度等数据，可用于计算道路各结构层的面积，并按各结构层的做法套用相应的预算定额。

2. 道路纵断面图

沿道路中心线方向剖切的截面为道路纵断面。道路纵断面图反映了道路表面的起伏状况和路面下的各结构层。

（1）图示主要内容。

道路纵断面图的数据主要包括高程和距离，纵向表示高程，横向表示距离。道路纵断面图主要反映道路沿纵向（道路中心线前进方向）的设计标高变化、道路设计坡长和坡度、原地面标高、地质情况、填挖方情况、平曲线要素、竖曲线要素等。如图6.7所示，图中水平方向表示道路长度，垂直方向表示高程，一般垂直方向的比例按水平方向比例放大10倍，如水平方向比例为1∶2000，则垂直方向比例为1∶200，这样图上的图线坡度比实际坡度要大，看上去较为明显。图中粗实线表示路面设计标高线，反映道路中心设计标高；不规则细折线表示沿道路中心线的原地面标高线，根据中心桩号的地面标高连接而成，与路面设计标高线结合反映道路的填挖情况。设计路面纵坡变化处两相邻坡度之差的绝对值超过一定数值时，需在变坡点处设置凸或凹形竖曲线。

图6.7所示的道路纵断面图中所设置的竖曲线：R=6960.412m，T=35.000m，E=0.088m，竖曲线符号的长度与其水平投影等长。图6.7中曲线为凸形竖曲线，符号处注明竖曲线各要素（竖曲线半径 R、切线长 T、外矢距 E）。

从图6.7中可以识读出以下内容。

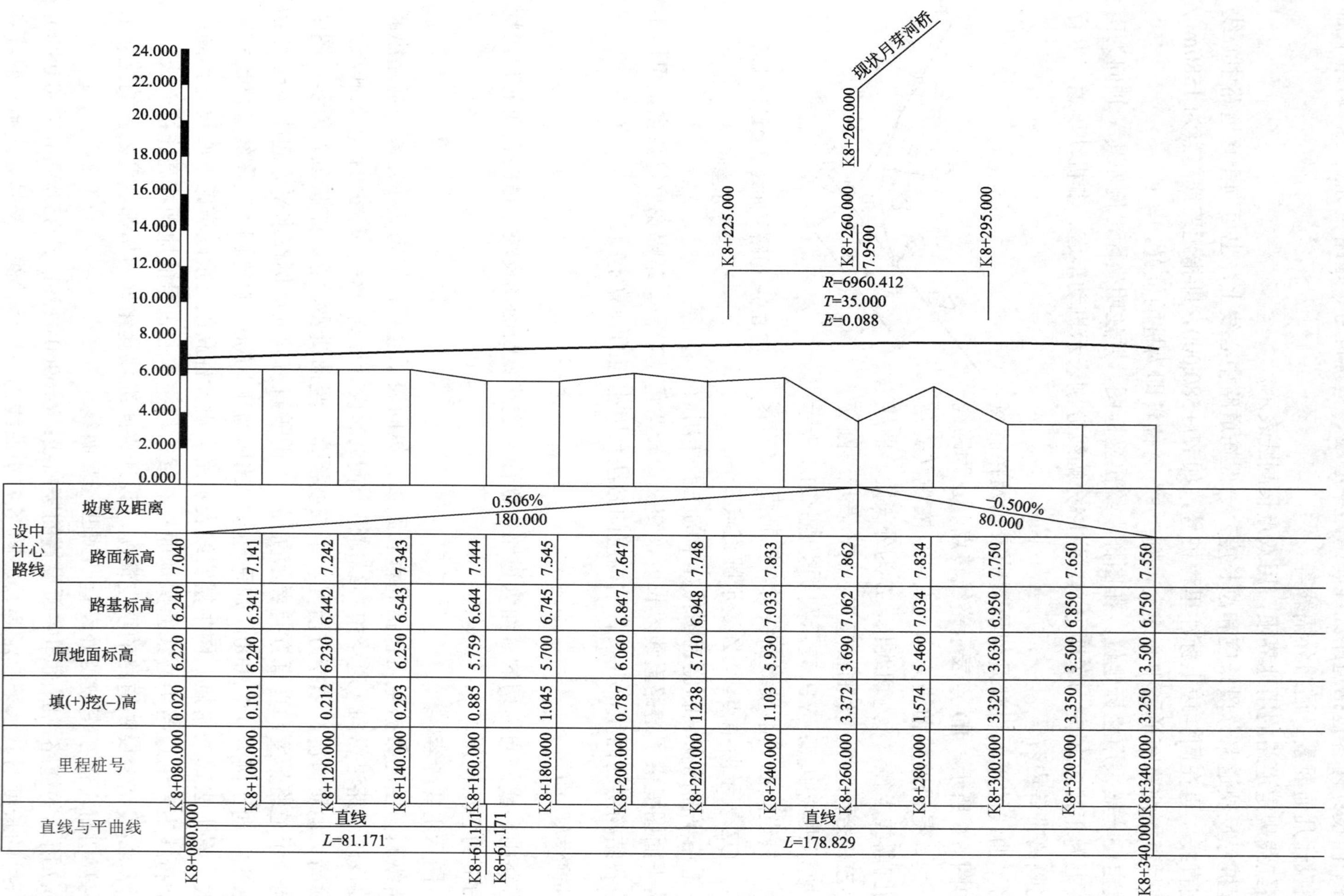

说明：1. 本图尺寸单位以m计。

2. 本图横向比例为1：2000，纵向比例为1：200。

图6.7 道路纵断图

① 坡度及距离：是指路面设计标高线的纵向坡度和其水平距离。对角线表示坡度方向，由下至上表示上坡，由上至下表示下坡，坡度标注在对角线上方，距离标注在对角线下方。

② 路面标高：注明各里程桩号的路面中心设计标高，单位为“m”。

③ 路基标高：为路面设计标高减去路面结构层厚度。

④ 原地面标高：根据测量结果填写各里程桩号处路面中心的原地面标高，单位为“m”。

⑤ 填挖高：反映路面设计标高与原地面标高的高差。

⑥ 里程桩号：按比例标注里程桩号，一般设1km桩号、100m桩号、构筑物位置桩号及路线控制点桩号等。

⑦ 直线与平曲线：表示该路段的平面线形，通常画出道路中心线示意图，并注明平曲线的几何要素。

（2）道路纵断面图在编制施工图预算中的主要作用。

通过比较原地面标高和设计标高，可以反映路基的挖填方情况。当设计标高高于原地面标高时，路基为填方；当设计标高低于原地面标高时，路基为挖方。挖填方情况为土石方工程量计算提供依据。

3. 道路横断面图

道路横断面图是指沿道路中心线垂直方向的剖切面图，可分为标准设计横断面图和有地面线设计的横断面图，一般采用1∶100或1∶200的比例。

（1）图示主要内容。

道路横断面图反映了道路横断面的布置、形状、宽度和结构层等，各组成部分的位置、宽度、横坡及照明等情况，以及机动车道、非机动车道、人行道、分隔带、绿化带等部分的横向布置及路面横向坡度情况。

根据机动车道和非机动车道的布置形式不同，道路横断面布置形式有：单幅路（一块板）、双幅路（两块板）、三幅路（三块板）、四幅路（四块板）。图6.8所示为某道路标准设计横断面图，其断面为四幅路（四块板）的布置形式。用机非分隔带分离机动车道和非机动车道，用中央分隔带分隔机动车道，机非分离、分向行驶。

（2）道路横断面图在编制施工图预算中的作用。

道路横断面图为路基土石方工程量计算与路面各结构层工程量计算提供了断面资料。

4. 路面结构图及路拱详图

路面结构分为面层、基层、底基层、垫层等。路面结构图中需注明每层结构的厚度、性质、标准等内容，并标注必要的尺寸（如平侧石尺寸）、坡向等。

1）沥青混凝土路面结构图

沥青面层可由单层、双层或三层沥青混合料组成。选择沥青面层各层级配时，至少有一层是密级配沥青混凝土，防止雨水下渗。图6.9所示的沥青混凝土路面结构中，机动车道面层由三层沥青混合料组成，非机动车道由双层沥青混合料组成，其中最上层均为密级配沥青混凝土。

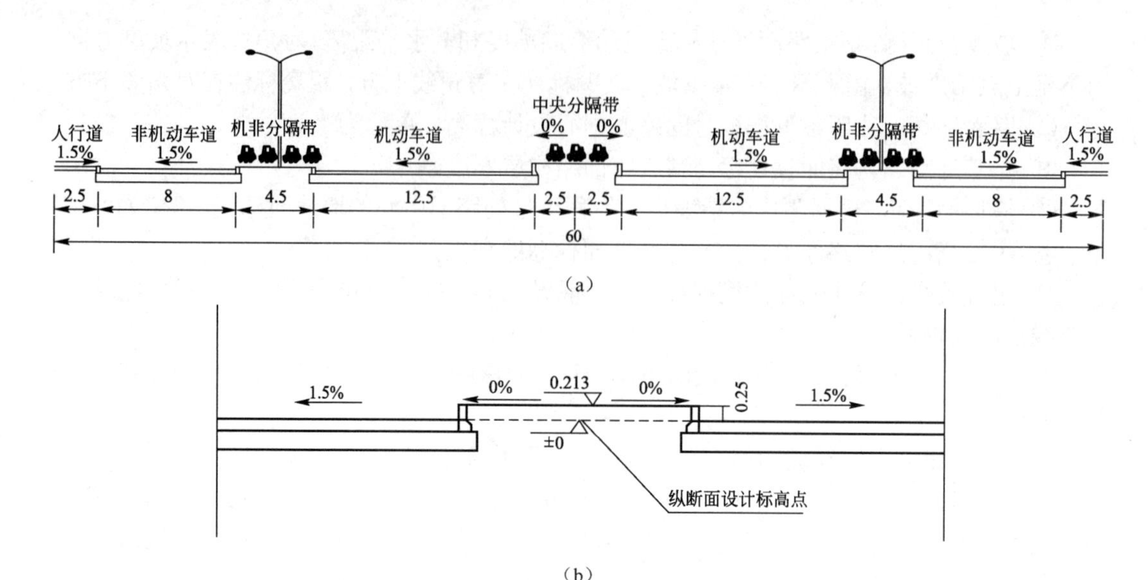

说明：本图尺寸单位以 m 计。

图 6.8　某道路标准设计横断面图

2）水泥混凝土路面结构图

图 6.10 所示为水泥混凝土路面结构图。水泥混凝土路面面层厚度一般为 18～25cm，为避免温度变化使混凝土产生裂缝和起拱现象，混凝土路面需划分板块（图 6.11）。

板块的接缝有下列几种，如图 6.11、图 6.12 所示。

（1）纵向接缝。

① 纵向施工缝：一次铺筑宽度小于路面宽度时，设纵向施工缝。纵向施工缝采用平缝形式，上部锯切槽口，深度为 30～40mm，宽度为 3～8mm，槽内灌塞填缝料。

② 纵向缩缝：一次铺筑宽度大于 4.5m 时设置纵向缩缝。纵向缩缝采用假缝形式，锯切槽口深度宜为板厚的 1/3～2/5。纵向缩缝应与道路中心线平行，一般做成企口缝形式或设拉杆形式；拉杆采用螺纹钢筋，设在板厚中央，拉杆中部 100mm 范围内进行防锈处理。

（2）横向接缝。

① 横向施工缝：每日施工结束时或临时施工中断时必须设置横向施工缝，位置尽量选在缩缝或胀缝处。设在缩缝处的横向施工缝，应采用加传力杆的平缝形式；设在胀缝处的横向施工缝，构造应与胀缝相同。

② 横向缩缝：采用假缝形式，特重或重交通道路及邻近胀缝或自由端部的 3 条缩缝，应采用设传力杆假缝形式，其他情况可采用不设传力杆假缝形式。传力杆应采用光面钢筋，最外侧传力杆距纵向接缝或自由边的距离为 150～250mm。横向缩缝顶部锯切槽口，深度为面层厚度的 1/5～1/4，宽度为 3～8mm，槽内灌塞填缝料。

③ 横向胀缝：邻近桥梁或其他固定构造物处或与其他道路相交处应设置横向胀缝。

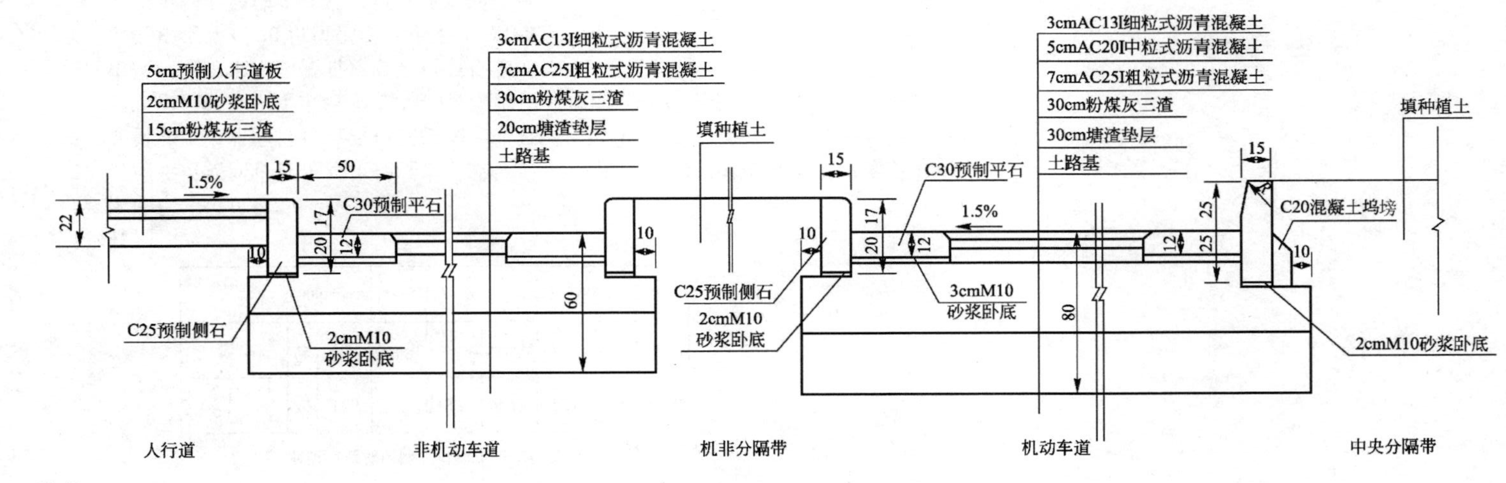

说明：

1．本图尺寸单位以 cm 计。

2．机动车道沥青混凝土路面顶面允许弯沉值为 0.048cm，基层顶面允许弯沉值为 0.06cm。

3．非机动车道沥青混凝土路面顶面允许弯沉值为 0.056cm，基层顶面允许弯沉值为 0.07cm。

4．粉煤灰三渣基层配合比（质量比）为粉煤灰：石灰：碎石=32：8：60。

5．土基模量必须大于或等于 25MPa。塘渣顶面回弹模量必须大于或等于 35MPa，塘渣须有较好的颗粒级配，最大粒径小于或等于 10cm。

6．中央分隔带采用高侧石，机非分隔带采用普通侧石。

图 6.9　沥青混凝土路面结构图

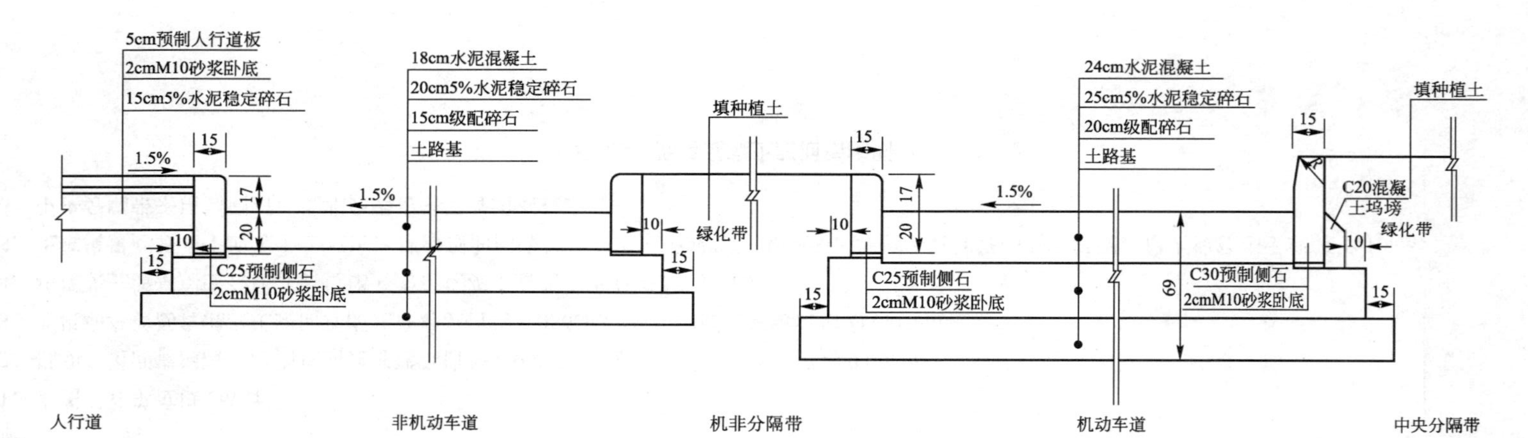

水泥稳定基层碎石材料集料的级配范围　单位：(%)

方筛孔尺寸/mm	40	31.5	19	9.5	4.75	2.36	0.6	0.075
基层	—	100	88～99	57～77	29～49	17～35	8～22	0～7
垫层	100	93～98	74～89	49～69	29～52	18～38	18～22	0～7

说明：

1．本图尺寸单位以 cm 计。
2．机动车道路面设计抗弯拉强度大于或等于 4.5MPa，基层回弹模量大于或等于 100MPa。
3．非机动车道路面设计抗弯拉强度大于或等于 4.5MPa，基层回弹模量大于或等于 80MPa。
4．土基模量必须大于或等于 25MPa，级配碎石顶面回弹模量必须大于或等于 30MPa。
5．中央分隔带采用高侧石，侧石每节长 1m。
6．水泥稳定碎石 7d 抗压强度不小于 3.0MPa。
7．混凝土路面养护 28d 后方可开放交通。
8．路基采用塘渣回填，基层下 30cm 范围内，塘渣粒径不大于 10cm；30cm 以下，塘渣粒径不大于 15cm。
9．填方固体率不小于 85%。

图 6.10　水泥混凝土路面结构图

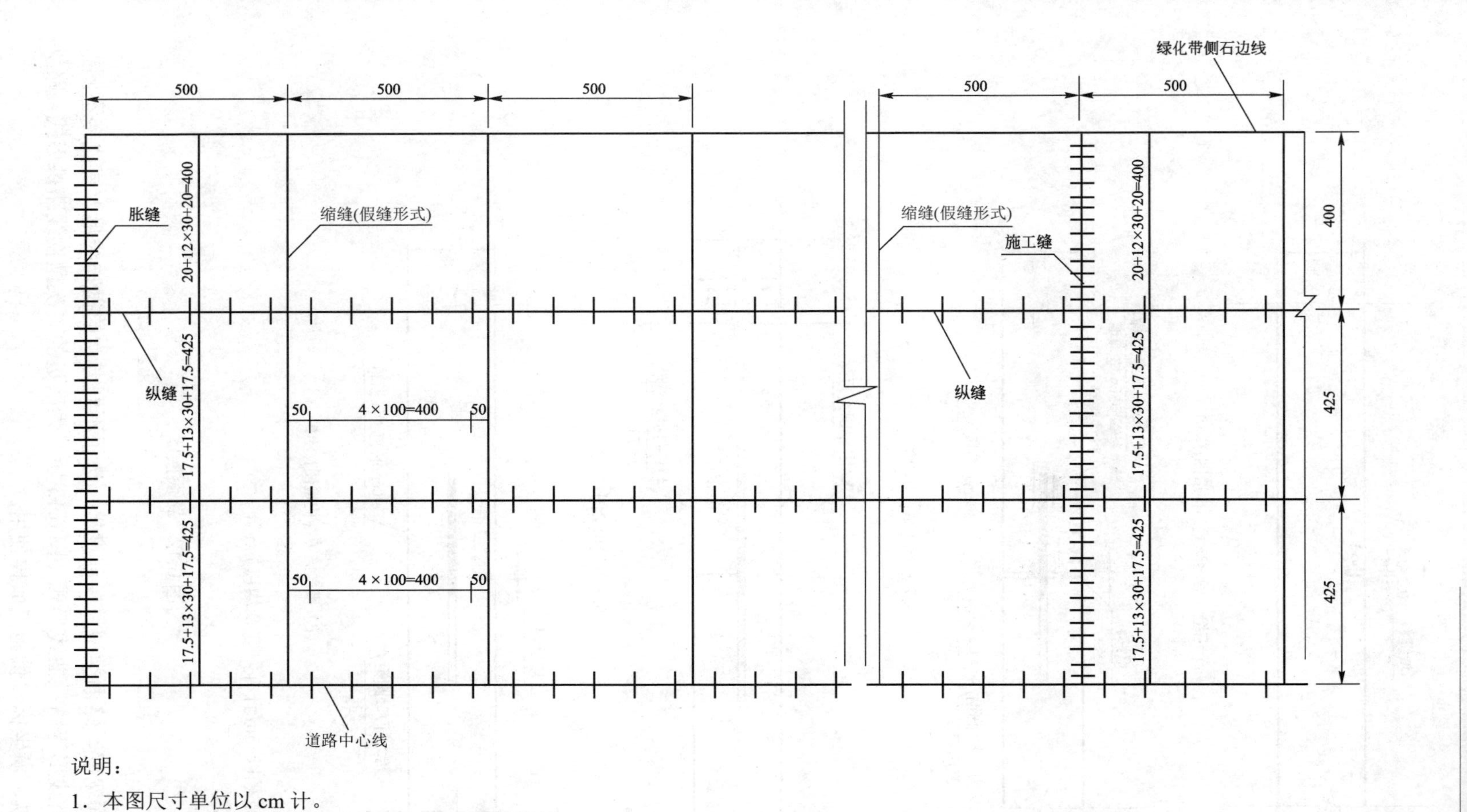

说明：

1. 本图尺寸单位以 cm 计。
2. 每天的施工终点均需设施工缝且应在横缝位置。缩缝必须做在 5m 的倍数桩号处，均采用假缝形式。在距横向自由端的三条缩缝及靠近胀缝的三条缩缝均为设传力杆的缩缝。施工胀缝间距为 100～200m。混凝土板与交叉口相接处混凝土板厚度变化处、小半径平曲线处、竖曲线处，均应设置胀缝。
3. 水泥板块如遇胀缝，板块纵向长度可适当调整。

图 6.11 混凝土路面板块划分示意图

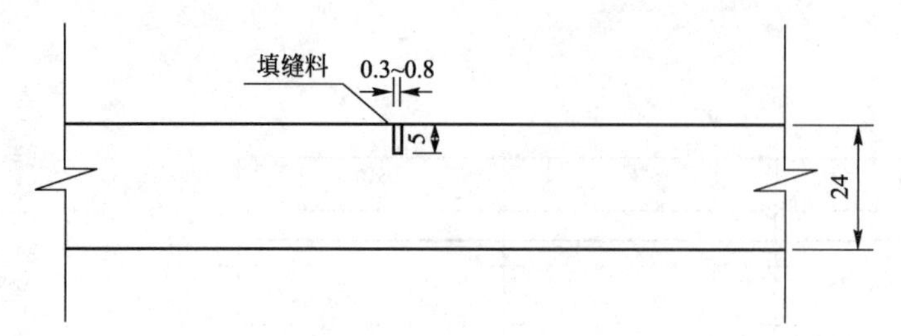

（a）缩缝（假缝形式）构造图1∶10

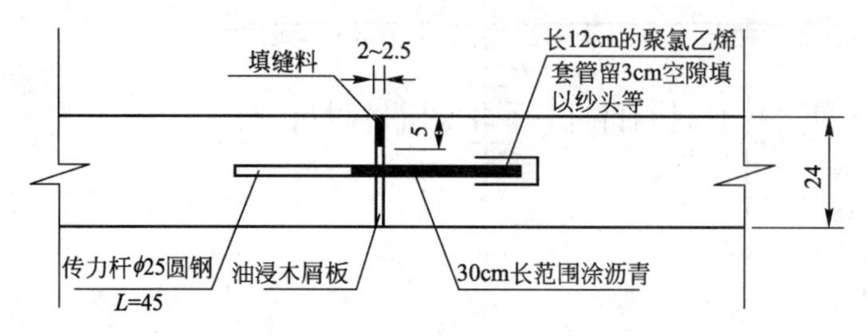

（b）胀缝构造图1∶10

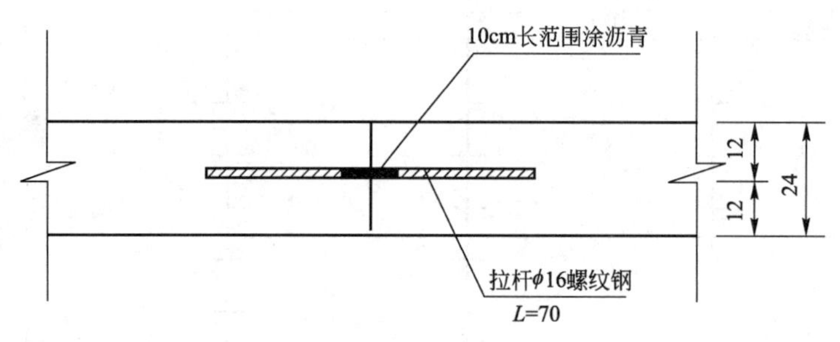

（c）纵缝构造图1∶10

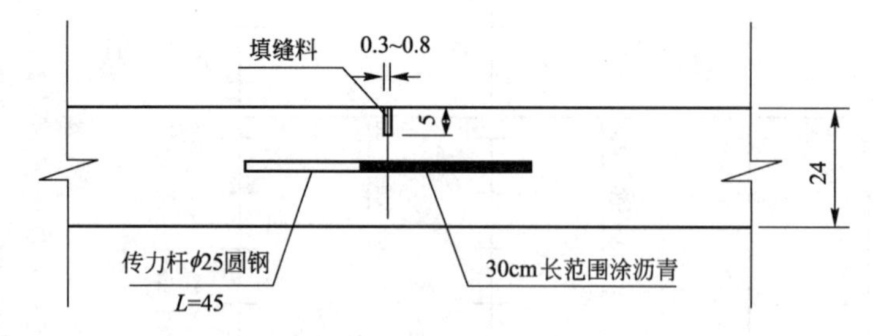

（d）横向施工缝构造图1∶10

说明：

1．本图尺寸除钢筋直径以 mm 计外，其余均以 cm 计。

2．填缝料采用聚氨酯。

图 6.12　路面接缝

3）路拱

路拱根据路面宽度、路面类型、横坡度等，选用不同方次的抛物线形、直线接不同方次的抛物线形与折线形等路拱曲线形式。图 6.13 所示为改进的二次抛物线路拱形式。路拱大样图中应标出纵、横坐标，供施工放样使用。

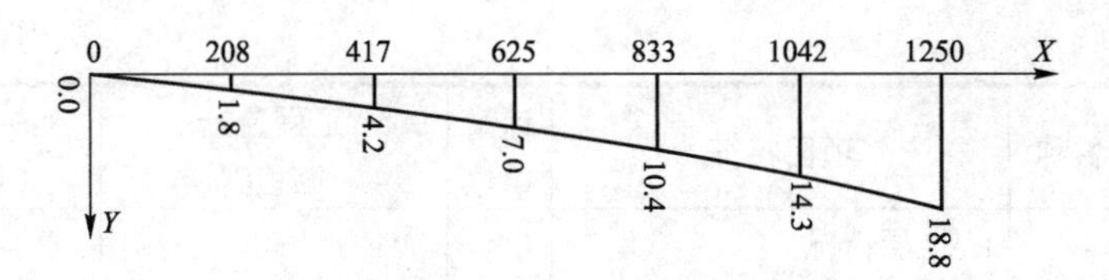

图 6.13 改进的二次抛物线路拱形式

6.4 市政道路工程清单编制

6.4.1 清单概述

（1）市政道路工程清单包括分部分项工程量清单、措施项目清单、其他项目清单。

（2）分部分项工程量清单编制，应根据《市政工程工程量计算规范》（GB 50857—2013）“附录 B 道路工程”规定的统一项目编码、项目名称、项目特征、计量单位和工程量计算规则编制。

（3）《市政工程工程量计算规范》（GB 50857—2013）“附录 B 道路工程”共划分设置了 4 节清单项目，节的设置基本上是按照道路工程施工先后顺序编制的。

B.1 路基处理共设置 22 个清单项目。

B.2 道路基层共设置 16 个清单项目。

B.3 道路面层共设置 9 个清单项目。

B.4 人行道及其他共设置 8 个清单项目。

6.4.2 清单项目

（1）路基处理。

路基处理编码为 040201，共 22 个清单项目，见表 6-1。

表 6-1 路基处理清单项目

项目编码	项目名称	项目特征	计量单位	工程量计算规则	工程内容
040201001	预压地基	1. 排水竖井种类、断面尺寸、排列方式、间距、深度 2. 预压方式 3. 预压荷载、时间 4. 砂垫层厚度	m^2	按设计图示尺寸以加固面积计算	1. 设置排水竖井、盲沟、滤水管 2. 铺设砂垫层、密封膜 3. 堆载、卸载或抽气设备安拆、抽真空 4. 材料运输
040201002	强夯地基	1. 夯击能量 2. 夯击遍数 3. 地耐力要求 4. 夯填材料种类			1. 设置夯填材料 2. 强夯 3. 夯填材料运输

续表

项目编码	项目名称	项目特征	计量单位	工程量计算规则	工程内容
040201003	振冲密实（不填料）	1. 地层情况 2. 振密深度 3. 孔距 4. 振冲器功率	m^2	按设计图示尺寸以加固面积计算	1. 振冲加密 2. 泥浆运输
040201004	掺石灰	含灰量	m^3	按设计图示尺寸以体积计算	1. 掺石灰 2. 夯实
040201005	掺干土	1. 密实度 2. 掺土率			1. 掺干土 2. 夯实
040201006	掺石	1. 材料品种、规格 2. 掺石率			1. 掺石 2. 夯实
040201007	抛石挤淤	材料品种、规格			抛石挤淤
040201008	袋装砂井	1. 直径 2. 填充料品种 3. 深度	m	按设计图示尺寸以长度计算	1. 制作砂袋 2. 定位沉桩 3. 下砂 4. 拔管
040201009	排水板	材料品种、规格	m	按设计图示尺寸以长度计算	1. 安装排水板 2. 沉管插板 3. 拔管
040201010	振冲桩（填料）	1. 地层情况 2. 空桩长度、桩长 3. 桩径 4. 填充料种类	1. m 2. m^3	1. 以米计量，按设计图示尺寸以桩长计算 2. 以立方米计量，按设计桩截面面积乘以桩长以体积计算	1. 振冲成孔、填料、振实 2. 材料运输 3. 泥浆运输
040201011	砂石桩	1. 地层情况 2. 空桩长度、桩长 3. 桩径 4. 成孔方式 5. 材料种类、级配		1. 以米计量，按设计图示尺寸以桩长（包括桩尖）计算 2. 以立方米计量，按设计桩截面面积乘以桩长（包括桩尖）以体积计算	1. 成孔 2. 填料、振实 3. 材料运输
040201012	水泥粉煤灰碎石桩	1. 地层情况 2. 空桩长度、桩长 3. 桩径 4. 成孔方式 5. 混合料强度等级	m	按设计图示尺寸以桩长（包括桩尖）计算	1. 成孔 2. 混合料制作、灌注、养护

续表

项目编码	项目名称	项目特征	计量单位	工程量计算规则	工程内容
040201013	深层搅拌桩	1. 地层情况 2. 空桩长度、桩长 3. 桩截面尺寸 4. 水泥强度等级、掺量	m	按设计图示尺寸以桩长计算	1. 预搅下钻、水泥浆制作、喷浆搅拌提升成桩 2. 材料运输
040201014	粉喷桩	1. 地层情况 2. 空桩长度、桩长 3. 桩径 4. 粉体种类、掺量 5. 水泥强度等级、石灰粉要求		按设计图示尺寸以桩长计算	1. 预搅下钻、喷粉搅拌提升成桩 2. 材料运输
040201015	高压喷射注浆桩	1. 地层情况 2. 空桩长度、桩长 3. 桩截面 4. 注浆类型、方法 5. 水泥强度等级		按设计图示尺寸以桩长计算	1. 成孔 2. 水泥浆制作、高压喷射 3. 材料运输
040201016	石灰桩	1. 地层情况 2. 空桩长度、桩长 3. 桩径 4. 成孔方式 5. 掺和料种类、配合比		按设计图示尺寸以桩长（包括桩尖）计算	1. 成孔 2. 掺和料制作、运输、夯填
040201017	灰土（土）挤密桩	1. 地层情况 2. 空桩长度、桩长 3. 桩径 4. 成孔方式 5. 灰土级配		按设计图示尺寸以桩长（包括桩尖）计算	1. 成孔 2. 灰土拌和、运输、填充、夯实
040201018	桩锤冲扩桩	1. 地层情况 2. 空桩长度、桩长 3. 桩径 4. 成孔方式 5. 桩体材料种类、配合比		按设计图示尺寸以桩长计算	1. 安拔套管 2. 冲桩、填料、夯实 3. 桩体材料制作、运输
040201019	注浆地基	1. 地层情况 2. 成桩深度、间距 3. 浆液种类及配比 4. 注浆方法 5. 水泥强度等级	1. m 2. m^3	1. 按设计图示尺寸以钻孔深度计算，以“m”为计量单位 2. 按设计图示尺寸以加固体积计算，以“m^3”为计量单位	1. 成孔 2. 注浆导管制作、安装 3. 浆液制作、压浆 4. 材料运输

续表

项目编码	项目名称	项目特征	计量单位	工程量计算规则	工程内容
040201020	褥垫层	1. 厚度 2. 材料品种及比例	1. m^2 2. m^3	1. 按设计图示尺寸以铺设面积计算，以“m^2”为计量单位 2. 按设计图示尺寸以铺设体积计算，以“m^3”为计量单位	材料拌合、运输、铺设、压实
040201021	排水沟、截水沟	1. 材料品种 2. 断面尺寸 3. 混凝土强度等级 4. 砂浆强度等级 5. 盖板材质、规格	m	按设计图示尺寸以长度计算	1. 模板制作、安装、拆除 2. 基础、垫层铺设 3. 混凝土拌和、运输、浇筑 4. 砌筑 5. 勾缝 6. 抹面 7. 盖板制作、安装
040201022	盲沟	1. 材料种类、规格 2. 断面尺寸		按设计图示尺寸以长度计算	盲沟铺筑

（2）道路基层。

道路基层编码为040202，共16个清单项目，见表6-2。

表6-2　道路基层项目编码表

项目编码	项目名称	项目特征	计量单位	工程量计算规则	工程内容
040202001	路床（槽）整形	1. 部位 2. 范围	m^2	按设计图示尺寸以面积计算，不扣除各种井所占面积	1. 放样 2. 整修路拱 3. 碾压成型
040202002	石灰稳定土	1. 含灰量 2. 厚度			1. 拌合 2. 运输 3. 铺筑 4. 找平 5. 碾压 6. 养护
040202003	水泥稳定土	1. 水泥含量 2. 厚度			
040202004	石灰、粉煤灰、土	1. 配合比 2. 厚度			
040202005	石灰、碎石、土	1. 配合比 2. 碎石规格 3. 厚度			
040202006	石灰、粉煤灰、碎（砾）石	1. 配合比 2. 碎（砾）石规格 3. 厚度			
040202007	粉煤灰	厚度			
040202008	矿渣				

续表

项目编码	项目名称	项目特征	计量单位	工程量计算规则	工程内容
040202009	砂砾石	1. 石料规格 2. 厚度	m^2	按设计图示尺寸以面积计算，不扣除各种井所占面积	1. 拌合 2. 运输 3. 铺筑 4. 找平 5. 碾压 6. 养护
040202010	卵石				
040202011	碎石				
040202012	块石				
040202013	山皮石				
040202014	粉煤灰三渣	1. 配合比 2. 厚度			
040202015	水泥稳定碎（砾）石	1. 水泥含量 2. 石料规格 3. 厚度			
040202016	沥青稳定碎石	1. 沥青品种 2. 石料规格 3. 厚度			

（3）道路面层。

道路面层编码为 040203，共 9 项，见表 6-3。

表 6-3 讲解

表 6-3　道路面层项目编码表

项目编码	项目名称	项目特征	计量单位	工程量计算规则	工程内容
040203001	沥青表面处治	1. 沥青品种 2. 层数	m^2	按设计图示尺寸以面积计算，不扣除各种井所占面积	1. 喷油、布料 2. 碾压
040203002	沥青贯入式	1. 沥青品种 2. 石料规格 3. 厚度			1. 摊铺碎石 2. 喷油、布料 3. 碾压
040203003	透层、黏层	1. 材料品种 2. 喷油量			1. 清理下承面 2. 喷油、布料
040203004	封层	1. 材料品种 2. 喷油量 3. 厚度			1. 清理下承面 2. 喷油、布料 3. 压实
040203005	黑色碎石	1. 材料品种 2. 石料规格 3. 厚度			1. 清理下承面 2. 拌合、运输 3. 摊铺、整型 4. 压实
040203006	沥青混凝土	1. 沥青品种 2. 沥青混凝土种类 3. 石料粒径 4. 掺和料 5. 厚度			

续表

项目编码	项目名称	项目特征	计量单位	工程量计算规则	工程内容
040203007	水泥混凝土	1. 混凝土强度等级 2. 掺合料 3. 厚度	m^2	按设计图示尺寸以面积计算，不扣除各种井所占面积	1. 模板制作、安装、拆除 2. 混凝土拌和、运输、浇筑 3. 拉毛 4. 压痕或刻防滑槽 5. 伸缝 6. 缩缝 7. 锯缝、嵌缝 8. 路面养护
040203008	块料面层	1. 块料品种、规格 2. 垫层材料品种、厚度、强度			1. 铺筑垫层 2. 铺筑块料 3. 嵌缝、勾缝
040203009	橡胶、塑料弹性面层	1. 材料名称 2. 厚度			1. 配料 2. 铺贴

（4）人行道及其他。

人行道及其他编码为 040204，共 8 项，见表 6-4。

表 6-4　人行道及其他项目编码表

项目编码	项目名称	项目特征	计量单位	工程量计算规则	工程内容
040204001	人行道整形碾压	1. 部位 2. 范围	m^2	按设计图示尺寸以面积计算，不扣除各种井所占面积	1. 放样 2. 碾压
040204002	人行道块料铺设	1. 块料品种、规格 2. 基础、垫层材料品种、厚度 3. 图形		按设计图示尺寸以面积计算，不扣除各种井所占面积	1. 垫层、基础铺筑 2. 块料铺设
040204003	现浇混凝土人行道及进口坡	1. 混凝土强度等级 2. 厚度 3. 基础、垫层材料品种、厚度、			1. 模板制作、安装、拆除 2. 基础、垫层铺筑 3. 混凝土拌和、运输、浇筑
040204004	安砌侧（平、缘）石	1. 材料规格 2. 基础、垫层：材料品种、厚度	m	按设计图示中心线长度计算	1. 开槽 2. 基础、垫层铺筑 3. 侧（平、缘）石安砌

续表

项目编码	项目名称	项目特征	计量单位	工程量计算规则	工程内容
040204005	现浇侧（平、缘）石	1. 材料品种 2. 尺寸 3. 形状 4. 混凝土强度等级 5. 基础、垫层：材料品种、厚度	m	按设计图示中心线长度计算	1. 模板制作、安装、拆除 2. 开槽 3. 基础、垫层铺筑 4. 混凝土拌和、运输、浇筑
040204006	检查井升降	1. 材料品种 2. 检查井规格 3. 平均升降高度	座	按设计图示路面标高与原有的检查井发生正负高差的检查井的数量计算	升降检查井
040204007	树池砌筑	1. 材料品种 2. 树池尺寸 3. 树池盖材料品种	个	按设计图示数量计算	1. 基础、垫层铺筑 2. 树池砌筑 3. 树池盖运输、安装
040204008	预制电缆沟铺设	1. 材料品种 2. 规格尺寸 3. 基础、垫层：材料品种、厚度 4. 盖板品种、规格	m	按设计图示中心线长度计算	1. 基础、垫层铺筑 2. 预制电缆沟安装 3. 盖板安装

6.4.3 清单编制要点

1. 列项编码

1）列项编码内容

列项编码是在熟悉施工图基础上，对照《市政工程工程量计算规范》(GB 50857—2013)“附录 B 道路工程”中各分部分项清单项目的名称、特征和工程内容，将拟建道路工程结构进行合理的归类组合，编排出相对独立并与“附录 B 道路工程”各清单项目相对应的分部分项清单项目。

2）列项编码的注意事项

（1）确定各分部分项的项目名称，并予以正确的项目编码。

（2）项目编码不重不漏。

（3）当拟建工程出现新结构、新工艺，不能与《市政工程工程量计算规范》(GB 50857—2013)“附录 B 道路工程”的清单项目对应时，应按《建设工程工程量清单计价规范》(GB 50500—2013）的规定执行。

3）列项编码的要点

（1）项目特征是形成工程项目实体价格因素的重要描述，是区别同一清单项目名称内包含有多个不同的具体项目名称的依据。项目特征由具体的特征要素构成，详见《市政工程工程量计算规范》（GB 50857—2013）“附录B 道路工程”清单项目的“项目特征”栏。如道路工程中现浇侧（平、缘）石，项目特征为：①材料品种；②尺寸；③形状；④混凝土强度等级；⑤基础、垫层，材料品种、厚度。

（2）项目编码应执行《市政工程工程量计算规范》（GB 50857—2013）中4.0.3条的规定：分部分项工程量清单的项目编码，应采用十二位阿拉伯数字表示，一至九位应按附录的规定设置，十至十二位根据拟建工程的工程量清单项目名称设置，同一招标工程的项目编码不得有重码。也就是说除需要补充项目外，前九位编码是统一规定的，照抄套用，后三位编码可由编制人根据拟建工程中相同的项目名称、不同的项目特征而进行排序编码。如某道路工程路面面层结构为K0+000.000～K0+800.000设计为C30水泥混凝土路面，厚24cm，混凝土碎石最大粒径4cm。K0+800.000～K0+950.000设计为C35水泥混凝土路面，厚24cm，混凝土碎石最大粒径4cm。则编码应分别为040203007001和040203007002，前9位相同，后3位不同，原因是水泥混凝土强度等级作为特殊要素发生变化，意味着形成该工程项目实体的施工过程和造价的变化。作为指引承包商投标报价的分部分项工程量清单，必须给出明确的清单项目名称和编码，以便在清单计价时不发生理解上的歧义，在综合单价分析时能够做到科学合理。

2. 项目名称

具体项目名称应按照《市政工程工程量计算规范》（GB 50857—2013）附录中的项目名称（可称为基本名称）结合实际工程的项目特征要素综合确定。如上述水泥混凝土路面，具体的项目名称可表达为C30水泥混凝土面层（厚度24cm，碎石最大40mm）。具体的名称确定要符合道路工程设计、施工规范，也要照顾到道路工程专业方面的惯用表述。例如，道路基层结构在软基地段使用较普遍的是在石屑中掺入6%水泥，经过拌合、摊铺碾压成型。属于水泥稳定碎石类基层结构，按照惯用表述，该清单项目的具体名称可确定为“6%水泥石屑基层（厚度××cm）”，项目编码为“040202014001”。

3. 项目特征

项目特征是针对形成该分部分项清单项目实体的施工过程（或工序）所包含内容的描述，列项时应对拟建道路工程的分部分项工程项目与《市政工程工程量计算规范》（GB 50857—2013）附录中各清单项目特征和工程内容的要求对照。如道路面层中“水泥混凝土”清单项目的工程内容为：①模板制作、安装、拆除；②混凝土拌和、运输、浇筑；③拉毛；④压痕或刻防滑槽；⑤伸缝；⑥缩缝；；⑦锯缝、嵌缝；⑧路面养护。上述8项工程内容几乎包括了常规水泥混凝土路面的全部施工工艺过程。若拟建工程设计的是水泥混凝土路面结构，就可以对照上述工程内容编码列项。列出的项目名称是“C××水泥混凝土面层（厚××cm，碎石最大××mm）”，项目编码为“040203007×××”，这就是对应吻合。不能再另外列出伸缩缝构造、切缝机切缝、路面养护等清单项目名称，否则就属于重列。

但应注意“水泥混凝土”项目中，未包括传力杆及套筒的制作、安装，纵缝拉杆、角隅加强钢筋、边缘加强钢筋的工程内容。当拟建的道路路面设计有这些钢筋时，就应该对照“钢筋工程”另外增列钢筋的分部分项清单项目，否则就属于漏列。

6.5 市政道路工程计量与计价

6.5.1 市政道路工程工程量计算方法

1. 市政道路工程常见图形计算公式

市政道路工程常见图形计算公式见表 6-5。

表 6-5 市政道路工程常见图形计算公式

图形	公式
$\frac{1}{4}$圆	$A=\frac{\pi R^2}{4}$
扇形	$L=\frac{\pi aR}{180}=0.01745aR=\frac{2A}{R}$ $R=\frac{RL}{2}=0.00872R^2$ $a=\frac{57.296}{R}$ $R=\frac{2A}{L}=\frac{57.296}{R}L$
弓形	$A=\frac{1}{2}\left[RL-C(R-h)\right]$ $C=2\sqrt{(2R-h)h}$ $R=\frac{C^2+4h^2}{8h}$ $L=0.01745a$ $h=R-\frac{1}{2}\sqrt{4R^2-C^2}$ $a=\frac{57.269L}{R}$
圆环	$A=\pi\left[\left(\frac{D}{2}\right)^2-\left(\frac{d}{2}\right)^2\right]=0.7854(D^2-d^2)$
直角角缘面积	$A=0.2146R^2=0.1075C^2$

续表

图形	公式		
不定角角缘面积	$A=R^2\left(\tan\frac{\alpha}{2}-0.00873\alpha\right)$		
椭圆角缘面积	$ab\left(1-\frac{\pi}{4}\right)$		$\frac{\pi}{4}ab$
抛物线	$A=\frac{1}{3}ab$		$\frac{2}{3}ab$
	$V=\frac{h}{a}\left[2a^2+2h\cdot n\left(1-\frac{n}{m}\right)\right](m-1)$		

注：1．无交叉口的路段面积=设计宽度×路中心线设计长度。

2．有交叉口的路段面积=设计宽度×路中心线设计长度+转弯处增加面积（一般交叉口计算到转弯圆弧的切点断面）。

2. 转弯处增加面积计算

转弯处包括直角交叉和斜角交叉，如图6.14、图6.15所示。

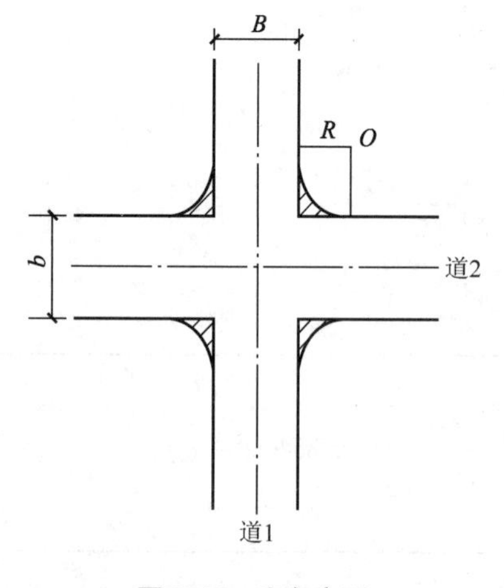

图6.14　直角交叉

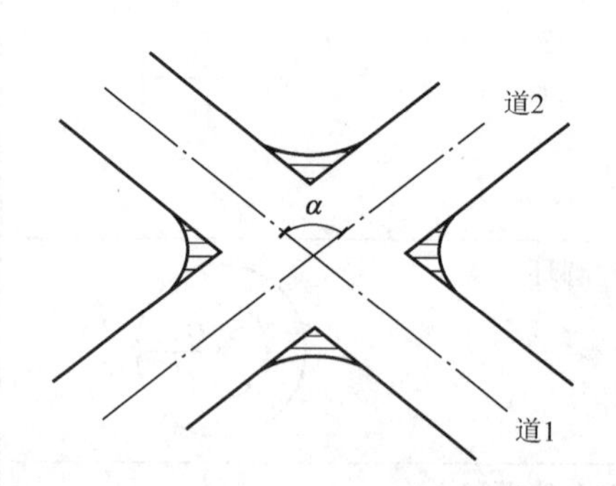

图6.15　斜角交叉

1）直角交叉（图6.14）时，每个转弯处增加的面积

$$A=0.2146R^2 \tag{6-1}$$

2）斜角交叉（图6.15）时，每个转弯处增加的面积

$$A=R^2[\tan(\alpha/2)-0.00873\alpha] \tag{6-2}$$

3）人行道工程量计算

（1）直线段。

$$铺设面积 = 设计长度\times（人行道宽度-侧石宽度） \quad (6-3)$$

（2）交叉口转弯处。

$$铺设面积 = 设计长度\times 0.7854（D^2-d^2） \quad (6-4)$$

（3）交叉口转弯处侧（平）石长度。

当道路正交：

$$每个转角的转弯平侧石长度 = 1.5708R \quad (6-5)$$

当道路斜交：

$$每个转角的转弯平侧石长度 = 0.01745R\alpha \quad (6-6)$$

3. 市政道路工程定额工程量计算规则

1）道路基层

（1）道路路床碾压工程量按设计道路基层边缘图示尺寸以面积计算，不扣除各种井所占面积。设计中已明确加宽值的，按设计规定计算。设计中未明确加宽值的，加宽值按每侧增加25cm。

（2）土边沟成形工程量按设计图示尺寸以体积计算。

（3）道路基层、养护工程量按照设计铺摊层的面积之和计算，不扣除各种井所占的面积；设计道路基层横断面为梯形时，应按其截面平均宽度计算面积。

（4）机械翻晒工程量按设计图示尺寸以面积计算。

2）道路面层

（1）道路工程沥青混凝土、水泥混凝土及其他类型路面工程量以设计图示面积计算，不扣除各种井所占面积，但扣除与路面相连的平石、侧石、缘石所占的面积。

（2）伸缩缝、嵌缝工程量按设计缝长乘以设计缝深以面积计算。

（3）锯缝机切缩缝、填灌缝工程量按设计图示尺寸以长度计算。

（4）土工布贴缝工程量按混凝土路面缝长乘以设计宽度以面积（纵横相交处面积不扣除）计算。

（5）水泥混凝土路面养护工程量按路面工程量以面积计算。

（6）水泥混凝土路面真空吸水工程量按实际吸水以面积计算。

（7）水泥混凝土路面刻纹工程量按实刻幅度以面积计算。

（8）水泥混凝土路面拉防滑条工程量按实拉防滑条平面以面积计算。

3）人行道及其他

（1）人行道整形碾压工程量按设计人行道图示尺寸以面积计算。

（2）人行道板安砌、人行道块料铺设、混凝土人行道铺设工程量按设计图示尺寸以面积计算，不扣除各种井所占面积，但应扣除侧石、缘石、树池所占面积。

（3）石材人行道板伸缩缝工程量按图示尺寸以长度计算。

（4）侧（平、缘）石垫层工程量区分不同材质，以体积计算。

（5）侧（平、缘）石工程量按图示尺寸以中心线长度计算。

（6）现浇混凝土侧（平、缘）石模板工程量按混凝土与模板接触面的面积计算。

（7）检查井升降工程量以数量计算。

（8）砌筑树池侧石工程量按设计外围尺寸以长度计算。

（9）基层混合料运输工程量按体积计算。

（10）混凝土拌和站的安装、拆除工程量，按不同混凝土生产能力以“座”为计算单位。

（11）混凝土拌和、运输工程量，按所使用混凝土构件的图示尺寸以体积计算。

6.5.2 市政道路工程计量与计价示例

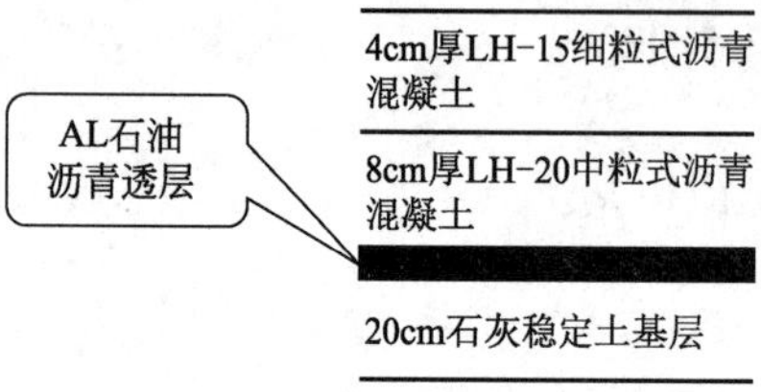

4cm厚LH-15细粒式沥青混凝土

AL石油沥青透层

8cm厚LH-20中粒式沥青混凝土

20cm石灰稳定土基层

图6.16 某道路两层式石油沥青混凝土路面结构示意图

【例 6-1】 某道路工程路面结构为两层式石油沥青混凝土路面。如图6.16所示，路段里程为K4+100.000～K4+800.000，路面宽12m，基层宽12.5m，石灰土基层石灰剂量为10%。面层分两层：上层为LH-15细粒式沥青混凝土，下层为LH-20中粒式沥青混凝土，试计算工程量并编制该段路面的分部分项工程量清单。

【解】（1）编码列项。

例6-1讲解

根据该工程提供的路面结构设计图和相应资料，对照《市政工程工程量计算规范》（GB 50857—2013）附表B.2道路基层和附表B.3道路面层。

石灰稳定土基层的工程内容：①拌合；②运输；③铺筑；④找平；⑤碾压；⑥养护。

沥青混凝土路面的工程内容：①清理下承面；②拌合、运输；③摊铺、整型；④压实。

确定该路段的分部分项工程项目名称及编码如下。

石灰稳定土基层（10%，厚20cm），项目编码：040202002001。

沥青混凝土面层（厚8cm，含AL石油沥青透层），项目编码：040203006001。

沥青混凝土面层（厚4cm），项目编码：040203006002。

（2）工程量计算。

根据该工程提供的路段里程、路面各层宽度等数据，按照清单工程量和定额工程量计算规则，各分部分项工程量计算如下。

石灰稳定土基层：700×12.5=8750（m^2）。

LH-20中粒式沥青混凝土面层：700×12=8400（m^2）。

LH-15细粒式沥青混凝土面层：700×12=8400（m^2）。

（3）编制分部分项工程量清单（表6-6）。

提示：

（1）本例的路面结构层，设计有AL石油沥青透层，是为了使基层和面层有良好的黏结力，该层不属结构层，与LH-20中粒式沥青混凝土结构一起施工，故将其工程量合并，同时在清单中给予注明。

（2）粗、中、细粒式沥青混凝土的加工和摊铺虽然施工工艺完全相同，但由于粒径及其价格的不同，也应分别列出清单项目，这就是编制工程量清单时强调要区分“最大粒径”“级配”“强度”等特征的原因所在。路面面层结构除柔性的沥青路面外，还有刚性的水泥混凝土路面。水泥混凝土路面的工程量清单与柔性路面基本相同。但需注意两个方面：一是水泥混凝土路面中的各种缝并入路面项目清单内，路面中的伸缝、切缝拆开来编制工程量清单；二是将构成路面结构的钢筋（除传力杆及套筒外）需编制钢筋工程量清单。

表6-6 分部分项工程量清单

工程名称：××道路工程

序号	项目编码	项目名称	项目特征	计量单位	工程数量
1	040202002001	石灰稳定土基层	1. 含灰量：10%石灰 2. 厚度：20cm	m^2	8750
2	040203006001	沥青混凝土面层	1. 沥青品种：石油沥青 2. 沥青混凝土种类：LH-20 沥青混凝土（含 AL 石油沥青透层） 3. 石料粒径：中粒式 4. 掺合料：机械摊铺 5. 厚度：8cm	m^2	8400
3	040203006002	沥青混凝土面层	1. 沥青品种：石油沥青 2. 沥青混凝土种类：LH-15 沥青混凝土 3. 石料粒径：细粒式 4. 掺合料：机械摊铺 5. 厚度：4cm	m^2	8400

（4）选用某地《市政工程计价标准》中的单位估价表（表6-7～表6-9）。

表6-7 某地市政道路工程单位估价表节录（一）

工作内容：放样、清理路床、运料、上料、机械整平土方、铺石灰、焖水、拌合机拌合、排压、找平、碾压、人工配合处理碾压不到之处、清除杂物。

计量单位：$100m^2$

定额编号		3-2-131	3-2-132
项目名称		石灰稳定土铺摊	
		含灰量（10%）	
		厚度/cm	
		20	每增（减）1
基价/元		3460.56	152.76
其中	人工费/元	525.42	26.19
	其中：定额人工费/元	437.85	21.83
	其中：规费/元	87.57	4.36
	材料费/元	2540.60	126.57
	机械费/元	394.54	—

（计量单位：100m²）续表

名称		单位	单价/元	数量	
人工	综合工日 06	工日	135.00	3.892	0.194
材料	黄土	m³	35.28	26.859	1.342
	生石灰	t	451.75	3.399	0.169
	水	m³	5.94	3.360	0.168
	其他材料费	元	1.00	37.550	0.187
机械	履带式推土机，功率：75kW	台班	998.01	0.161	—
	稳定土拌合机，功率：105kW	台班	1036.38	0.094	—
	平地机，功率：120kW	台班	1103.71	0.056	—
	钢轮内燃压路机，工作质量 12t	台班	575.07	0.064	—
	钢轮内燃压路机，工作质量 15t	台班	675.45	0.056	—

表 6-8　某地市政工程单位估价表节录（二）

工作内容：清扫路基、整修侧缘石、测温、摊铺、接茬、找平、点补、碾压清理。　　　计量单位：100m²

定额编号				3-2-229	3-2-230	3-2-231	3-2-232
项目名称				中粒式沥青混凝土路面			
				人工铺摊		机械铺摊	
				厚度/cm			
				6	每增减 1	6	每增减 1
基价/元				6582.99	1097.77	6541.54	1090.49
其中	人工费/元			222.77	37.13	135.30	22.50
	其中：定额人工费/元			185.64	30.94	112.75	18.75
	其中：规费/元			37.13	6.19	22.55	3.75
	材料费/元			6090.20	1015.03	6090.20	1015.03
	机械费/元			270.02	45.61	316.04	52.96
名称		单位	单价/元	数量			
人工	综合工日 07	工日	140.64	1.584	0.264	0.962	0.160
材料	中粒式沥青混凝土	m³	983.32	6.060	1.010	6.060	1.010
	柴油	t	6880.00	0.006	0.001	0.006	0.001
	其他材料费	元	1.00	90.000	15.000	90.000	15.000
机械	钢轮振动压路机，工作质量 12t	台班	863.24	0.116	0.019	0.106	0.018
	钢轮振动压路机，工作质量 15t	台班	1128.36	0.105	0.018	0.096	0.016
	沥青混凝土摊铺机，工作质量 8t	台班	1432.63	—	—	0.048	0.008
	轮式压路机，工作质量 26t	台班	988.46	0.052	0.009	0.048	0.008

表 6-9 某地市政工程单位估价表节录（三）

工作内容：清扫路基、整修侧缘石、测温、摊铺、接茬、找平、点补、碾压清理。　　计量单位：$100m^2$

<table>
<tr><td colspan="4">定额编号</td><td>3-2-233</td><td>3-2-234</td><td>3-2-235</td><td>3-2-236</td></tr>
<tr><td colspan="4" rowspan="4">项目名称</td><td colspan="4">细粒式沥青混凝土路面</td></tr>
<tr><td colspan="2">人工铺摊</td><td colspan="2">机械铺摊</td></tr>
<tr><td colspan="4">厚度/cm</td></tr>
<tr><td>4</td><td>每增减 1</td><td>4</td><td>每增减 1</td></tr>
<tr><td colspan="4">基价/元</td><td>4886.70</td><td>1221.92</td><td>4865.78</td><td>1226.39</td></tr>
<tr><td rowspan="5">其中</td><td colspan="3">人工费/元</td><td>238.81</td><td>59.63</td><td>147.25</td><td>36.85</td></tr>
<tr><td colspan="3">其中：定额人工费/元</td><td>199.01</td><td>49.69</td><td>122.71</td><td>30.71</td></tr>
<tr><td colspan="3">其中：规费/元</td><td>39.80</td><td>9.94</td><td>24.54</td><td>6.14</td></tr>
<tr><td colspan="3">材料费/元</td><td>4383.71</td><td>1095.93</td><td>4383.71</td><td>1095.93</td></tr>
<tr><td colspan="3">机械费/元</td><td>270.02</td><td>45.61</td><td>316.04</td><td>52.96</td></tr>
<tr><td colspan="2">名称</td><td>单位</td><td>单价/元</td><td colspan="4">数量</td></tr>
<tr><td>人工</td><td>综合工日 07</td><td>工日</td><td>140.64</td><td>1.698</td><td>0.424</td><td>1.047</td><td>0.262</td></tr>
<tr><td rowspan="3">材料</td><td>细粒式沥青混凝土</td><td>m3</td><td>1062.23</td><td>4.040</td><td>1.010</td><td>4.040</td><td>1.010</td></tr>
<tr><td>柴油</td><td>t</td><td>6880.00</td><td>0.004</td><td>0.001</td><td>0.004</td><td>0.001</td></tr>
<tr><td>其他材料费</td><td>元</td><td>1.00</td><td>64.780</td><td>16.200</td><td>64.780</td><td>16.200</td></tr>
<tr><td rowspan="4">机械</td><td>钢轮振动压路机，工作质量 12t</td><td>台班</td><td>863.24</td><td>0.116</td><td>0.019</td><td>0.106</td><td>0.018</td></tr>
<tr><td>钢轮振动压路机，工作质量 15t</td><td>台班</td><td>1128.36</td><td>0.105</td><td>0.018</td><td>0.096</td><td>0.016</td></tr>
<tr><td>沥青混凝土摊铺机，工作质量 8t</td><td>台班</td><td>1432.63</td><td>—</td><td>—</td><td>0.048</td><td>0.008</td></tr>
<tr><td>轮式压路机，工作质量 26t</td><td>台班</td><td>988.46</td><td>0.052</td><td>0.009</td><td>0.048</td><td>0.008</td></tr>
</table>

（5）综合单价分析（表 6-10）。

【例 6-2】 某市政道路长 500m，宽 10m。其中快车道 8m，两边各 1m 人行道，填土平均厚度为 1.0m，路面结构如图 6.17 所示，平石（侧石）的规格 100cm×20cm×12.5cm，试计算相应的道路工程量。

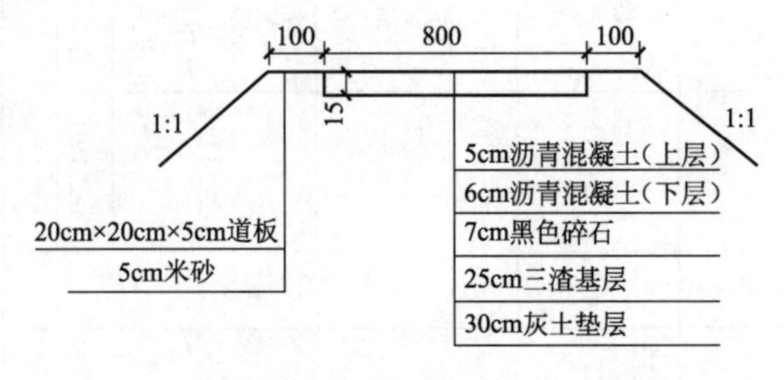

图 6.17 路面结构

【解】 工程量计算。

（1）面层。[8−(0.2×2)]×500=7.6×500=3800（m^2）

（2）25cm 三渣基层。[8+(0.125×2)+(0.15×2)]×500=8.55×500=4275（m^2）

表 6-10 综合单价分析表

序号	项目编码	项目名称	计量单位	清单综合单价组成明细														综合单价/元
				定额编号	定额名称	定额单位	数量	单价/元				合价/元						
								人工费		材料费	机械费	人工费		材料费	机械费	管理费	利润	
								定额人工费	规费			定额人工费	规费					
1	040202002001	石灰稳定土基层	m^2	3-2-131	石灰稳定土铺摊（10%）	$100m^2$	0.01	437.85	87.57	2540.60	394.54	4.38	0.88	25.41	3.95	1.21	0.65	36.47
2	040203006001	沥青混凝土面层	m^2	3-2-231	中粒式沥青混凝土路面（机械摊铺，厚6cm）	$100m^2$	0.01	112.75	22.55	6090.20	316.04	1.13	0.23	60.90	3.16	0.36	0.19	91.29
				3-2-232×2	中粒式沥青混凝土路面（机械摊铺，增厚1cm）	$100m^2$	0.01	18.75	3.75	1015.03	52.96	0.38	0.08	20.30	1.06	0.12	0.06	
				3-2-190	半刚性基层	$1000m^2$	0.001	164.08	32.82	2938.27	131.99	0.17	0.03	2.94	0.13	0.04	0.01	
				合计								1.67	0.34	84.13	4.35	0.53	0.26	
3	040203006002	沥青混凝土面层	m^2	3-2-235	细粒式沥青混凝土路面（机械摊铺，厚4cm）	$100m^2$	0.01	122.71	24.54	4383.71	316.04	1.23	0.25	43.84	3.16	0.38	0.20	49.06

注：市政工程的管理费费率为25.81%，利润率为13.83%。

（3）30cm灰土垫层。

顶宽：8.55+0.25×2=9.05（m）

底宽：9.05+0.3×2=9.65（m）

平均宽：（9.05+9.65）/2=18.7/2=9.35（m）

面积：9.35×500=4675（m^2）

（4）路槽—路基顶面宽。（9.35+1+1）×500=5675（m^2）

（5）土方计算。

[10×1-（0.15×8）-（1×0.1×2）]×500+1/2×1×1×2×500=4800（m^2）

（6）平石（侧石）。l=500×2=1000（m）

（7）人行道和米砂。S=（1-0.125）×2×500=875（m^2）（米砂同人行道）

【例6-3】 某城市道路为水泥混凝土路面，全长1200m，路面宽度为15m，两侧路肩各宽1m。在该道路的K0+300～K0+750为挖方路段，道路横断面如图6.18所示。由于该市的降雨量较大，为保护路基不积水，故在两侧设置截水沟与边沟，同时在该路的中央分隔带下设置盲沟以隔断流向路基的泉水和地下集中水流，并将水流引入地面排水沟，盲沟平面如图6.19所示，试求截水沟及盲沟的工程量。

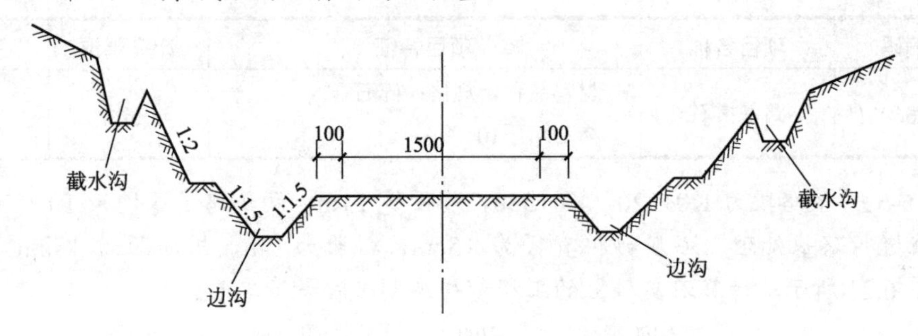

图6.18 道路横断面（尺寸单位：cm）

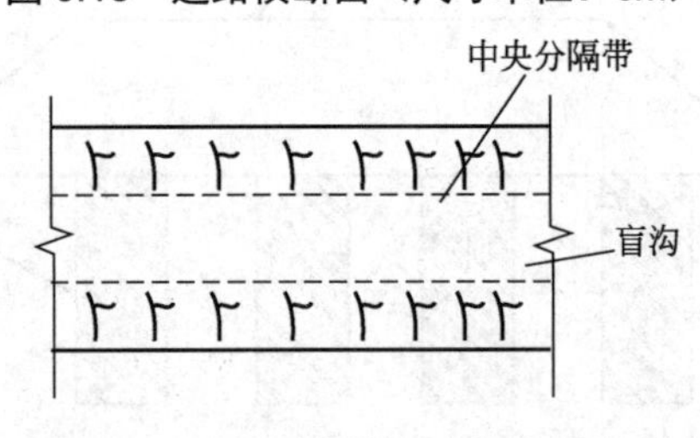

图6.19 盲沟平面

【解】

截水沟长度：

(750-300)×2= 900（m）

盲沟长度：1200m。

【例6-4】 某市政道路全长800m，路面宽18m，路堤断面如图6.20所示，地基土中掺石，掺石率为10%，两侧路肩宽为1m，试求掺石工程量并编制工程量清单表。

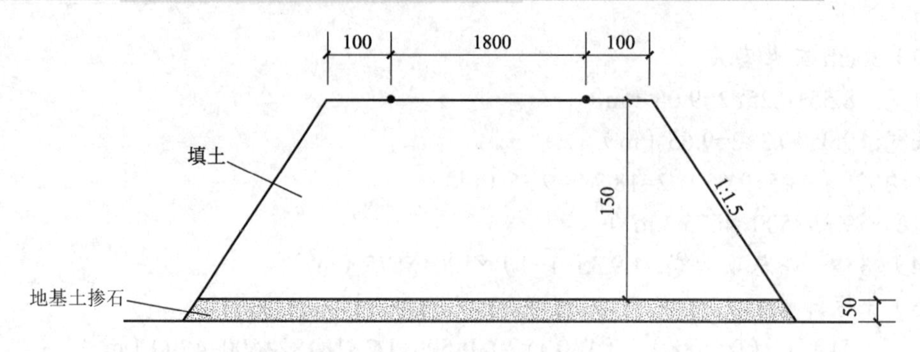

图6.20　路堤断面（尺寸单位：cm）

【解】

路基土掺石项目编码为040201006001。

路基土掺石的体积：

$$800\times(18+1\times2+1.5\times1.5\times2+0.5\times1.5)\times0.5=10100\text{（m}^3\text{）}$$

工程量清单表果见表6-11。

表6-11　工程量清单表

项目编码	项目名称	项目特征	计量单位	工程量
040201006001	路基掺石	1. 材料品种、规格：碎石 2. 掺石率：10%	m^3	10100

【例6-5】　某路段为K0+320～K0+550，路面宽21m，两侧路肩宽均为1m，土中打入石灰砂桩进行路基处理，石灰砂桩直径为15cm，桩长为2m，桩间距为15cm，路基断面图如图6.21所示，计算石灰砂桩的工程量并编制工程量清单表。

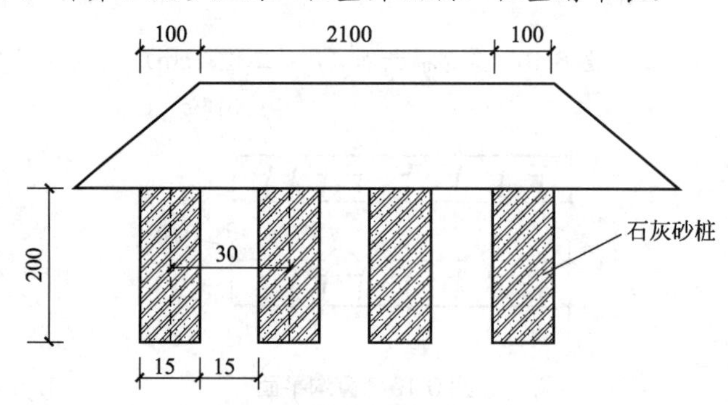

图6.21　路基断面图（尺寸单位：cm）

【解】

石灰砂桩个数：

$$[(21+1\times2)/0.3+1]\times[(550-320)/0.3+1]\approx59622\text{（个）}$$

石灰砂桩的长度计算得

$$59622\times2=119244\text{（m）}$$

工程量清单表见表6-12。

表 6-12 工程量清单表

项目编码	项目名称	项目特征	计量单位	工程量
040201016001	石灰砂桩	1. 地层情况： 2. 空桩长度、桩长：2m 3. 桩径：15cm 4. 成孔方式： 5. 灰土级配：	m	119244

【例 6-6】 某道路 K0+200 ~ K2+000 为水泥混凝土路面，道路结构如图 6.22 所示，道路横断面如图 6.23 所示，路面修筑宽度为 12m，路肩各宽 1m，两侧设边沟排水，计算道路工程量并编制工程量清单表。

例 6-6 讲解

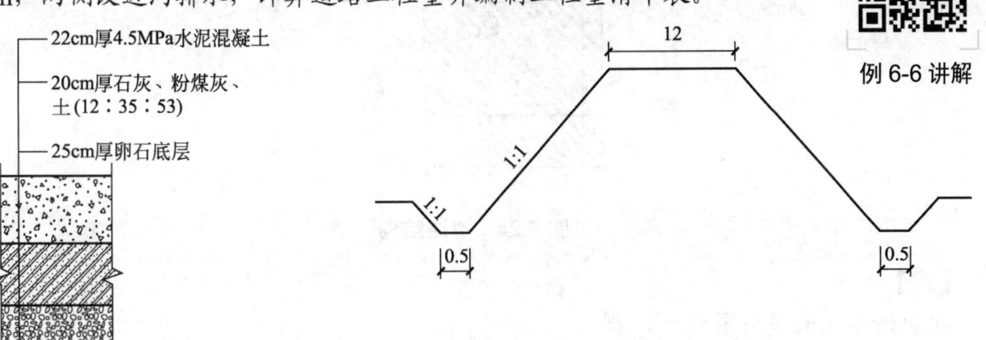

图 6.22 道路结构　　图 6.23 道路横断面（尺寸单位：m）

【解】根据清单工程量计算规则，得

卵石底层面积：

$$1800\times12=21600\ (\mathrm{m}^2)$$

石灰、粉煤灰、土基层面积：

$$1800\times12=21600\ (\mathrm{m}^2)$$

边沟长度：

$$2\times1800=3600\ (\mathrm{m})$$

工程量清单表见表 6-13。

表 6-13 工程量清单表

序号	项目编码	项目名称	项目特征	计量单位	工程量
1	040202010001	卵石	1. 石料规格：卵石 2. 厚度：厚 25cm	m^2	21600
2	040202004001	石灰、粉煤灰、土	1. 配合比：12∶35∶53 2. 厚度：20cm	m^2	21600
3	040201021001	排水沟	1. 材料品种：土质 2. 断面尺寸：0.5m×0.5m	m	3600

【例6-7】某市道路长400m，为沥青混凝土路面，道路结构如图6.24所示，路面宽10m，路肩各宽1m，路基中掺入石灰（掺灰量10%），计算道路工程量并编制工程量清单表。

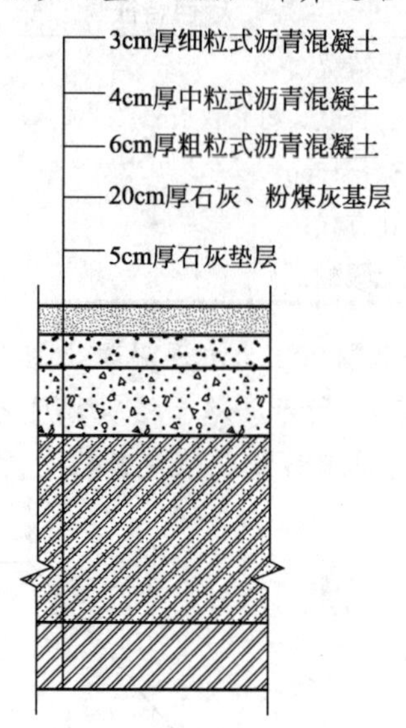

图6.24　道路结构

【解】

根据清单工程量计算规则，得

石灰垫层面积：400×10=4000（m^2）

石灰、粉煤灰基层面积：400×10=4000（m^2）

沥青混凝土面层面积：400×10=4000（m^2）

掺入石灰量：4000×0.05=200（m^3）

工程量清单表见表6-14。

表6-14　工程量清单表

序号	项目编码	项目名称	项目特征	计量单位	工程量
1	040202001001	垫层	5cm厚石灰垫层	m^2	4000
2	040202004001	石灰、粉煤灰	20cm厚石灰、粉煤灰基层	m^2	4000
3	040203004001	沥青混凝土	6cm厚粗粒式沥青混凝土	m^2	4000
4	040203004002	沥青混凝土	4cm厚中粒式沥青混凝土	m^2	4000
5	040203004003	沥青混凝土	3cm厚细粒式沥青混凝土	m^2	4000
6	040201002001	掺石灰	掺灰量10%	m^3	200

【例6-8】某场地道路为橡胶、塑料面层，路宽8m，长800m，求橡胶、塑料面层工程量并编制工程量清单表。

【解】

依题意可知，该项目编码为040203007001。

橡胶、塑料弹性面层按设计图示尺寸以面积计算，不扣除各种井所占面积。

橡胶、塑料面层面积：

$$800\times8=6400\ (m^2)$$

工程量清单见表 6-15。

表 6-15 工程量清单表

项目编码	项目名称	项目特征	计量单位	工程量
040203007001	橡胶、塑料弹性面层	橡胶、塑料面层	m^2	6400

【例 6-9】 某道路全长 750m，路面宽度为 12m。用沥青作结合料，将沥青浇灌在原来路面上作为新的道路磨耗层，沥青贯入深度为 8cm，试计算沥青贯入工程量并编制工程量清单表。

【解】

依题意，该项目编码为 040203002001。

根据工程量清单计算规则按设计图示尺寸以面积计算，不扣除各种井所占面积。

沥青贯入面积：

$$750\times12=9000\ (m^2)$$

工程量清单见表 6-16。

表 6-16 工程量清单表

项目编码	项目名称	项目特征	计量单位	工程量
040203002001	沥青贯入式	贯入深度为 8cm	m^2	9000

【例 6-10】 图 6.25 所示为某城市干道交叉路口平面图，人行道线宽 30cm，长度均为 1.4m，试计算人行道线的工程量并编制工程量清单表。

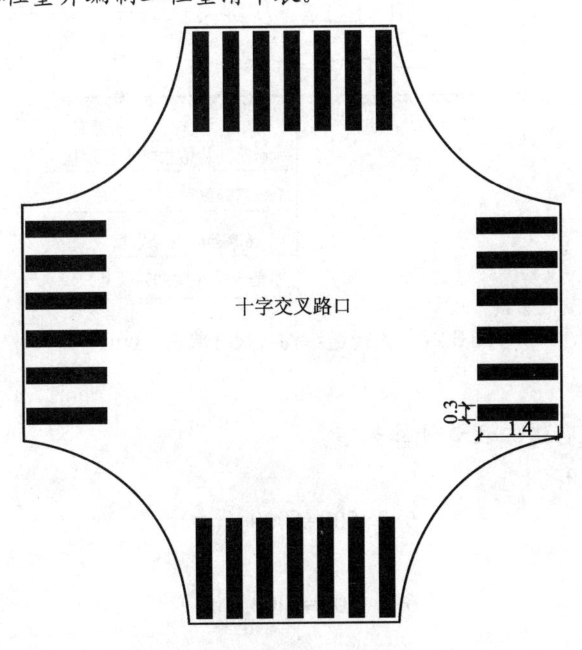

图 6.25 某城市干道交叉路口平面图

【解】

依题意可知，该项目编码为040205008001，人行道线工程量按设计图示以面积计算。

人行道线面积：

$$0.3\times1.4\times(2\times7+2\times6)=10.92\ (m^2)$$

工程量清单表见表6-17。

表6-17 工程量清单表

项目编码	项目名称	项目特征	计量单位	工程量
040205008001	横道线	人行道线	m^2	10.92

【例6-11】某道路长500m，路幅宽25m，人行道两侧各宽6m，路缘石宽为20cm，求人行道工程量并编制工程量清单表。道路断面如图6.26所示，人行道结构如图6.27所示。

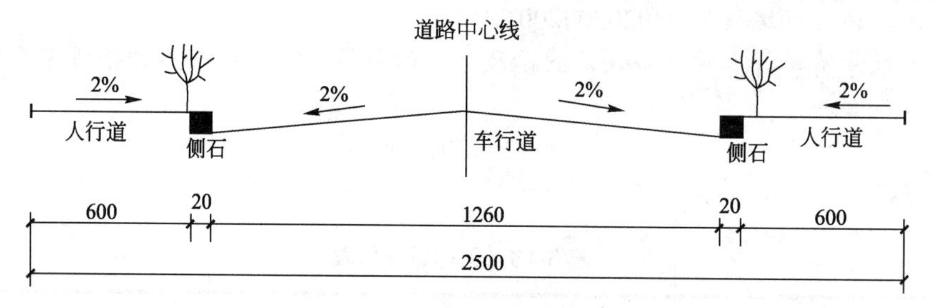

图6.26 道路断面（尺寸单位：cm）

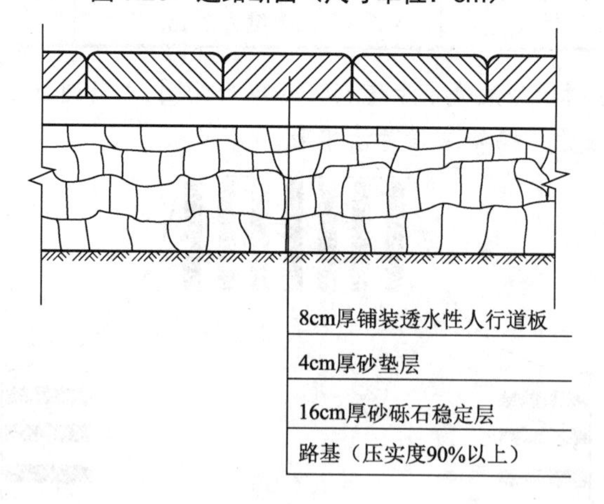

图6.27 人行道结构（尺寸单位：cm）

【解】

依题意可知，人行道工程量计算如下。

砂砾石稳定层面积：

$$6\times2\times500=6000\ (m^2)$$

砂垫层面积：

$$6\times2\times500=6000\ (m^2)$$

人行道板的面积：

$$6\times2\times500=6000\text{（m}^2\text{）}$$

工程量清单表见表6-18。

表6-18 工程量清单表

项目编码	项目名称	项目特征	计量单位	工程量
040202001001	垫层	砂垫层厚4cm	m^2	6000
040202008001	砂砾石	砂砾石稳定层厚16cm	m^2	6000
040204001001	人行道块料铺设	透水性人行道板厚8cm	m^2	6000

【例6-12】 某水泥混凝土路面结构如图6.10所示。求道路工程各分项工程量，编制工程量清单并计算综合单价。

【解】

（1）C25预制侧石长度。

$$L=100\times6=600\text{（m）}$$

（2）C30预制侧石长度。

$$L=100\times2=200\text{（m）}$$

（3）机动车道面层面积。

$$S_1=24\times100\times2=4800\text{（m}^2\text{）}$$

（4）机动车道基层面积。

$$S_2=(24+0.25+0.35)\times100\times2=4920\text{（m}^2\text{）}$$

（5）机动车道垫层面积。

$$S_3=(24+0.4+0.5)\times100\times2=4980\text{（m}^2\text{）}$$

（6）非机动车道面层面积。

$$S_4=12\times100\times2=2400\text{（m}^2\text{）}$$

（7）非机动车道基层面积。

$$S_5=(12+0.25+0.25)\times100\times2=2500\text{（m}^2\text{）}$$

（8）非机动车道垫层面积。

$$S_6=(12+0.4+0.4)\times100\times2=2560\text{（m}^2\text{）}$$

（9）人行道面积。

$$S_7=(6-0.15)\times100\times2=1170\text{（m}^2\text{）}$$

（10）人行道板2cm砂浆卧底。

$$V_1=1170\times0.02=23.4\text{（m}^3\text{）}$$

（11）人行道基层。

$$S_8=(6-0.15)\times100\times2=1170\text{（m}^2\text{）}$$

（12）侧石垫层。

$$V_2=800\times0.15\times0.02=2.4\text{（m}^3\text{）}$$

（13）C20混凝土坞膀（图6.28）。

$$V_3=(0.1\times0.15+1/2\times0.12\times0.1)\times100\times2=4.2\text{（m}^3\text{）}$$

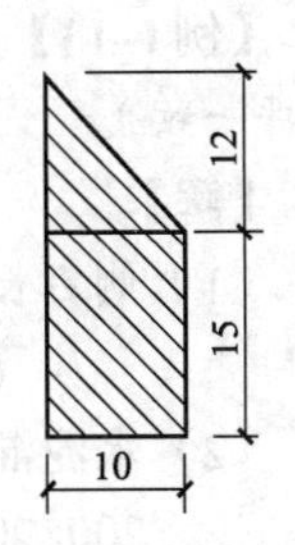

图6.28 混凝土坞膀

直接工程费见表6-19。

表6-19　直接工程费

定额号	项目名称	单位	数量	直接工程费 / 元		其中人工费/元		其中机械费 / 元	
				单价	合计	单价	合计	单价	合计
S_2-1	路床碾压检验	m^2	7540	1.00	7540	0.15	1131	0.73	5504
S_2-2	人行道整形碾压	m^2	1170	0.90	1053	0.7	819	0.08	94
S_2-153×2	20cm厚级配碎石底层	m^2	4980	17.60	87648	2.12	10558	2.22	11056
S_2-105×2	30cm厚5010水泥稳定碎石	m^2	4920	35.30	173676	2.48	12202	1.50	7380
S_2-106×5	5%水泥稳定碎石每减1cm	m^2	4920	−5.55	−27306	−0.3	−1476	−0.04	−197
S_2-239	24cm水泥混凝路面（商品砼）	m^2	4800	74.46	357408	3.95	18960	0.08	384
S_2-154	15cm级配碎石底层人工配合	m^2	2560	12.57	32179	1.31	3354	1.32	3379
S_2-105	15cm厚5%水泥稳定碎石	m^2	2500	17.65	44125	1.24	3100	0.75	1875
S_2-106×5	5%水泥稳定碎石每增lcm	m^2	2500	5.55	13875	0.3	750	0.04	100
S_2-236	18cm厚商品混凝土路面	m^2	2400	56.55	135720	3.66	8784	0.06	144
S_2-105	15cm厚5%水泥稳定碎石	m^2	1170	17.65	20651	1.24	1451	0.75	878
S_2-132	基层养护（洒水车洒水）	m^2	8590	0.14	1203	0.03	258	0.06	515
S_2-261	水泥混凝土路面养护（草袋）	m^2	7200	1.66	11952	0.47	3384		
S_2-271	人行道砖铺装　（周长≤1m）	m^2	1170	26.05	30479	5.53	6470		
S_2-276	侧石安砌（C25预制侧石）	m	600	36.91	22146	4.35	2610		
S_2-276	侧石安砌（C30预制侧石）	m	200	36.91	7382	4.35	870		
S_2-285	人行道砖垫层（水泥砂浆）	m^3	23.4	205.3	4804	36.18	847		
S_2-288	侧石垫层（水泥砂浆）	m^3	2.4	208.9	501	39.78	95		
S_2-290H	C20混凝土坞膀	m^3	4.2	219.21	921	60.84	256		
	合计				925957		74423		31112

【例6-13】 某道路工程（图6.8），道路长200m，求各项工程量（设计人行道面层与原地坪一致）。

【解】

（1）侧石长度。

$$(200-40)\times2+2\times10\times3.14+(40-4)\times4+3.14\times2\times2\times2=551.92\text{（m）}$$

（2）水泥混凝土路面面层。

$$200\times20-[(40-4)\times4+3.14\times22]\times2+20\times10\times2+0.2146\times102\times22\approx4172.72\text{（m}^2\text{）}$$

（3）人行道板面积。

$$(200-40)\times(10-0.15)\times2+3.14\times(10-0.15)\times2+$$
$$(40-4)\times(4-0.15\times2)\times2+3.14\times(2-0.15)\times2\times2$$
$$=3744.54\ (m^2)$$

本章小结

城市道路工程是市政工程的重要组成部分。

城市道路工程由路基、基层、面层和附属设施组成。

城市道路工程施工图通常由图纸目录、施工图设计说明、道路平面图、道路纵断面图、道路横断面图、路面结构图等组成。

城市道路工程列项编码是在熟悉施工图基础上，对照《市政工程工程量计算规范》（GB 50857—2013）“附录 B 道路工程”中各分部分项清单项目的名称、工程特征和工程内容，将拟建道路工程结构进行合理的归类组合，编排出相对独立的与“附录 B 道路工程”各清单项目相对应的分部分项清单项目。

城市道路工程计算工程量要用到许多的数学公式，学习中要注意区别其适用条件。

习　　题

1. 某城市主干道路面工程部分的定额人工费为 436591.60 元，机械费为 146752.80 元。其单价措施费中的定额人工费为 36173.49 元，机械费为 29618.67 元。试计算绿色施工安全文明措施项目费。

2. 某城市主干道长 2500m，路面宽度为 31.8m，机动车道为双向四车道，每车道宽为 4m，非机动车道为 3.5m，人行道宽为 3.0m，路基加宽值为 0.3m，为了夜间行车方便和绿化城市环境，分别在机动车道和非机动车道之间每隔 25m 设一路灯，每隔 5m 栽一棵树。已计算出的分项工程工程量见表 6-20。试计算 6cm 粗粒式沥青混凝土的综合单价。

表 6-20　某城市主干道分项工程清单工程量与定额工程量

序号	清单编码	清单分项工程名称	构造做法	计量单位	清单工程量	定额分项工程名称	定额工程量
1	040203004001	沥青混凝土	4cm 中粒式沥青混凝土	m^2	40000	4cm 中粒式沥青混凝土	40000
2	040203004002	沥青混凝土	5cm 中粒式沥青混凝土	m^2	40000	5cm 中粒式沥青混凝土	40000
3	040203004003	沥青混凝土	6cm 粗粒式沥青混凝土	m^2	40000	6cm 粗粒式沥青混凝土	40000

第7章 市政管网工程计量与计价

教学目标

本章主要讲述市政管网工程计量与计价。通过本章的学习，应达到以下目标。

（1）了解市政管网系统及施工工艺。

（2）熟悉市政管网工程常见的施工图识读方法。

（3）掌握市政管网工程工程量清单编制、工程量计算和计价方法。

教学要求

知识要点	掌握程度	相关知识
市政管网概述	（1）了解市政管网系统的组成； （2）了解常见的市政管网材料及配件	（1）市政管网系统的组成； （2）常见的市政管网材料及配件
市政管网施工	了解常见的市政管网施工工艺	（1）管道施工技术； （2）管道功能性试验
市政管网施工图	熟悉市政管网施工图的识读方法	市政管网施工图平面图、断面图、大样图的识读
市政管网工程工程量清单	掌握市政管网工程工程量清单的统一编码、项目名称、计量单位和计算规则	（1）项目特征； （2）项目编码； （3）工程内容

基本概念

统一给水管网系统；分系统给水管网系统；重力式输水管网系统；水泵加压输水管网系统；树状管网布置；环状管网布置；提升泵站；附属设施；市政给水管件；市政排水管件；排水管道附属构筑物；开槽铺设预制成品管；管道功能性试验；给排水管网施工图识读；市政管网工程工程量清单编制；市政管网工程计量与计价。

引例

某街区排水管网改造

某街区排水管网改造需要拆除部分管道。原排水管网采用雨污合流制，120° 管道基础，企口式钢筋混凝土管。改造后采用雨污分流制，雨水管采用 120° 管道基础，水泥砂浆抹带接口，污水管采用 180° 管道基础，钢丝网水泥砂浆抹带接口。该工程施工时，路面、管道及管道基础采用机械拆除，拆除的管道及管道基础运至 1km 处处置，拆除的路面结构为：20cm 厚混凝土路面，35cm 厚无骨料多合土基础，其余为三类土。采用人工挖土方，弃土运至 1km 处处置。工程中所有检查井及雨水井均为定型井。

7.1 市政管网概述

市政管网是城市基础设施的重要组成部分，是提供人们生活、生产用水和排除污水、废水及雨水的设施总称，包括从水源取水、给水处理、污（废）水处理、给水管网、排水管网等。城镇给排水系统如图 7.1 所示。

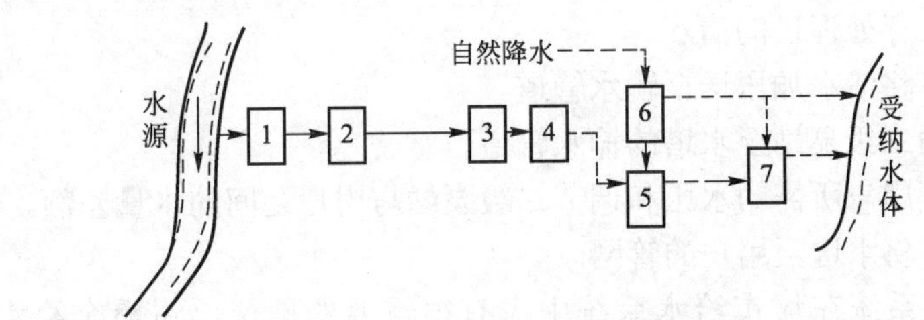

注：1—取水建（构）筑物；2—给水处理厂；3—给水管网；4—生活、生产用水；5—污水管网；6—雨水管网；7—污水处理厂。

图 7.1 城镇给排水系统

给排水管网系统是由不同材质的管道和相应的附属构筑物组成的。管道的功能主要是提供水的输送，附属构筑物的功能则是水压提升、水量调节和正常运行及维护保证等，可分为室内管网和室外管网。室内管网就是建筑给排水管网，室外管网可以分为城镇给排水管网系统和厂区（庭院）给排水管网系统。二者的划分界限如图 7.2 所示。

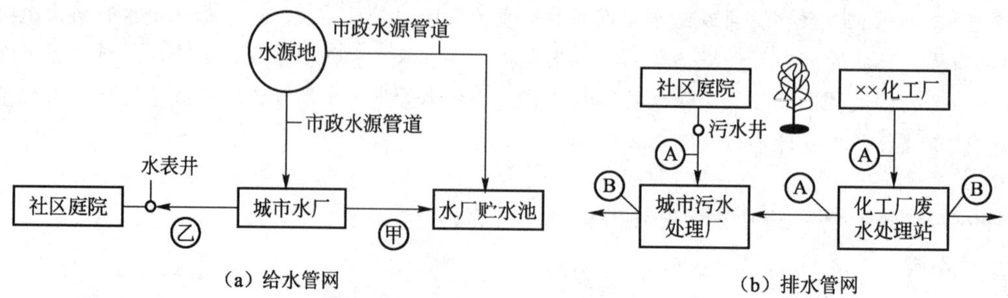

注：1. 甲、乙—城镇给排水管网系统；2. A、B—厂区（庭院）给排水管网系统。

图 7.2 城镇给排水管网系统与厂区（庭院）给排水管网系统

7.1.1 市政管网系统的组成

1. 市政给水管网系统组成

市政给水管网系统是指从水源处取水，再净水、贮水，然后经市政输配水管网输送到各个用水点的系统。其流程如图 7.3 所示。

图 7.3 讲解

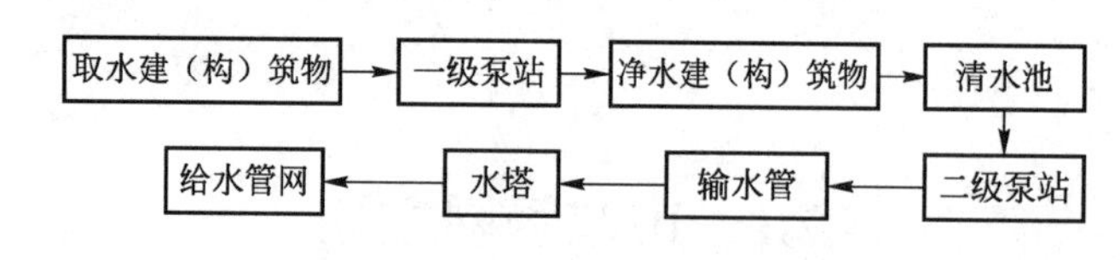

图 7.3 市政给水管网系统组成

① 取水建（构）筑物：在水源处建造的取水建（构）筑物。

② 一级泵站：从吸水井取水，把水送到净水建（构）筑物。

③ 净水建（构）筑物：包括反应池、沉淀池、澄清池、快滤池等，对水进行净化处理。

④ 清水池：贮存处理过的清水。

⑤ 二级泵站：将清水加压送至输水管道。

⑥ 输水管：由二级泵站至水塔的输水管道。

⑦ 水塔：保证用户所需的水压和调节二级泵站与用户之间的水量差额。

⑧ 给水管网：将水送至用户的管网。

市政给水管网系统在城市给水系统中占有很重要的地位，占整个给水工程投资的70%～80%。市政给水管网系统是由输水系统和配水系统组成的。

1）常用的给水管网系统

（1）统一给水管网系统。

统一给水管网系统包括单水源统一给水管网系统（图 7.4）和多水源统一给水管网系统（图 7.5）。

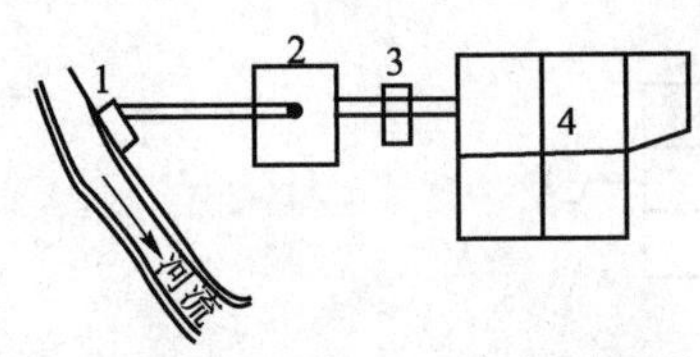

注：1—取水设施；2—给水处理厂；
3—加压泵站；4—给水管网。

图 7.4　单水源统一给水管网系统

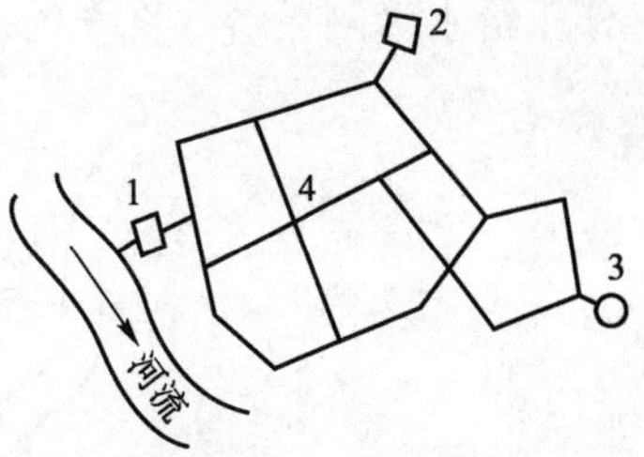

注：1—地表水水源；2—地下水水源；
3—水塔；4—给水管网。

图 7.5　多水源统一给水管网系统

（2）分系统给水管网系统。

① 分区给水管网系统（图 7.6）。

分区给水管网系统细分为并联分区给水管网系统和串联分区给水管网系统两种，如图 7.7、图 7.8 所示。

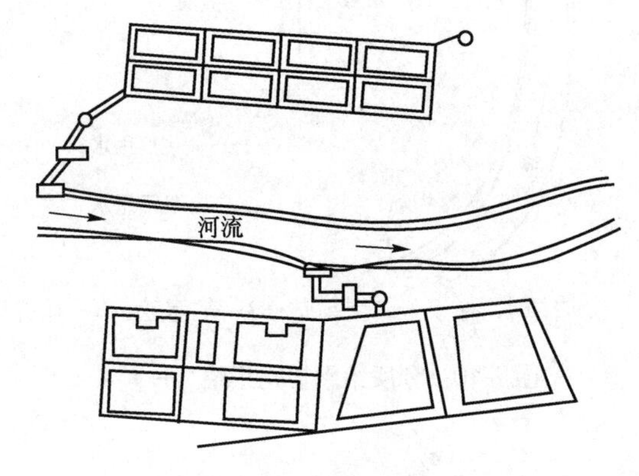

图 7.6　分区给水管网系统

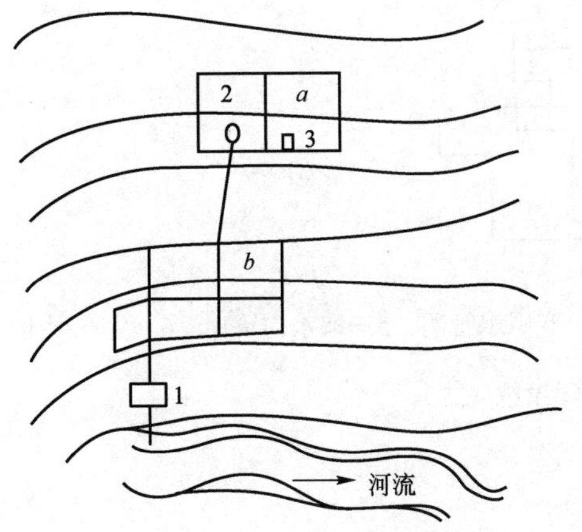

注：*a*—高区；*b*—低区；1—净水厂；
2—水塔；3—加压泵站。

图 7.7　并联分区给水管网系统

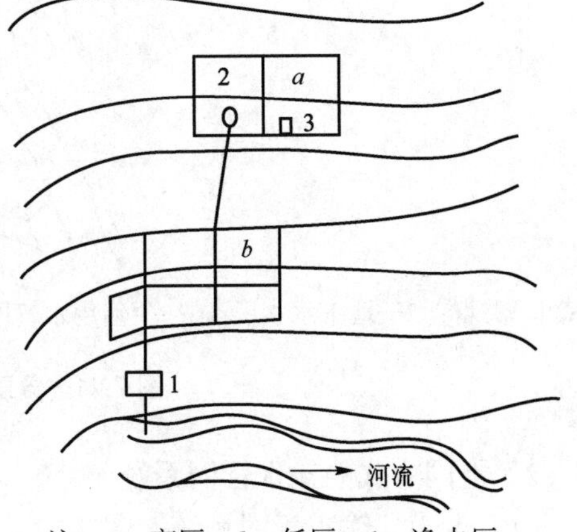

注：*a*—高区；*b*—低区；1—净水厂；
2—水塔；3—加压泵站。

图 7.8　串联分区给水管网系统

② 分压给水管网系统（图 7.9）。

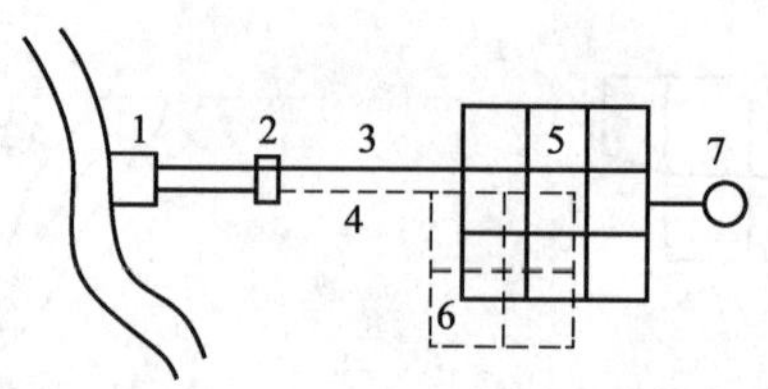

注：1—净水厂；2—二级泵站；3—低压输水管；4—高压输水管；5—低压管网；6—高压管网；7—水塔。

图 7.9　分压给水管网系统

③ 分质给水管网系统（图 7.10、图 7.11）。

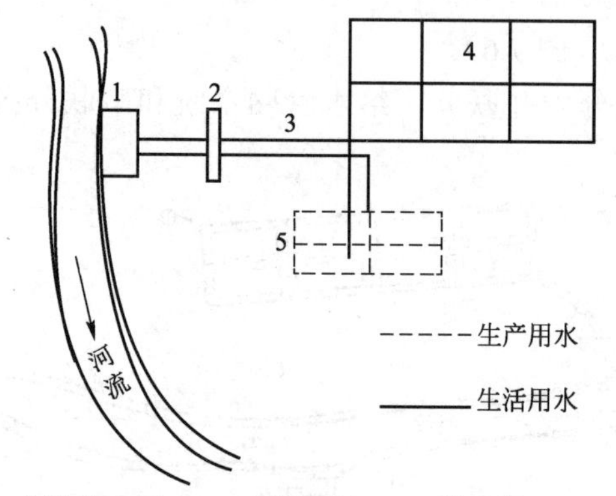

注：1—分质净水厂；2—二级泵站；3—输水管；4—居住区。

图 7.10　分质给水管网系统（一）

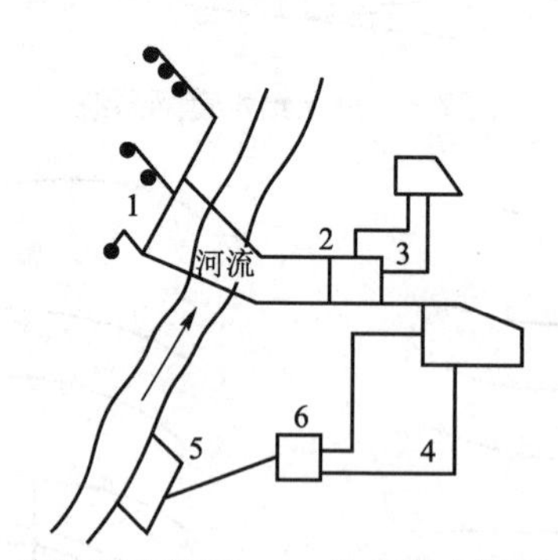

注：1—井群；2—地下水水厂；3—生活用水管网；4—生产用水管网；5—取水构筑物；6—生产用水厂。

图 7.11　分质给水管网系统（二）

2）不同方式的输水管网系统

（1）重力式输水管网系统（图 7.12）。

（2）水泵加压输水管网系统（图 7.13）。

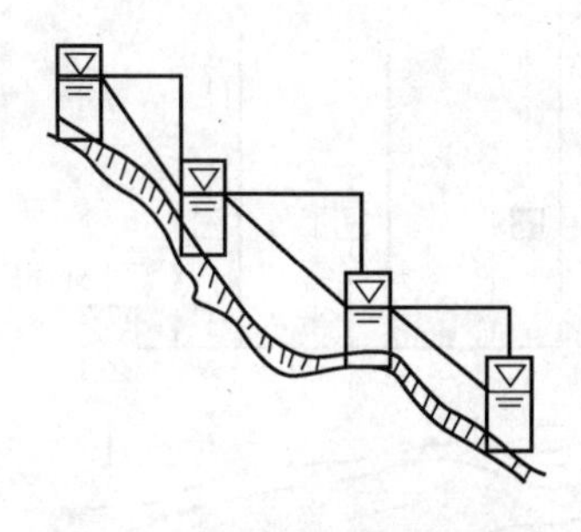

图 7.12 重力式输水管网系统

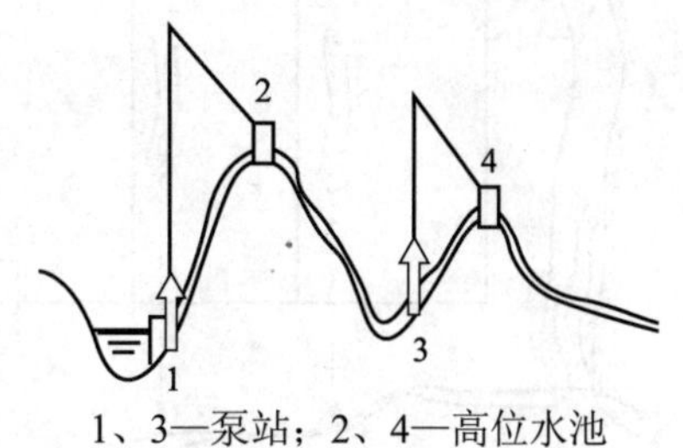

1、3—泵站；2、4—高位水池

图 7.13 水泵加压输水管网系统

3）给水管网布置的基本形式

给水管网布置形式分为树状管网布置和环状管网布置，分别如图 7.14、图 7.15 所示。

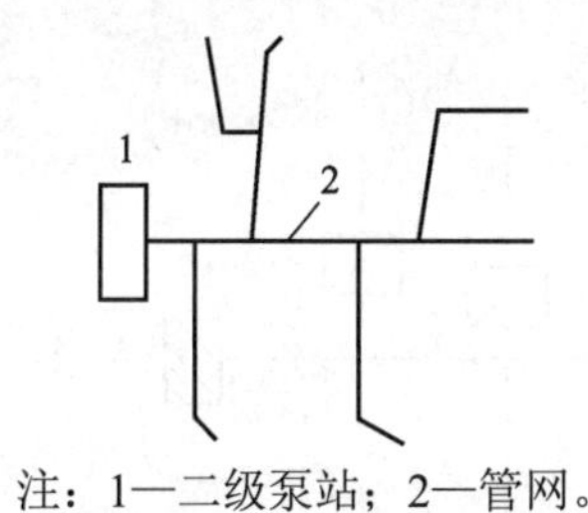

注：1—二级泵站；2—管网。

图 7.14 树状管网布置

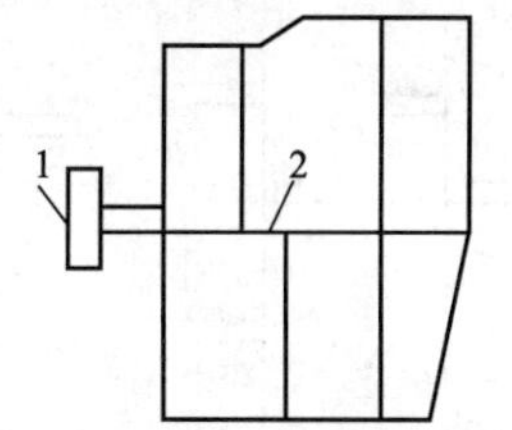

注：1—二级泵站；2—管网。

图 7.15 环状管网布置

2. 排水管网系统组成

1）排水管网系统的主要组成部分

（1）排水管网。

排水管网是由分布在整个排水区域的管道所组成的网络，其作用是将收集的污（废）水和雨水输送到污水厂进行处理或将雨水直接排入水体。

（2）提升泵站。

雨水管或污水管一般是重力输水管。当地面比较平坦且输水管道很长时，排水管道若是全靠重力输送，管道的埋设深度将不断增加，这就使得相应的建造费用不断增加。故降低管道埋设深度（一般控制在 5m 以下），可在适当位置设置提升泵站。当污（废）水或者雨水不能靠重力自流入河道时，也需设置提升泵站。

（3）附属设施。

排水管网系统中的附属设施包括检查井、雨水口、跌水井、溢流井、水封井、出水口、防潮门及流量检测，等等。

2）排水体制

（1）分流制排水体制。

分流制排水体制包括完全分流制、不完全分流制、半分流制等，如图 7.16 所示。

（2）合流制排水体制。

合流制排水体制包括直泄式合流制、截流式合流制、完全合流制等，如图 7.17 所示。

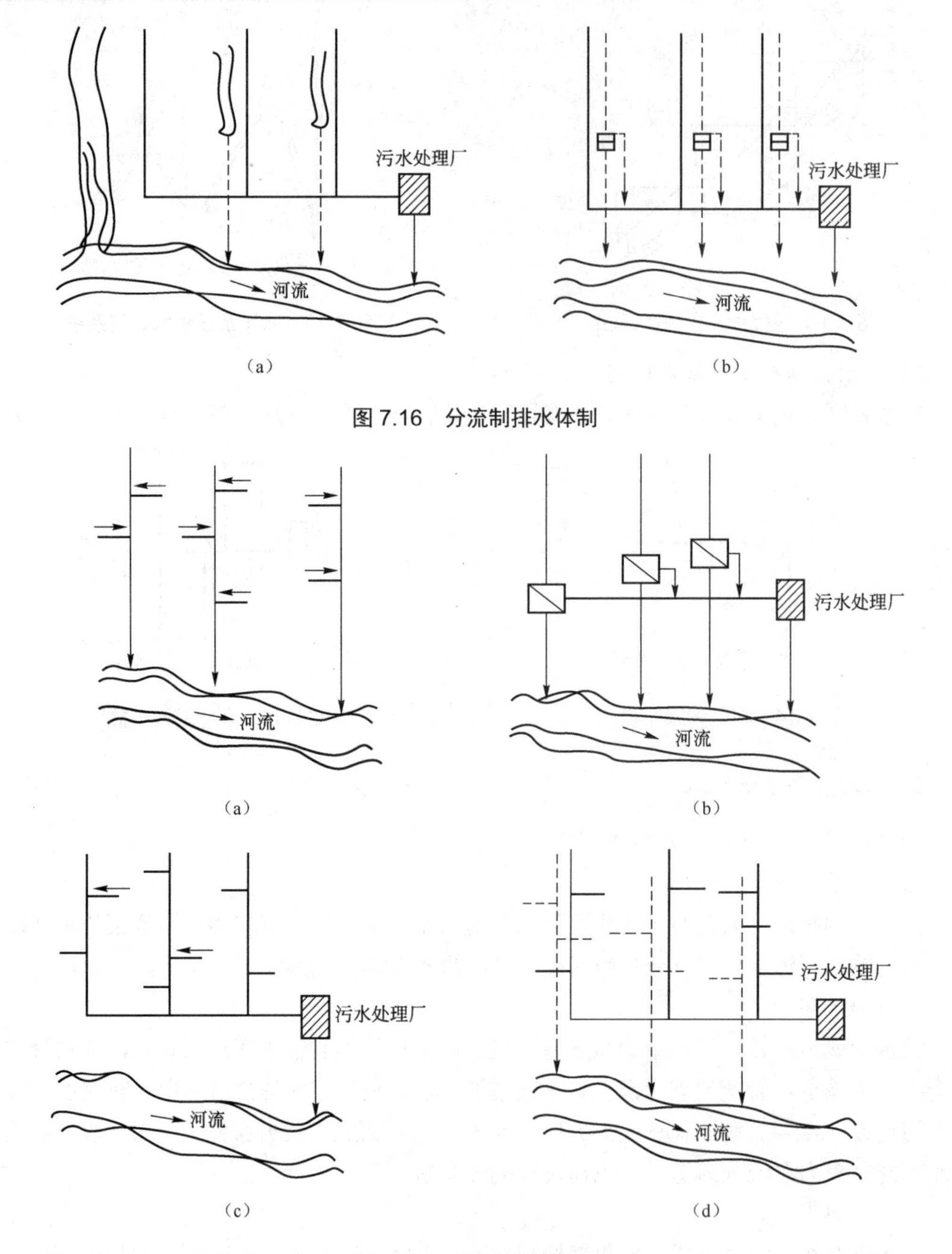

图 7.16　分流制排水体制

图 7.17　合流制排水体制

7.1.2 常见的市政给水管道、给水管件及附件

1. 常见的市政给水管道

市政给水管道中的水流为压力流（一般情况为 1.0MPa 以下），因此对管道材料材质及强度有一定的要求。

（1）管道材料不能污染水质。

（2）管道接口严密，管道内壁光滑，耐久性好。

（3）对于埋地管，要有较强的耐腐蚀能力。

（4）材料来源广，价格低廉。

满足以上要求的常用的市政给水管有钢管、铸铁管、塑料管和钢筋混凝土管等。

目前市政工程中使用率较高的是球墨铸铁管，管径 300mm 以下使用较多的是聚乙烯管，在大型的输水工程中常用预应力钢筒混凝土管。

1）钢管

钢管按照其制作工艺及强度分为无缝钢管和焊接钢管。

一般无缝钢管主要适用于中高压（0.6MPa 压力以上）流体输送中主要用于泵站内的给水管网。无缝钢管的规格以外径×壁厚来表示，如ϕ108×5。

焊接钢管按照是否镀锌处理分为非镀锌电焊钢管（俗称黑管）和镀锌电焊钢管（俗称白管）如图 7.18 和图 7.19 所示。无论是无缝钢管还是焊接钢管，其最大的缺点是耐腐蚀性差，一般使用年限为 20 年，所以在工程使用上要采取防腐措施。市政给水钢管多采用焊接连接，需要拆卸或维修的地方，如阀门、水泵等，采用法兰连接，镀锌钢管（DN≤100mm）一般采用螺纹连接（又称丝扣连接）。

图 7.18 非镀锌电焊钢管

图 7.19 镀锌电焊钢管

2）铸铁管

根据铸铁中石墨的形状特征，铸铁管可分为灰口铸铁管、球墨铸铁管等。

（1）灰口铸铁管。

灰口铸铁管是目前最常见的给水管。根据材料和铸造工艺分为高压管（P＜1MPa）、普压管（P＜0.7MPa）和低压管（P＜0.45MPa）。灰口铸铁管的规格以公称直径表示，其规格为 DN75～DN1500，长度有 4m、5m、6m，如图 7.20 所示。灰口铸铁管的接口一般分为柔性接口和刚性接口两种，如图 7.21 所示。

（2）球墨铸铁管。

球墨铸铁管如图 7.22 所示，具有铸铁的本质、钢的性能，既具有良好的抗腐蚀性，又具有与钢管相似的抗外力性能。近年来，国内外输配水工程中均以球墨铸铁管代替灰口铸铁管。球墨铸铁管采用推入式柔性接口或承插式柔性接口，以橡胶圈填实。

图 7.20　灰口铸铁管

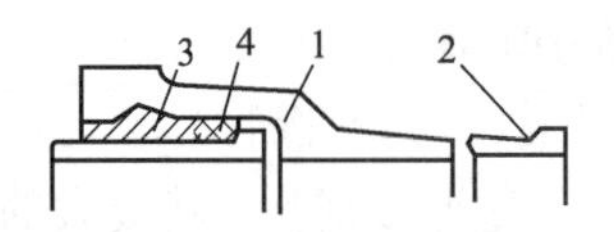

（a）柔性接口

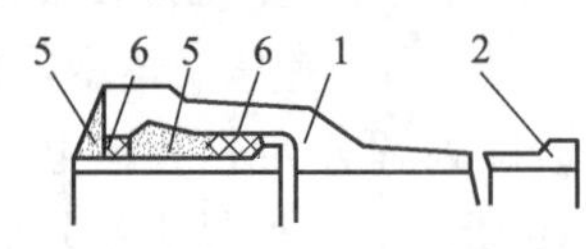

（b）刚性接口

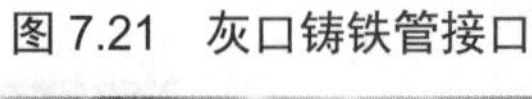

注：1—承口；2—插口；3—铅；4—胶圈；5—水泥；6—浸油麻丝。

图 7.21　灰口铸铁管接口

图 7.22　球墨铸铁管

3）塑料管

与传统的金属管、混凝土管相比，塑料管具有耐腐蚀、不结垢、管壁光滑、水流阻力小、质量小、综合节能性好、运输安装方便、使用寿命长、综合造价低等优点。

根据相关部门要求，全国新建、改扩建工程，城市排水管道塑料管使用量应达到 30%，城市供水管 70%要采用塑料管。

市政供水中的塑料管主要有聚乙烯管（图 7.23）、硬氯聚乙烯管、玻璃钢夹砂管、钢骨架聚乙烯复合管、钢塑复合管（图 7.24）等。受塑料管管径的限制，大口径（*DN*300 以上）的给水管较少用到塑料管。

图7.23 聚乙烯管

图7.24 钢塑复合管

4）钢筋混凝土管

钢筋混凝土管分为自应力钢筋混凝土管和预应力钢筋混凝土管两种。

自应力钢筋混凝土管是自应力混凝土并配置一定数量的钢筋用离心法制成的。国内生产的自应力钢筋混凝土管规格主要为100～800mm，管长3～4m，工作压力0.4～1.0MPa。此种管材工艺简单，制管成本低，但耐压强度低，且容易出现二次膨胀及横向断裂，目前主要用于小城镇及农村供水管网系统。

预应力钢筋混凝土管分为普通预应力钢筋混凝土管和预应力钢筒混凝土管两种。

（1）普通预应力钢筋混凝土管。

其制管过程为配有纵向预应力钢筋的混凝土管芯成型后缠绕环向预应力钢筋。管径一般为400～1400mm，管长5m，工作压力0.4～1.2MPa。与自应力钢筋混凝土管相比，耐压高、抗震性能好；与金属管相比，内壁光滑、水力条件好、耐腐蚀、价格低廉。因此该类管的使用较为广泛，但其抗压强度不如金属管，抗渗性能差，因而修补率高。

（2）预应力钢筒混凝土管。

该类管是钢筒与混凝土制作的复合管，按其结构分为内衬式和埋置式，内衬式是指钢筒内壁混凝土层成型后在钢筒外表面上缠绕环向预应力钢丝，并制作水泥砂浆保护层而制成的管道。埋置式是指在管芯混凝土外表面缠绕环向预应力钢丝，并制作水泥砂浆保护层而制成的管道。

预应力钢筒混凝土管的管径一般为400～4000mm，工作压力为0.4～2.0MPa（分九级）。如 PCCPL1000ⅢJC625，表示公称内径为 1000mm、工作压力级别为Ⅲ级、内衬式预应力钢筒混凝土管。

与普通预应力钢筋混凝土管和自应力钢筋混凝土管相比，预应力钢筒混凝土管的抗渗能力非常好，管道接口采用钢制承插口，并设置橡胶止水圈，因而止水效果好。

2. 常见的市政给水管件及附件

1）给水管件

给水管件主要包括三通、四通、渐缩管件、短管、各种弯管件等。

2）给水附件

给水附件包括控制附件和配水附件。控制附件是指各类阀门，配水附件在市政给水管网系统中主要是指水泵接合器。

（1）阀门。

阀门主要是用来调节水量及水压。一般设置在管线的分支处、较长的直线管段上或穿越障碍物前。配水干管上装设阀门的距离一般为400～1000m，且不应超过3条配水支管，主要管线和次要管线交接处阀门经常设在次要管线上。阀门一般设在配水支管的下游，配水支管上的阀门间距不应隔断5个以上水泵接合器。阀门一般与管径同，若阀门价格很高，可以安装0.8倍给水管的管径的阀门。市政中所用的阀门有闸阀和碟阀，这两类阀门均用于双向流管道上，即无安装方向。但碟阀只用于中低压给水管道上。当有限制水流方向要求时，采用止回阀。

（2）泄水阀。

泄水阀用于排除管道积水。由于城镇给水管网投产前需冲洗及消毒，检修时需排除管道积水或沉积物。泄水阀和其他阀门一样应设置于阀门井中，便于维护和检修。

（3）水泵接合器。

水泵接合器是用于市政消防的取水设施。由阀门、出水口和壳体组成，与城镇给水管网的配水支管相连接。消防栓前设置阀门以便检修，如图7.25所示。

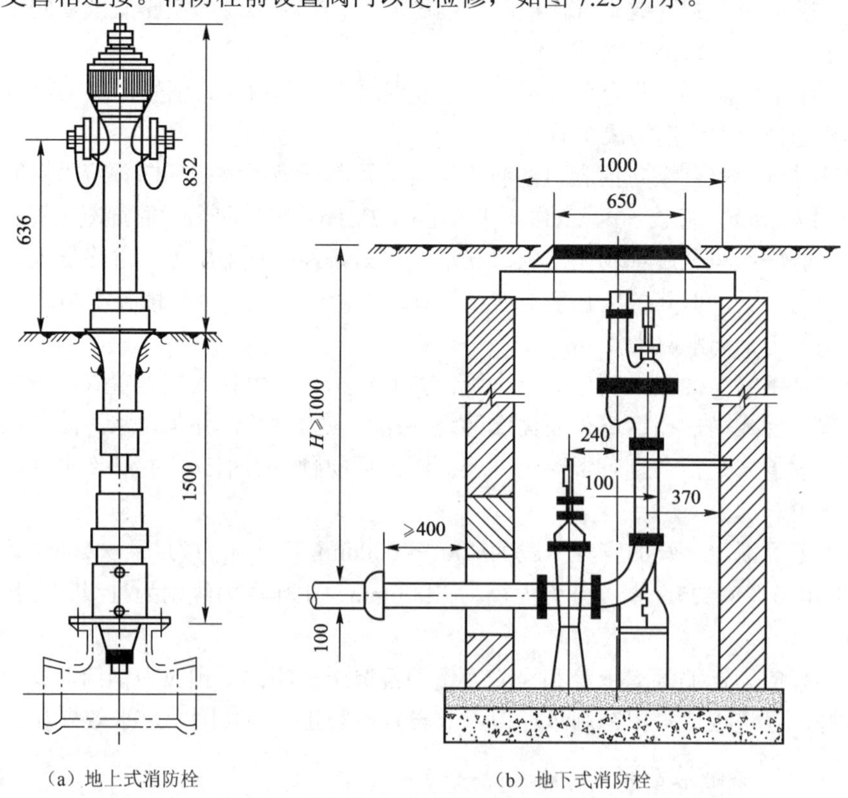

图7.25 消防栓（尺寸单位：mm）

水泵接合器采用地上式时，沿道路敷设时的具体施工要求如下。

① 距一般道路边缘不大于5m。

② 距建筑物外墙不小于5m。

③ 距城市道路边缘不小于0.5m。

④ 距公路双车道路肩边缘不小于 0.5m。

⑤ 距非机动车道中心线不小于 3m。

3. 给水管网附属构筑物

1）阀门井

各类管道附件一般应安装在阀门井内，如图 7.26 所示。阀门井的平面尺寸由给水管的直径，以及阀门的尺寸规格、安装及维修的操作尺寸要求、建造费用要求来决定。

阀门井的深度由给水管的埋设深度决定，应满足井底到给水管承口或法兰盘底的距离至少应为 0.1m，法兰盘到井壁的距离至少应为 0.15m，承口外缘到井壁的距离至少应为 0.3m。

阀门井的具体尺寸可参见《给水排水标准图集》S143、S144。排气阀门井可参见《给水排水标准图集》S146，室外消防栓（水泵接合器）可参见《给水排水标准图集》88S162。

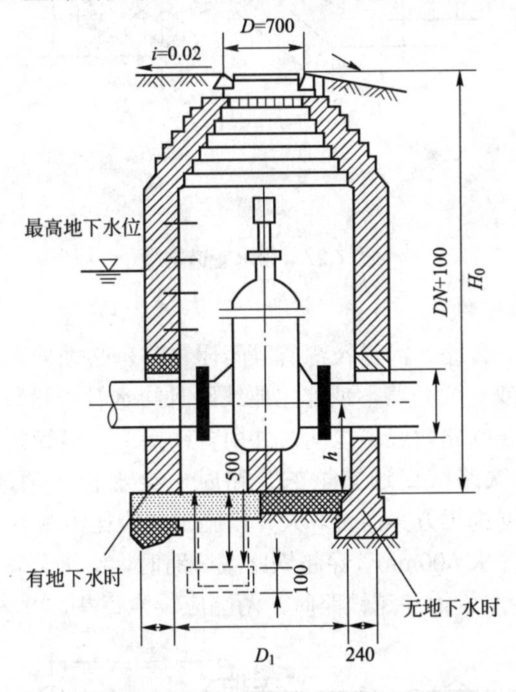

图 7.26 阀门井（尺寸单位：mm）

2）管道支墩

承插式接头的管线在水平面和垂直面的转弯处、三通支管的背部、管道端头的管堵以及缩小管径处都产生拉力，如果不加支撑，接口就会松动脱节而漏水。因此，在这些部位必须设置支墩，如图 7.27 所示。

当管径小于 300mm，或管道转弯的角度小于 10°，且试验水压不超过 1.0MPa 时，在一般土质地区的弯头处、三通处可不设支墩；当管径小于 400mm，或管道转弯的角度小于 10°，且试验水压不超过 1.0MPa 时，油麻、石棉水泥接口可不必在管端的管堵处设支墩。

给水支墩的设置参见《给水排水标准图集》03S504、03S505。

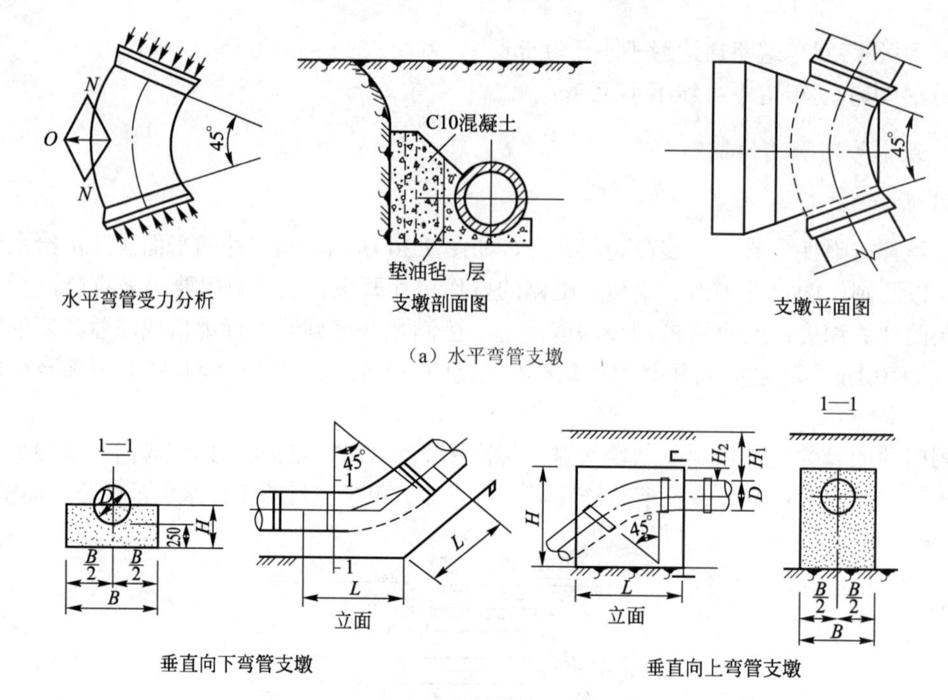

（a）水平弯管支墩

（b）垂直弯管支墩

图 7.27　给水管道支墩

3）给水管道穿越障碍物

给水管道通过铁路、公路、河道及深谷等障碍物时，必须采取一定的措施。

（1）穿越临时铁路或一般公路，或非主要线路且给水管埋设较深时，可不设套管，但应尽量将铸铁管接口放在铁路两股道之间，并用青铅接头，钢管则应有防腐措施。

（2）穿越较重要的铁路或交通繁忙的公路时，给水管必须放在钢筋混凝土套管内（图 7.28），套管直径根据施工方案而定。大开挖施工时应比给水管直径大 300mm，顶管法施工时应较给水管的直径大 600mm。穿越铁路或公路时，给水管管顶应在铁路路轨底或公路路面下 1.2m 左右。给水管道穿越铁路时，两端应设检查井，井内设阀门或排水管等。

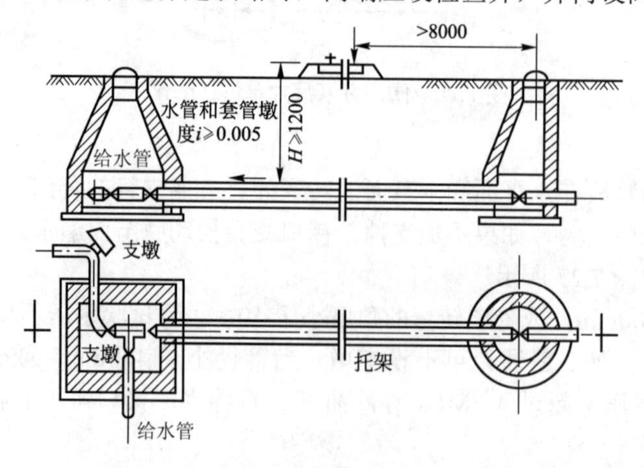

图 7.28　设钢筋混凝土套管穿越铁路的给水管（尺寸单位：mm）

（3）管线穿越山川河谷时，应根据河道特性、通航情况、河岸地质地形条件、过河管材料和直径、施工条件，可利用现有桥梁架设给水管，如图 7.29 所示，或敷设给水倒虹管，如图 7.30 所示，或建造给水管桥，如图 7.31 所示。

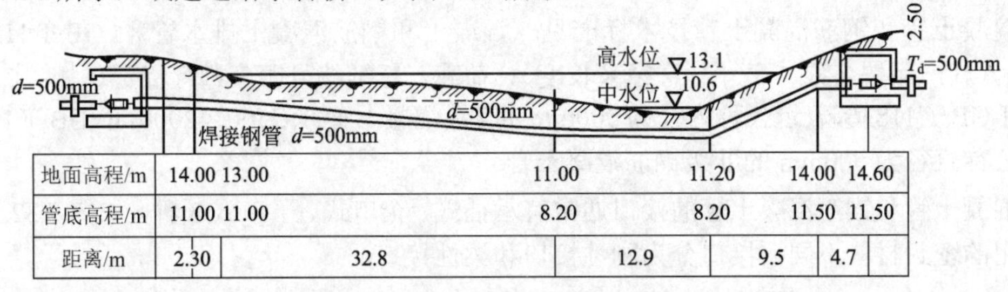

图 7.29　利用现有桥梁架设给水管

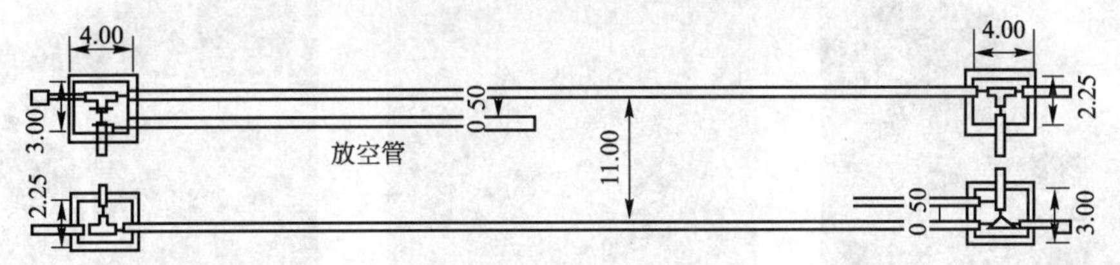

图 7.30　给水倒虹管（尺寸单位：m）

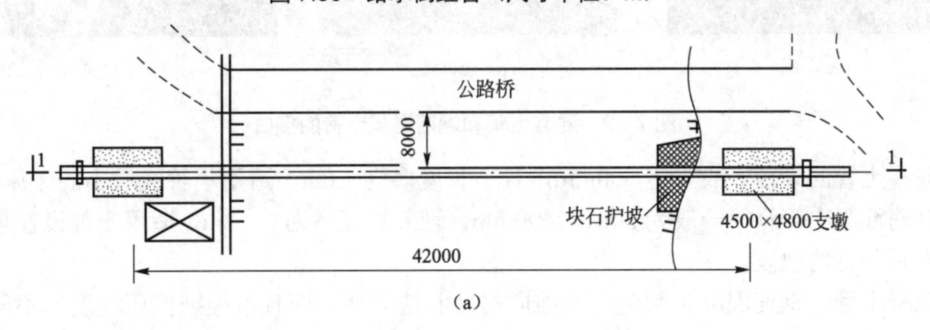

（a）

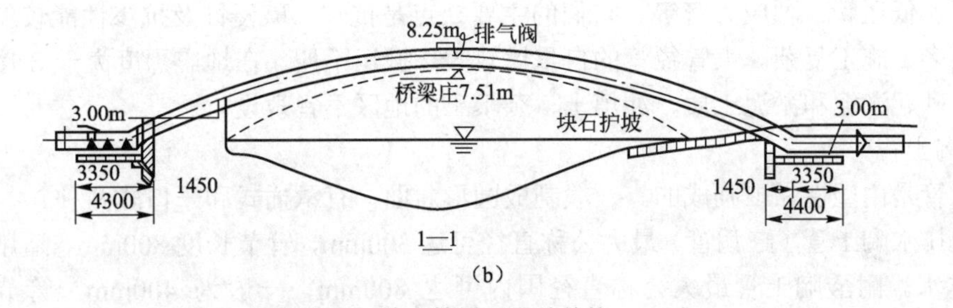

（b）

图 7.31　给水管桥（尺寸单位：mm）

7.1.3 常见的市政排水管道及附属构筑物

1. 常见的市政排水管道

排水管道材料的选择应根据污水性质，管道承受的内、外压力，埋设地区的地质条件等因素确定。在市政工程中常见的排水管道有混凝土管、钢筋混凝土管、陶土管、金属管、塑料管等。

1）混凝土管和钢筋混凝土管

混凝土管和钢筋混凝土管适用于重力式排除雨水、污水，可在专门的工厂预制，也可在现场浇制。

混凝土管和钢筋混凝土管技术标准见《混凝土和钢筋混凝土排水管》（GB/T 11836—2023）。其产品按名称、尺寸（直径×长度）、荷载、标准编号顺序进行标记。如：C300×1000-I-GB/T 11836，表示公称内径为 300mm 的 I 级混凝土管；RC500×2000-Ⅱ-GB/T 11836，表示公称直径为 500mm 的Ⅱ级钢筋混凝土管。

混凝土管和钢筋混凝土管的接口通常有承插式、企口式、平口式 3 种，如图 7.32 所示。按采用的密封材料不同，接口分为刚性接口和柔性接口。

（a）承插式

（b）企口式

（c）平口式

图 7.32　混凝土管和钢筋混凝土管的接口

混凝土管的管径一般小于 600mm，管节长度多为 1.0m，适用于管径较小的无压管。

钢筋混凝土管管径一般为 300～2400mm，管节长度多为 2～3m，适用于敷设在埋深较大或土质不良的地段。

混凝土管和钢筋混凝土管便于就地取材，制造方便，而且可根据抗压程度的不同，制成无压管、低压管、预应力管等。它们的主要缺点是抗酸、碱侵蚀及抗渗性能较差，管节短、接头多、施工复杂。大管径管的自重比较大，搬运不便，在地震烈度大于 8 度的地区及饱和松砂、淤泥和淤泥土质、冲填土、杂填土的地区不宜敷设。

2）陶土管

陶土管是由塑性黏土制成的。一般制成圆形断面，有承插式和平口式两种。

普通排水陶土管（缸瓦管）最大公称直径可达 300mm，管节长度 800mm，适用于居民区室外排水。耐酸陶土管最大公称直径国内可达 800mm，一般为 400mm，管节长度有 300mm、500mm、700mm、1000mm 等，适用于排除酸性废水。

带釉的陶土管内外壁光滑，水流阻力小，不透水性好，耐磨损，抗腐蚀。但是陶土管质脆易碎，不能承受内压，抗弯抗拉强度低，不宜敷设在松土中或埋深较大的地方；管节短，需要较多接口，施工不方便且增加费用。

3）金属管

常用的金属管有铸铁管及钢管。当排水管道承受高内压、高外压或对渗漏要求特别高，如排水泵站的进出水管，穿越铁路、河道的倒虹管，靠近给水管道和房屋基础时，应采用金属管。地震烈度大于 8 度、地下水位高、流砂严重的地区，应采用金属管。

金属管价格高，且易腐蚀，所以在排水工程中应用较少。

4）塑料管

近年来，塑料管已广泛用于排水管道。由于塑料管易老化且管径受到技术限制（管径一般为 15～400mm），因此在市政工程的使用中受到一定限制。

大口径排水管道中，已开始应用玻璃钢夹砂管。例如，昆明滇池截污工程中，分别采用了直径为 1400mm 和 1600mm 的玻璃纤维增强塑料夹砂管。国外有用玻璃钢管作为大型排水管道。

选择排水管道材料，应综合考虑技术、经济及其他方面的因素。合理地选择排水管道材料，对降低排水系统的造价影响很大。

2. 常见排水管道附属构筑物

常用的排水管道附属构筑物有检查井、跌水井、溢流井、冲洗井、雨水口、连接暗井、倒虹管和出水口。排水管道附属构筑物所占数量较多，占整个排水系统的总造价比例较高。

1）检查井

为便于对排水管道系统进行定期的检修、清通，在管道方向改变处、交汇处、坡度改变处及高程改变处都要设置检查井，直线管段长度超过一定数值时也要设检查井（表 7-1）。

表 7-1 直线管渠上检查井间距

管道类别	管径或暗渠净高/mm	最大间距/m	常用间距/m
污水管道	≤400	40	20～35
	≥500 且≤900	50	35～50
	≥1000 且≤1400	75	50～65
	≥1500 且≤2000	100	65～80
雨水管道 河流管道	≤600	50	25～40
	≥700 且≤1100	65	40～55
	≥1200 且≤1500	90	55～70
	≥1500 且≤2000	120	70～85
	＞2000	可适当加大	

检查井的平面形状一般为圆形，大型管渠的检查井有扇形和矩形，如图 7.33 所示。检查井由基础、井底、井身、井盖和井盖座等部分组成，需要经常检修的检查井，其口径一般大于 800mm。

检查井的井底材料一般采用低强度等级的混凝土，基础采用碎石、砾石、碎砖或低强度等级的混凝土。

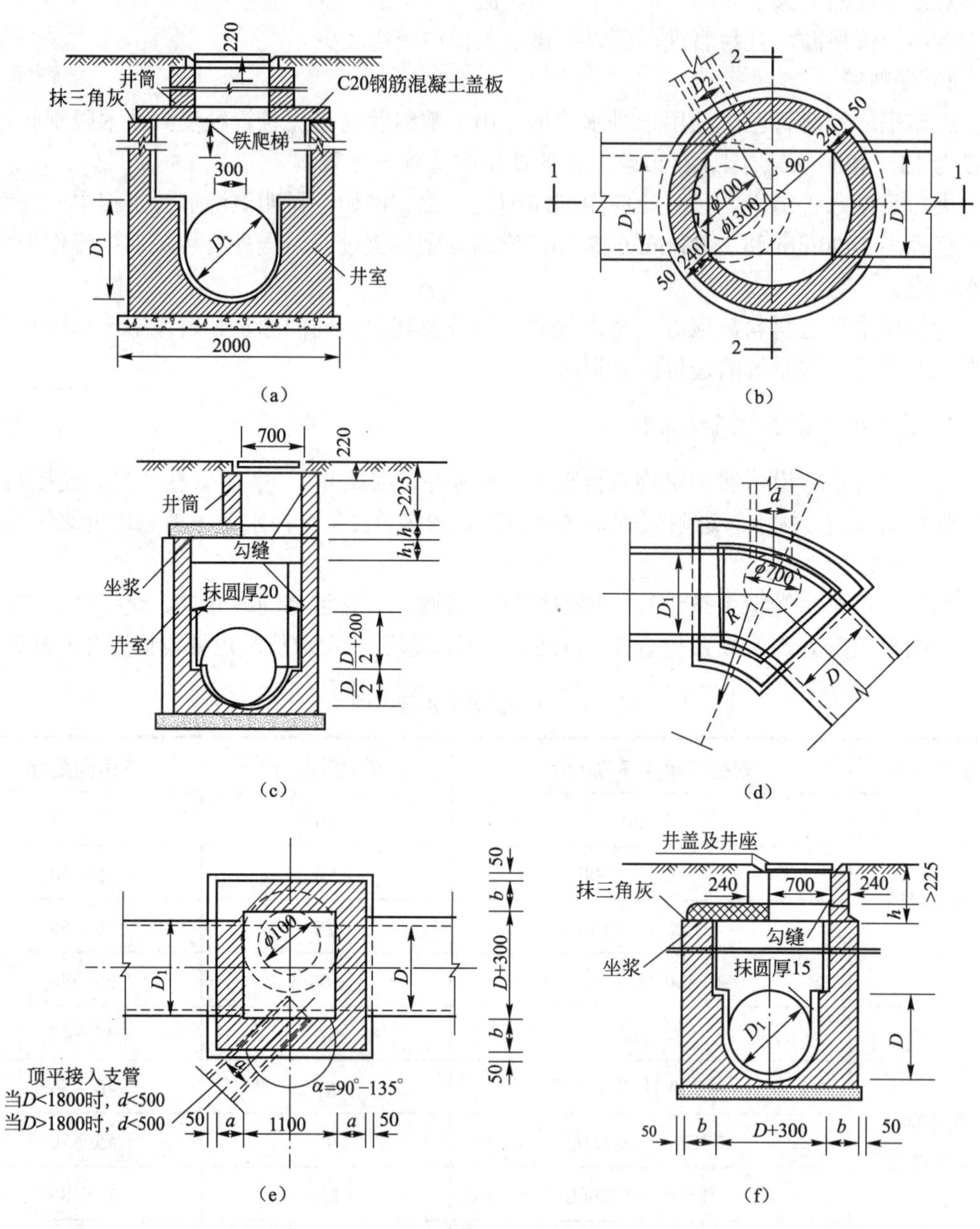

图 7.33　大型管渠的检查井（尺寸单位：mm）

为使水流流过检查井的阻力较小，在检查井底部一般设置连接上下游管道的流槽。与检查井相连的管道一般不超过 3 条。

检查井井身的材料采用砖、石、混凝土和钢筋混凝土。国外多采用预制钢筋混凝土。我国一般采用砖砌，以 20mm 水泥砂浆抹面，污水检查井需要内外壁抹面，雨水检查井一般只做内壁抹面。

检查井井口和井盖的直径采用 0.65～0.70m，在车行道上和经常启闭的检查井常采用铸铁井盖井座，在人行道或绿化带内可采用钢筋混凝土制造的井盖井座。目前市场上出现了高分子模压井盖，是铸铁井盖最理想的替代品。

2）跌水井

在管道底面高程急剧变化处和水流流速需要降低的地点，应设置跌水井。当检查井中上下游管渠底的落差超过 2m 时，需设置跌水井。当检查井中上下游管渠底的落差在 1～2m 时，可设置跌水井。当检查井中上下游管渠底的落差不超过 1m 时，一般只将井底做成斜坡，不做跌水井。管道的转弯处，一般不设跌水井。

目前跌水井有两种形式：竖管式和溢流堰式，如图 7.34 所示。

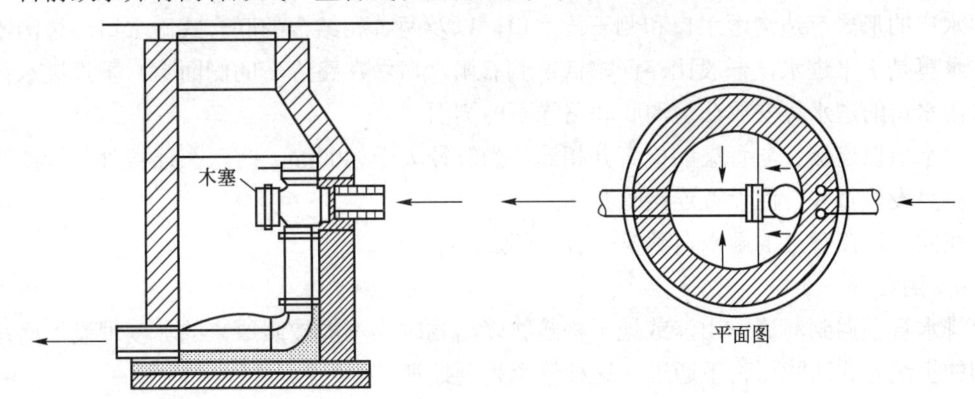

（a）竖管式

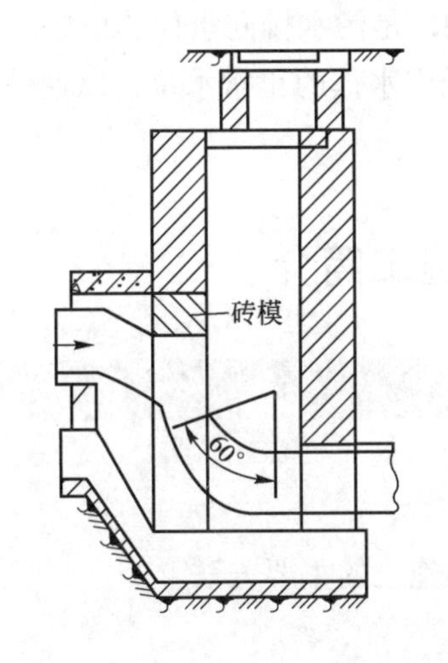

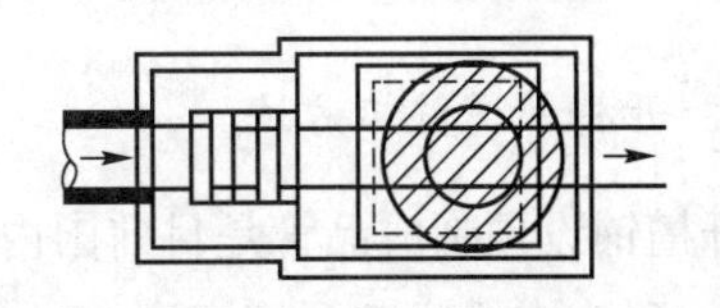

（b）溢流堰式

图 7.34 跌水井的形式

竖管式跌水井适用于管径小于或等于 400mm 的管道，溢流堰式跌水井适用于管径大于 400mm 的管道。

3）溢流井

在截流式的合流制排水管道系统中，在污水干管与送至污水厂的主干管交会处设置溢流井，可将雨天时超过截流至污水厂的污水量的那部分混合污水直接排入水体。

4）冲洗井

当污水管道中的流速小于自清流速时，为防止管道淤积可设置冲洗井。

5）雨水口、连接暗井

雨水口是在雨水管道或合流管道上收集地面雨水的构筑物。一般设在交叉路口、路侧边沟的一定距离处，以及设有道路边石的低洼地方，以防止雨水漫过道路造成道路及低洼地积水而妨碍交通。

道路上雨水口的间距一般为 25～50m，在低洼和易积水的地段，应增加雨水口的数量。

雨水口由进水箅、连接管和井身三部分组成。进水箅可用钢筋混凝土或铸铁制成。街道雨水口的形式有边沟雨水口和侧石雨水口，以及两者相结合的联合式雨水口。边沟雨水口进水箅是水平进水，一般比路面略低；侧石雨水口做在路缘石的侧面上，垂直进水；联合式雨水口的进水箅安放在边沟底和路缘石的侧面。

雨水口以连接管与管渠的检查井相连，当管径大于 800mm 时，在连接管与管渠的连接处不另设检查井，而设置连接暗井。

在同一连接管上的雨水口数量一般不超过 3 个。

6）倒虹管

排水管渠遇到河流、山洼或地下构筑物障碍物时，不能按照原来的坡度埋设，而是按下凹的折线方式从障碍物下通过，这种管道为倒虹管。

7）出水口

出水口是设置在市政排水管道系统终端的构筑物，是污水排向水体的出口。

一般采用淹没式出水口，即出水管的管底高程低于水体的正常水位，以便使污水与河水较好混合，其翼墙可分为一字式和八字式两种。

7.2 市政管网工程施工简介

7.2.1 管道施工方法

1. 开槽管道施工方法

开槽铺设预制成品管是目前国内外地下管道工程施工的主要方法。

1）确定沟槽底部开挖宽度

（1）沟槽底部的开挖宽度应符合设计要求。

（2）当设计无要求时，可按经验公式计算确定。

$$B = D_0 + 2\times(b_1 + b_2 + b_3) \tag{7-1}$$

式中，B 为沟槽底部的开挖宽度（mm）；D_0 为管外径（mm）；b_1 为管道一侧的工作面宽度（mm），可按表 7-2 选取；b_2 为有支撑要求时，管道一侧的支撑厚度，可取 150～200mm；b_3 为现浇混凝土或钢筋混凝土管渠一侧模板厚度（mm）。

表 7-2 管道一侧的工作面宽度

单位：mm

管道外径 D_0	混凝土管道		金属管道
$D_0 \leqslant 500$	刚性接口	400	300
	柔性接口	300	
$500 < D_0 \leqslant 1000$	刚性接口	500	400
	柔性接口	400	
$1000 < D_0 \leqslant 1500$	刚性接口	600	500
	柔性接口	500	
$1500 < D_0 \leqslant 3000$	刚性接口	800～1000	700
	柔性接口	600	

注：1. 槽底须设排水沟时，b_1 应适当增加。

2. 管道有现场施工的外防水层时，b_1 宜取 800mm。

3. 采用机械回填管道侧面时，b_1 需满足机械作业的宽度要求。

2）确定沟槽边坡

（1）当地质条件良好、土质均匀、地下水位低于沟槽底面高程、开挖深度在 5m 以内、沟槽不设支撑时，沟槽边坡的最陡坡度应符合表 7-3 的规定。

表 7-3 沟槽边坡的最陡坡度

土的类别	边坡高度（高：宽）		
	坡顶无荷载	坡顶有静载	坡顶有动载
中密砂土	1∶1.00	1∶1.25	1∶1.50
中密碎石类土（充填物为砂土）	1∶0.75	1∶1.00	1∶1.25
硬塑粉土	1∶0.67	1∶0.75	1∶1.00
中密碎石类土（充填物为黏性土）	1∶0.50	1∶0.67	1∶0.75
硬塑粉质黏土、黏土	1∶0.33	1∶0.50	1∶0.67
老黄土	1∶0.10	1∶0.25	1∶0.33
软土（经井点降水后）	1∶1.25	—	—

（2）当沟槽无法自然放坡时，边坡应有支护设计，并应计算每侧临时堆土或其他荷载，进行边坡稳定性验算。

3）沟槽开挖及支护

（1）分层开挖及深度。

① 人工开挖沟槽的槽深超过 3m 时应分层开挖，每层的深度不超过 2m。

② 人工开挖多层沟槽的层间留台宽度：放坡开槽时不应小于 0.8m，直槽时不应小于 0.5m，安装井点设备时不应小于 1.5m。

③ 采用机械挖槽时，沟槽分层的深度按机械性能确定。

（2）沟槽开挖规定。

① 不得扰动槽底原状地基土，机械开挖时槽底预留200～300mm土层，由人工开挖至设计高程并整平。

② 槽底不得受水浸泡或受冻，槽底局部扰动或受水浸泡时，宜采用天然级配砂砾石或石灰土回填；槽底扰动土层为湿陷性黄土时，应按设计要求进行地基处理。

③ 槽底土层为杂填土、腐蚀性土时，应全部挖除并按设计要求进行地基处理。

④ 槽壁平顺，边坡坡度符合施工方案。

⑤ 在沟槽边坡稳固后设置供施工人员上下沟槽的安全梯。

（3）支撑与支护。

① 采用木撑板支撑和钢板桩，应计算确定撑板构件的规格尺寸。

② 撑板支撑应随挖土及时安装。

③ 在软土或其他不稳定土层中采用横排撑板支撑时，开始支撑的沟槽开挖深度不得超过1.0m；开挖与支撑交替进行，每次交替的深度宜为0.4～0.8m。

④ 支撑应经常检查，当发现支撑构件有弯曲、松动、移位或劈裂等迹象时，应及时处理；雨期及春季解冻时期应加强检查。

⑤ 拆除支撑前，应对沟槽两侧的建筑物、构筑物和槽壁进行安全检查，并应制定拆除支撑的作业要求和安全措施。

⑥ 施工人员应由安全梯上下沟槽，不得攀登支撑。

⑦ 拆除撑板应制定安全措施，配合回填交替进行。

4）地基处理与安管

（1）地基处理。

① 管道地基应符合设计要求，管道天然地基的强度不能满足设计要求时应按设计要求加固。

② 槽底局部超挖或发生扰动且超挖深度不超过150mm时，可用挖槽原土回填夯实，其压实度不应低于原地基土的密实度；槽底地基土含水量较大，不适于压实时，应采取换填等有效措施。

③ 排水不良造成地基土扰动时，扰动深度在100mm以内，宜填天然级配砂石或砂砾处理；扰动深度在300mm以内，但下部坚硬时，宜填卵石或块石，并用砾石填充孔隙并找平表面。

④ 设计要求换填时，应按要求清槽，并检查合格。回填材料应符合设计要求或有关规定。

⑤ 柔性地基处理宜采用砂桩、搅拌桩等复合地基。

⑥ 其他形式地基处理方法见地基加固处理方法。

（2）安管。

① 管节、管件下沟前，必须对管节外观质量进行检查，排除缺陷，以保证接口安装的密封性。

② 采用法兰和胶圈接口时，安装应按照施工方案严格控制上下游管道接装长度、中心位移偏差及管节接缝宽度和深度。

③ 采用焊接接口时，两端管的环向焊缝处应齐平，错口的允许偏差应不超过0.2倍壁厚，内壁错边量不宜超过管壁厚度的10%，且不得大于2mm。

④ 采用电熔连接、热熔连接接口时，应选择在当日温度较低或接近最低时进行。电熔

连接、热熔连接时电热设备的温度控制、时间控制，挤出焊接时对焊接设备的操作等，必须严格按接头的技术指标和设备的操作程序进行，接头处应有沿管节圆周平滑对称的内、外翻边，接头检验合格后，内翻边宜铲平。

⑤ 金属管道应按设计要求进行内外防腐施工和阴极保护工程。

2. 不开槽管道施工方法

不开槽管道施工方法是相对于开槽管道施工方法而言，不开槽管道施工方法通常也称暗挖施工方法。

1）不开槽管道施工方法与设备分类。

不开槽管道施工方法与设备分类如图7.35所示。

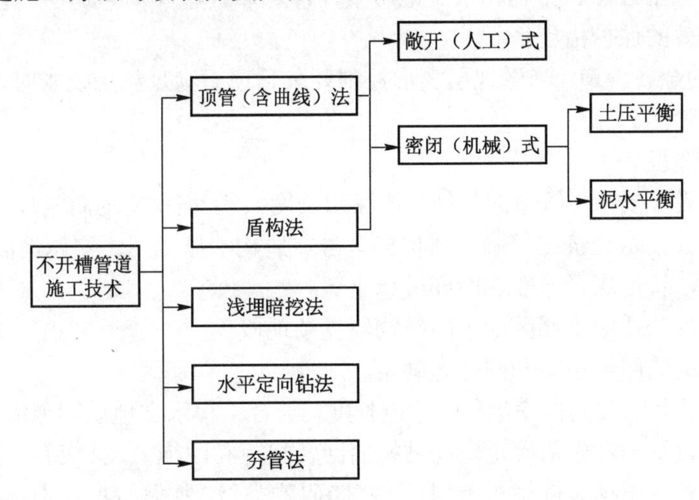

图7.35 不开槽管道施工方法与设备分类

2）不开槽管道施工方法与适用条件

不开槽管道施工方法与适用条件见表7-4。

表7-4 不开槽管道施工方法与适用条件

施工方法	优点	缺点	适用范围	适用管径	施工精度	施工距离	适用地质条件
密闭式顶管法	施工精度高	施工成本高	给水排水管道，综合管道	ϕ300～ϕ400	小于（±50）mm	较长	各种土层
盾构法	速度快	施工成本高	给水排水管道，综合管道	ϕ3000以上	不可控	长	各种土层
浅埋暗挖法	适用性强	速度慢，施工成本高	给水排水管道，综合管道	ϕ1000以上	小于（±1000）mm	较长	各种土层
水平定向钻法	速度快	控制精度低	给水管道	ϕ300～ϕ1000	小于（±1000）mm	较短	砂卵石及含水地层不适用
夯管法	速度快、成本较低	控制精度低，适用于钢管	给水排水管道	ϕ200～ϕ1800	不可控	短	含水地层不适用，砂卵石地层困难

3）施工方法与设备选择的有关规定

（1）顶管法的选择。

应根据工程设计要求、工程水文地质条件、周围环境和现场条件选择顶管法。

① 采用敞口式（手掘式）顶管机时，应将地下水位降至管底以下不小于0.5m处，并采取措施防止其他水源进入顶管的管道。

② 当周围环境要求控制地层变形或无降水条件时，宜采用封闭式的土压平衡或泥水平衡顶管机施工。目前城市改扩建给水排水管道工程多数采用顶管法，机械式顶管法获得了飞跃性发展。

③ 穿越建（构）筑物、铁路、公路、重要管线和防汛墙等时，应制定相应的保护措施。根据工程设计、施工方法、工程和水文地质条件，对邻近建（构）筑物、管线，应采用土体加固或其他有效的保护措施。

④ 小口径的金属管道，当无地层变形控制要求且顶力满足施工要求时，可采用一次顶进的挤密土层顶管法。

（2）盾构机选型。

应根据工程设计要求（管道的外径、埋深和长度）、工程水文地质条件、施工现场及周围环境安全等，经技术经济比较确定盾构机型号。盾构法施工用于穿越地面障碍的给水排水主干管道工程，管道直径一般3000mm以上。

（3）浅埋暗挖法适用于城区地下障碍物较复杂地段。

（4）定向钻机的回转扭矩和回拖力确定。

应根据终孔孔径、轴向曲率半径、管道长度，结合工程水文地质和现场周围环境条件，经过技术经济比较综合考虑后确定定向钻机的回转扭矩和回拖力，并应有一定的安全储备。导向探测仪的配置应根据定向钻机类型、穿越障碍物类型、探测深度和现场探测条件选用。水平定向钻法在较大埋深且穿越道路桥涵的长距离地下管道的施工中会表现出优越之处。

（5）夯管锤的锤击力。

应根据管径、钢管力学性能、管道长度，结合工程地质、水文地质和周围环境条件，经过技术经济比较后确定夯管锤的锤击力，并应有一定的安全储备。夯管法在特定场所是有其优越性的，适用于城镇区域下穿较窄道路的地下管道施工。

3. 设备施工安全有关规定

（1）施工设备、主要配套设备和辅助系统安装完成后，应经试运行及安全性检验，合格后方可掘进作业。

（2）操作人员应经过培训，掌握设备操作要领，熟悉施工方法、各项技术参数，考试合格方可上岗。

（3）管（隧）槽内涉及的水平运输设备、注浆系统、喷浆系统以及其他辅助系统应满足施工技术要求和安全、文明施工要求。

（4）施工供电应设置双路电源，并能自动切换。动力、照明应分路供电，作业面移动照明应采用低压供电。

（5）采用顶管法、盾构法、浅埋暗挖法的管道工程，应根据管（隧）道长度、施工方法和设备条件等确定管（隧）道内通风系统模式；设备供排风能力、管（隧）道内人员作业环境等还应满足国家有关标准规定。

（6）采用起重设备或垂直运输系统。

① 起重设备必须经过起重荷载计算。

② 使用前应按有关规定进行检查验收，合格后方可使用。

③ 起重作业前应试吊，吊离地面100mm左右时，应检查重物捆扎情况和制动性能，确认安全后方可起吊。起吊时，工作井内严禁站人，当吊运重物下井距作业面底部小于500mm时，操作人员方可近前工作。

④ 严禁超负荷使用。

⑤ 工作井上、下作业时必须有联络信号。

（7）所有设备、装置在使用中应按规定定期检查、维修和保养。

7.2.2 管道功能性试验

给水排水管道功能性试验分为压力管道的水压试验和无压管道的严密性试验。

管道功能性试验讲解

1. 基本规定

1）压力管道的水压试验

（1）压力管道的水压试验分为预试验和主试验两个阶段。试验合格的判定依据分为允许压力降值和允许渗水量值，按设计要求确定。设计无要求时，应根据工程实际情况，选用其中一项值或同时采用两项值作为试验合格的最终判定依据，试验合格的管道方可通水投入运行。

（2）压力管道水压试验进行实际渗水量测定时，宜采用注水法进行。

（3）管道采用两种（或两种以上）管材时，宜按不同管材分别进行试验。不具备分别试验的条件必须组合试验，且设计无具体要求时，应采用不同管材的管段中试验控制最严的标准进行试验。

2）无压管道的严密性试验

（1）污水、雨污水合流管道及湿陷土、膨胀土、流砂地区的雨水管道，必须经严密性试验，试验合格后方可投入运行。

（2）无压管道的严密性试验分为闭水试验和闭气试验，应按设计要求确定；设计无要求时，应根据实际情况选择闭水试验或闭气试验。

（3）全断面整体现浇的钢筋混凝土无压管渠处于地下水位以下时，除设计要求外，管渠的混凝土强度等级、抗渗等级检验，可采用内渗法测渗水量。渗水量测定方法按《给水排水管道工程施工及验收规范》（GB 50268—2008）附录F的规定检查符合设计要求时，可不必进行闭水试验。

（4）不开槽施工的内径大于或等于1500mm钢筋混凝土结构管道，设计无要求且地下水位高于管道顶部时，可采用内渗法测渗水量。渗水量测定方法按《给水排水管道工程施工及验收规范》（GB 50268—2008）附录F的规定进行，符合规定时，则管道抗渗能力满足要求，不必再进行闭水试验。

3）其他规定

大口径球墨铸铁管、玻璃钢管、预应力钢筒混凝土管或预应力混凝土管等管道单口水压试验合格，且设计无要求时。①压力管道可免去预试验阶段，而直接进入主试验阶段；②无压管道应认为严密性试验合格，无须进行闭水试验或闭气试验。

4）管道的试验长度

（1）除设计有要求外，压力管道水压试验的管段长度不宜大于 1.0km；对于无法分段试验的管道，应由工程有关方面根据工程具体情况确定。

（2）无压力管道的闭水试验，试验管段应按井距分隔，抽样选取井段试验；若条件允许可一次试验不超过 5 个连续井段。

（3）当管道内径大于 700mm 时，可按管道井段数量抽样选取 1/3 进行试验；试验不合格时，抽样井段数量应在原抽样基础上加倍进行试验。

2. 管道试验方案与准备工作

1）管道试验方案

管道试验方案主要内容包括：后背及堵板的设计，进水管路、排气孔及排水孔的设计，加压设备、压力计的选择及安装的设计，排水疏导措施，升压分级的划分及观测制度的规定，试验管段的稳定措施和安全措施。

2）闭气试验适用条件

（1）混凝土无压管道在回填土前进行的严密性试验。

（2）地下水位应低于管外底 150mm，环境温度宜为 −15 ～50℃。

（3）下雨时不得进行闭气试验。

3）管道内注水与浸泡

（1）应从下游缓慢注入，注入时在试验管段上游的管顶及管段中的高点应设置排气阀，将管道内的气体排除。

（2）试验管段注满水后，宜在不大于工作压力条件下充分浸泡后再进行水压试验。浸泡时间规定：球墨铸铁管（有水泥砂浆衬里）、钢管（有水泥砂浆衬里）、化学建材管不少于 24h；内径小于 1000mm 的现浇钢筋混凝土管渠、预（自）应力混凝土管、预应力钢筒混凝土管不少于 48h；内径大于 1000mm 的现浇钢筋混凝土管渠、预（自）应力混凝土管、预应力钢筒混凝土管不少于 72h。

4）试验过程与合格判定

（1）水压试验。

预试验阶段，将管道内水压缓缓地升至规定的试验压力并稳压 30min，期间如有压力下降可注水补压，补压不得高于试验压力；检查管道接口、配件等处有无漏水、损坏现象；有漏水、损坏现象时应及时停止试压，查明原因并采取相应措施后重新试压。

主试验阶段，停止注水补压，稳定 15min；15min 后压力下降不超过所允许压力下降数值时，将试验压力降至工作压力并保持恒压 30min，进行外观检查若无漏水现象，则水压试验合格。

（2）闭水试验。

试验段上游设计水头不超过管顶内壁时，试验水头应以试验段上游管顶内壁加2m计。试验段上游设计水头超过管顶内壁时，试验水头应以试验段上游设计水头加2m计；计算出的试验水头小于10m，但已超过上游检查井井口时，试验水头应以上游检查井井口高度为准。

从试验水头达到规定水头开始计时，观测管道的渗水量，直至观测结束，应不断地向试验管段内补水，保持试验水头恒定。渗水量的观测时间不得小于30min，渗水量不超过允许值，则闭水试验合格。

（3）闭气试验。

将进行闭气试验的排水管道两端用管堵密封，向管道内填充空气至一定的压力，在规定闭气时间测定管道内气压。

管道内气压达到2000Pa时开始计时，满足该管径的标准闭气时间规定时，计时结束，记录此时管内实测气压P，如$P \geqslant 1500$Pa则管道闭气试验合格，反之为不合格。

7.3 市政管网工程施工图识读

7.3.1 市政给水管网施工图识读

市政给水管网施工图是按地形平面图确定管线的位置和走向，一般只限于管网的干管以及干管的连接管，其中包括输水管和配水干管，不包括从干管到用户的分配管和连接到用户的进水管。市政给水管网一般敷设在街道下，就近供给两侧用户，因此给水管网的平面走向就根据城市的总平面图而定。

1. 输水管

为确保供水安全，输水管条数主要根据输水量事故时需保证的用水量、输水管长度、当地有无其他水源等情况而定。供水不允许间断时，输水管一般不宜少于2条。为保证安全供水，当管道局部发生故障时，正常输水的管道将能承担总输水量的70%，输水管的定线如图7.36所示。如输水管道较长时，在管道之间宜设横跨管道及附件。

2. 配水干管

配水干管的延伸方向应与水源（二级泵站）输水管、水池、水塔、大用户的方向基本一致；随水流方向（如图7.37所示的箭头指向）。配水干管间距一般为500～800m，连接管间距一般为800～1000m。

配水干管一般按城镇规划道路定线，尽量避免在高级路面或重要道路下通过，以减少检修时的困难。管线在道路下的平面位置和高程，应符合城镇或厂区地下管线综合设计的要求。配水干管及管网布置如图7.37所示。

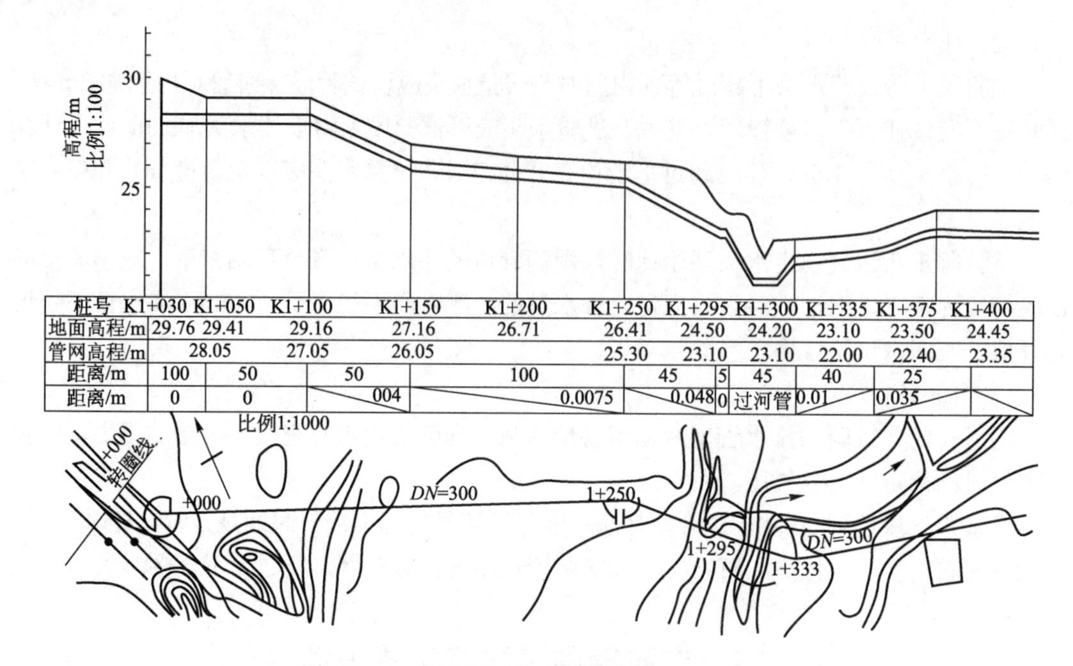

图 7.36　输水管的定线

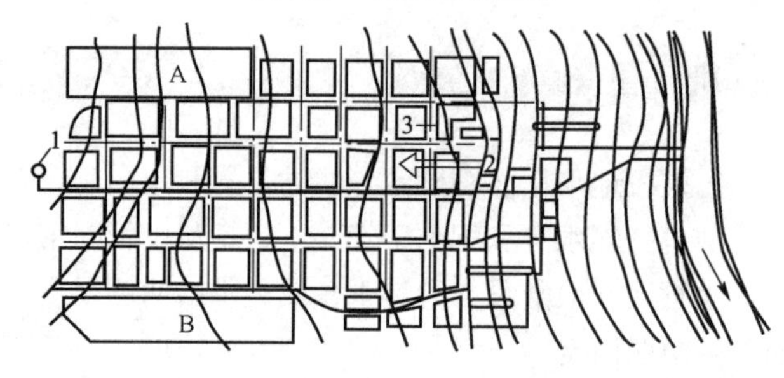

注：1—水塔；2—配水干管；3—分配管；A、B—工业区。

图 7.37　配水干管及管网布置

为保证给水管道在施工和维修时不对其他管线和建（构）筑物产生影响，给水管道在布置时，应与其他管线或建（构）筑物有一定的水平距离，其最小水平净距见表 7-5。

表 7-5　给水管道与其他管线和建（构）筑物的最小水平净距　　单位：m

名称		与给水管道的最小水平净距	
		管径 *DN*≤200mm	管径 *DN*>200mm
建筑物		1.0	3.0
污水、雨水管道		1.0	1.5
燃气管道	中低压	*P*≤0.4MPa	0.5
	高压	0.4MPa<*P*≤0.8MPa	1.0
		0.8MPa<*P*≤1.6MPa	1.5

续表

名称		与给水管道的最小水平净距	
		管径 *DN*≤200mm	管径 *DN*>200mm
热力管道		1.5	
电力电缆		0.5	
电信电缆		1.0	
乔木（中心）		1.5	
灌木		1.5	
地上柱杆	通信照明电压＜10kV	0.5	
	高压铁塔基础边	3.0	
道路侧石边缘		1.5	
铁路钢轨（或坡脚）		5.0	

给水管道相互交叉敷设时，最小垂直净距为 0.15m。给水管道与污水管道、雨水管道或输送有毒液体的管道交叉时，给水管道应敷设在上面，最小垂直净距为 0.4m，且接口不能重叠；当给水管道必须敷设在下面时，应采用钢管或钢套管；钢套管伸出交叉管的长度，每端不得小于 3.0m，且钢套管两端应用防水材料封闭，并应保证 0.4m 的最小垂直净距。

在供水范围内的道路下还需敷设分配管，以便把给水干管的水送到用户和消防栓。分配管最小直径为 100mm，大城市中分配管直径采用 150～200mm。

为了保证给水管网的正常运行，以及消防和给水管网的维修管理工作，给水管网上必须安装各种必要的附件，如阀门、水泵接合器（室外消防栓）、排气阀和泄水阀（见后面相关部分）。

一般给水干管上每隔 500～1000m 设一个阀门井，并设于连接管的下游；干管与支管相接处，一般在支管上设阀门；干管和支管上消防栓的连接管上均应设阀门；配水管网上两个阀门之间独立管段内消防栓的数量不宜超过 5 个。

水泵接合器距建筑物外墙应不小于 5.0m，距车行道边不大于 2.0m。设在人行道边的两个消防栓的间距不应超过 120m。

3. 给水管道施工图

给水管道施工图是给水管道施工的最重要的依据，同时是施工合同的管理及工程计量计价的重要依据。

给水管道施工图一般由管道带状平面图、管道纵断面图、施工大样图组成。

1）管道带状平面图

管道带状平面图体现管道及附属构筑物的平面位置，通常采用 1:500～1:100 的比例绘制，管道带状平面图的宽度通常根据管道相对位置而定，一般为 30～100m，如图 7.38 所示。

管道带状平面图上一般标注以下内容。

（1）图纸比例、说明和图例。

（2）现状道路或规划道路中心线及折点坐标。

（3）管道代号、管道与道路中心线或永久性建筑物等的相对距离、间距；节点号、管道距离、管道转弯处坐标、管道中心的方位角、穿越的障碍物坐标等。

（4）与本管道相交、相近或平行的其他管道的位置及相互关系。

（5）附属构筑物的平面位置。

（6）主要材料明细表及图纸说明。

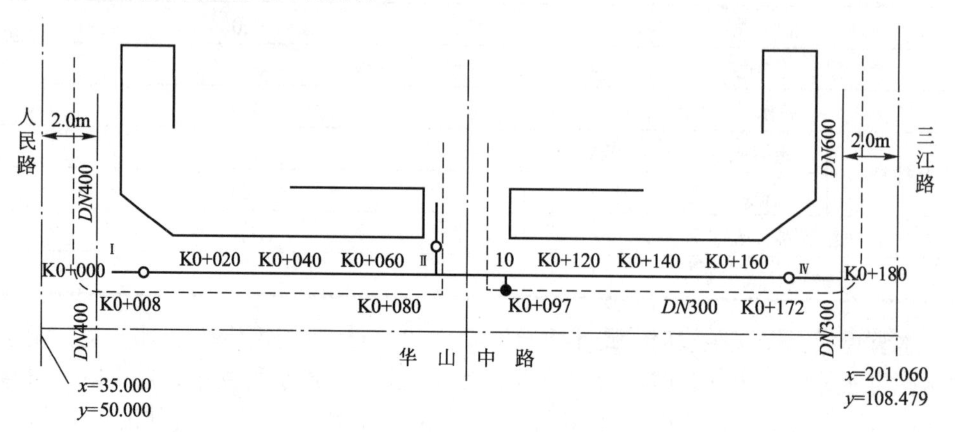

图 7.38　管道带状平面图（1∶1000）

2）管道纵断面图

管道纵断面图主要体现管道的埋设情况，如图 7.39 所示。

桩号	K0+000	K0+008	K0+020	K0+040	K0+060	K0+080	K0+097	K0+100	K0+100	K0+120	K0+140	K0+160	K0+172	K0+180
设计地面高程/m	502.20	502.20	502.10	501.90	501.8	501.70	501.70	501.70	501.65	501.60	501.50	501.45	501.40	501.40
设计管中心高程/m	500.90	500.83	500.76	500.62	500.47	500.32	500.16	500.12	500.10	500.10	500.10	500.10	500.10	500.10
坡度/(%) 水平距离/m	i=0.007 L=110.0									i=0.00 L=70.0				
管径/mm	DN300水插铸铁管													
施工地段	华山中路													

图 7.39　管道纵断面图

管道纵断面图常以水平距离为横轴、高程为纵轴；横轴的比例常与带状平面图一致，纵轴的比例常为横轴的 5～20 倍，常采用 1∶100～1∶50 的比例。管道纵断面图应反映以下内容。

（1）图纸横向比例、纵向比例、说明和图例。

（2）管道沿线的原地面高程和设计地面高程。

（3）管道的设计管中心高程和埋设深度。

（4）管道的敷设坡度、水平距离和桩号。

（5）管径、管材和基础。

（6）附属构筑物的位置、其他管线的位置及交叉处的管底高程。

（7）施工地段名称。

3）施工大样图

当管道带状平面图及管道纵断面图中某些局部施工或材料预算内容无法明确的地方，可以用施工大样图来表达。给水管道工程中的施工大样图可以分为管件组合的节点大样图（图 7.40）、附属设施（各种井类、支墩等）的施工大样图、特殊管段（穿越河谷、铁路、公路等）的布置大样图。

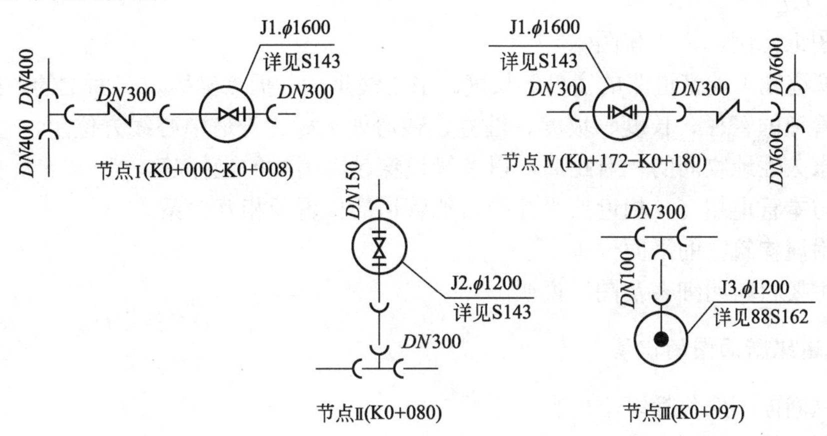

图 7.40 管件组合的节点大样图（一）

给水管网的管线相交点称为节点。节点位置上常有管件（三通、四通、弯头、渐缩管等）和附件（水泵接合器、各类阀门等）。各管件和附件用标准符号标出，且可不按比例，但其管线方向和相对位置与给水总平面图一致，如图 7.41 所示。

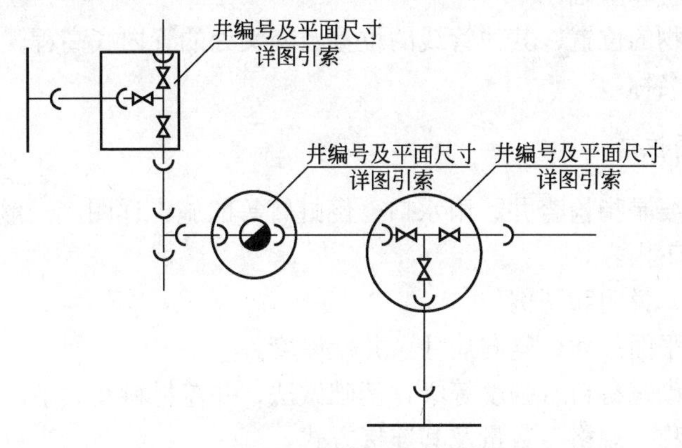

图 7.41 管件组合的节点大样图（二）

施工大样图主要是指阀门井、水泵接合器井、排气阀井、泄水井、支墩等的施工大样图，一般由平面图和剖面图组成，识读时应主要弄清楚以下内容。

（1）各种井的平面尺寸、竖向尺寸、井壁厚度。

（2）各种井的砌筑材料、强度等级、基础做法、井盖材料及大小。

（3）管件的名称、规格、数量及其连接方式。

（4）管道穿越井壁的位置及穿越处的构造。

（5）支墩的大小、形状及砌筑材料。

7.3.2 市政排水管网施工图识读

与市政给水管道施工图一样，市政排水管道的施工图也是由管道平面图、管道纵断面图及施工大样图组成的。

1. 管道平面图的识读

（1）图纸比例、说明和图例。

（2）管道施工地带道路的宽度、长度、中心线坐标、折点坐标及路面上的障碍物情况。

（3）管道的管径、长度、坡度、桩号、转弯处坐标、管道中心线方位角、管道与道路中心线或永久性地物间的相对距离，以及管道穿越障碍物的坐标等。

（4）与本管道相交、相近或平行的其他管道的位置及相互关系。

（5）附属构筑物的平面位置。

（6）主要材料明细表及图纸说明。

2. 管道纵断面图的识读

管道纵断面图应包括以下内容。

（1）图纸横向比例、纵向比例、说明和图例。

（2）管道沿线的原地面高程和设计地面高程。

（3）管道的管内底高程和埋设深度。

（4）管道的敷设坡度、水平距离和桩号。

（5）管径、管材和基础。

（6）附属构筑物的位置、其他管线的位置及交叉处的管内底高程。

（7）施工地段名称。

3. 施工大样图识读

施工大样图主要是指检查井、雨水口、倒虹管等的施工详图，一般由平面图和剖面图组成。具体包括如下内容。

（1）图纸比例、说明和图例。

（2）检查井的平面尺寸、竖向尺寸、井壁厚度。

（3）检查井的砌筑材料、强度等级、基础做法、井盖材料及大小。

（4）管件的名称、规格、数量及其连接方式。

（5）管道穿越井壁的位置及穿越处的构造。
（6）流槽的形状、尺寸及砌筑材料。
（7）基础的尺寸和材料等。

7.4 市政管网工程工程量清单编制

7.4.1 工程量清单编制概述

1）市政管网工程与通用安装工程的执行界限
（1）市政给水管网执行界限。
市政给水管网执行界限如图 7.42 所示。

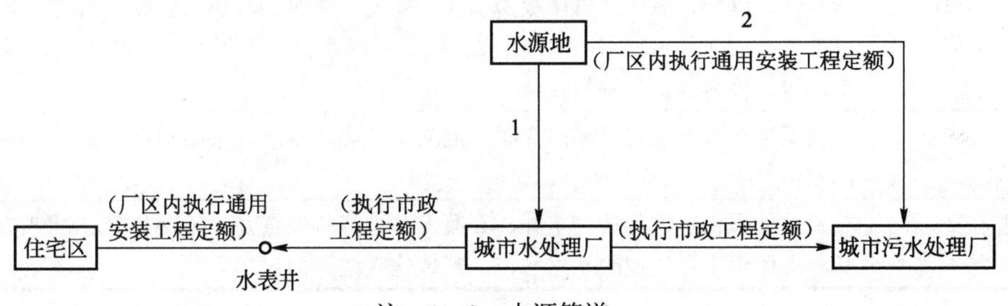

注：1、2—水源管道。

图 7.42 市政给水管网执行界限

（2）市政排水管网执行界限。
市政排水管网执行界限如图 7.43 所示。

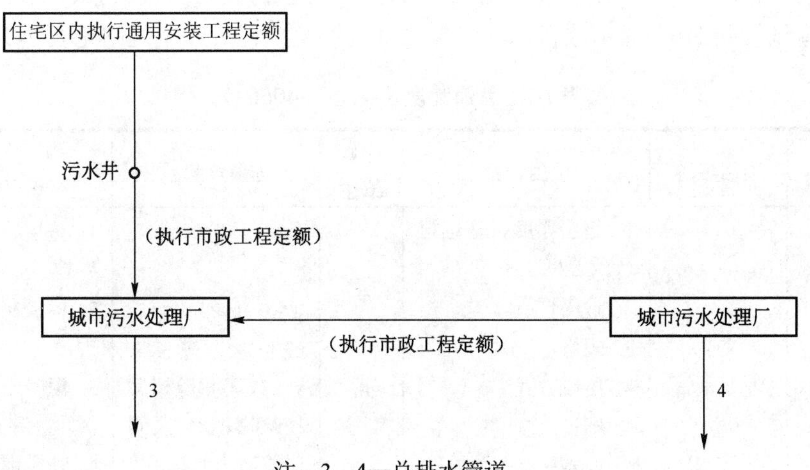

注：3、4—总排水管道。

图 7.43 市政排水管网执行界限

2）市政管网工程分部分项工程量清单编制

表 7-7 讲解

应根据《市政工程工程量计算规范》（GB 50857—2013）附录 E 管网工程规定的统一项目编码、项目名称、项目特征、计量单位和工程量计算规则编制。市政管网工程所包含的清单项目见表 7-6。

表 7-6　市政管网工程所包含的清单项目

名称	包含的清单项目
管道铺设	管道铺设包括混凝土管、钢管、铸铁管、塑料管、直埋式预制保温箱、管道架空跨越、隧道（沟、管）内管道、水平导向钻进、夯管、顶（夯）管工作坑、预制混凝土工作坑、顶管、土壤加固、新旧管连接、临时放水管线、砌筑方沟、混凝土方沟、砌筑渠道、混凝土渠道、警示（示踪）带的铺设
管件、阀门及附件安装	管件、阀门及附件安装包括铸铁管管件、钢管管件的制作、安装，塑料管管件、转换件、阀门、法兰、盲堵板的制作、安装，套管的制作、安装，水表、消火栓、补偿器（波纹管）、除污器的组成、安装，凝水缸、调压器、过滤器、分离器、安全水封、检漏（水）管的安装
支架制作及安装	支架制作及安装包括砌筑支墩、混凝土支墩、金属支架的制作、安装，金属吊架的制作、安装
管道附属构筑物	管道附属构筑物包括砌筑井、混凝土井、塑料检查井、砖砌井筒、预制混凝土井筒、砌体出水口、混凝土出水口、整体化粪池、雨水口

7.4.2 工程量清单项目设置及工程量计算规则

1. 管道铺设（项目编码：040501）

市政管网工程中常用管道主要有混凝土管、钢管、铸铁管、塑料管、直埋式预制保温箱等。管道铺设共 20 个清单项目，其清单项目设置及工程量计量规则见表 7-7。

表 7-7　管道铺设（编码：040501）

项目编码	项目名称	项目特征	计量单位	工程量计量规则	工作内容
040501001	混凝土管	1. 垫层厚度、基础材质及厚度 2. 管座材质 3. 规格 4. 接口方式 5. 铺设深度 6. 混凝土强度等级 7. 管道检验及试验要求	m	按设计图示中心线长度以延长米计算。不扣除附属构筑物、管件及阀门等所占长度	1. 垫层、基础铺筑及养护 2. 模板制作、安装、拆除 3. 混凝土拌和、运输、浇筑、养护 4. 管道铺设 5. 管道接口 6. 管道检验及试验

续表

项目编码	项目名称	项目特征	计量单位	工程量计量规则	工作内容
040501002	钢管	1. 垫层、基础材质及厚度 2. 材质及规格 3. 接口方式 4. 铺设深度 5. 管道检验及试验 6. 集中防腐运距	m	按设计图示中心线长度以延长米计算。不扣除附属构筑物、管件及阀门等所占长度	1. 垫层、基础铺筑及养护 2. 模板制作、安装、拆除 3. 混凝土拌和、运输、浇筑、养护 4. 管道铺设 5. 管道检验及试验 6. 集中防腐运输
040501003	铸铁管				
040501004	塑料管	1. 垫层、基础材质及厚度 2. 材质及规格 3. 连接形式 4. 铺设深度 5. 管道检验及试验			1. 垫层、基础铺筑及养护 2. 模板制作、安装、拆除 3. 混凝土拌和、运输、浇筑、养护 4. 管道铺设 5. 管道检验及试验
040501005	直埋式预制保温箱	1. 垫层材质及厚度 2. 材质及规格 3. 接口方式 4. 铺设深度 5. 管道检验及试验的要求			1. 垫层铺筑及养护 2. 管道铺设 3. 接口处保温 4. 管道检验及试验
040501006	管道架空穿越	1. 管道架设高度 2. 管道材质及规格 3. 接口方式 4. 管道检验及试验要求 5. 集中防腐运距		按设计图示中心线长度以延长米计算。不扣除管件及阀门等所占长度	1. 管道架设 2. 管道检验及试验 3. 集中防腐运输
040501007	隧道（沟、管）内管道	1. 基础材质及厚度 2. 混凝土强度等级 3. 材质及规格 4. 接口方式 5. 管道检验及试验要求 6. 集中防腐运距		按设计图示中心线长度以延长米计算。不扣除附属构筑物、管件及阀门等所占长度	1. 基础铺筑及养护 2. 模板制作、安装、拆除 3. 混凝土拌和、运输、浇筑、养护 4. 管道铺设 5. 管道检测及试验 6. 集中防腐运输

续表

项目编码	项目名称	项目特征	计量单位	工程量计量规则	工作内容
040501008	水平导向钻进	1. 土壤类别 2. 材质及规格 3. 一次成孔长度 4. 接口方式 5. 泥浆方式 6. 管道检验及试验 7. 集中防腐运距	m	按设计图示长度以延长米计算	1. 设备安装、拆除 2. 定位、成孔 3. 管道接口 4. 拉管 5. 纠偏、监测 6. 管道检测及试验 7. 集中防腐运输
040501009	夯管	1. 土壤类别 2. 材质及规格 3. 一次夯管长度 4. 接口方式 5. 管道检验及试验 6. 集中防腐运距			1. 设备安装、拆除 2. 定位、夯管 3. 管道接口 4. 纠偏、监测 5. 管道检测及试验 6. 集中防腐运输
040501010	顶（夯）管工作坑	1. 土壤类别 2. 工作坑平面尺寸及深度 3. 支撑、围护方式 4. 垫层、基础材质及厚度 5. 混凝土强度等级 6. 设备、工作台主要技术要求	座	按工作坑数量计算	1. 支撑、围护 2. 模板制作、安装、拆除 3. 混凝土拌和、运输、浇筑、养护 4. 工作坑内设备、工作台安装及拆除
040501011	预制混凝土工作坑	1. 土壤类别 2. 工作坑平面尺寸及深度 3. 垫层、基础材质及厚度 4. 混凝土强度等级 5. 设备、工作台主要技术要求 6. 混凝土构件运距			1. 混凝土工作坑制作 2. 下沉、定位 3. 模板制作、安装、拆除 4. 混凝土拌和、运输、浇筑、养护 5. 工作坑内设备、工作台安装及拆除 6. 混凝土构件运输

续表

项目编码	项目名称	项目特征	计量单位	工程量计量规则	工作内容
040501012	顶管	1. 土壤类别 2. 顶管工作方式 3. 管道材质及规格 4. 中继间规格 5. 工具管材质及规格 6. 管道检验及试验要求 7. 集中防腐运距	m	按设计图示长度以延长米计算	1. 管道顶进 2. 管道接口 3. 中继间、工具管及附属设备安装拆除 4. 管内挖、运土及土方提升 5. 机械顶管设备调向 6. 纠偏、监测 7. 洞口止水 8. 管道检测及试验 9. 集中防腐运输
040501013	土壤加固	1. 土壤类别 2. 加固填充材料 3. 加固方式	m	按设计图示加固段长度以延长米计算	打孔、调浆、灌注
040501014	新旧管连接	1. 材质及规格 2. 连接方式 3. 带（不带）介质连接	m	按设计图示数量计算	1. 切管 2. 钻孔 3. 连接
040501015	临时放水管线	1. 材质及规格 2. 铺设方式 3. 接口形式	m	按放水管线长度以延长米计算，不扣除管件、阀门所占长度	管线铺设、拆除
040501016	砌筑方沟	1. 断面规格 2. 垫层、基础材质及厚度 3. 砌筑材料品种、规格、强度等级 4. 混凝土强度等级 5. 砂浆强度等级、配合比 6. 勾缝、抹面要求 7. 盖板材质及规格 8. 伸缩缝（沉降缝）要求 9. 防渗、防水要求 10. 混凝土构件运距	m	按设计图示尺寸以延长米计算	1. 模板制作、安装、拆除 2. 混凝土拌和、运输、浇筑、养护 3. 砌筑 4. 勾缝、抹面 5. 盖板安装 6. 防止、止水 7. 混凝土构件运输

续表

项目编码	项目名称	项目特征	计量单位	工程量计量规则	工作内容
040501017	混凝土方沟	1. 断面规格 2. 垫层、基础材质及厚度 3. 混凝土强度等级 4. 伸缩缝（沉降缝）要求 5. 盖板材质及规格 6. 防渗、防水要求 7. 混凝土构件运距	m	按设计图示尺寸以延长米计算	1. 模板制作、安装、拆除 2. 混凝土拌和、运输、浇筑、养护 3. 盖板安装 4. 防止、止水 5. 混凝土构件运输
040501018	砌筑渠道	1. 断面规格 2. 垫层、基础材质及厚度 3. 砌筑材料品种、规格、强度等级 4. 混凝土强度等级 5. 砂浆强度等级、配合比 6. 勾缝、抹面要求 7. 伸缩缝（沉降缝）要求 8. 防渗、防水要求		按设计图示尺寸以延长米计算	1. 模板制作、安装、拆除 2. 混凝土拌和、运输、浇筑、养护 3. 渠道砌筑 4. 勾缝、抹面 5. 防止、止水
040501019	混凝土渠道	1. 断面规格 2. 垫层、基础材质及厚度 3. 混凝土强度等级 4. 伸缩缝（沉降缝）要求 5. 防渗、防水要求 6. 混凝土构件运距			1. 模板制作、安装、拆除 2. 混凝土拌和、运输、浇筑、养护 3. 防止、止水 4. 混凝土构件运输
040501020	警示（示踪）带铺设	规格		按铺设长度以延长米计算	铺设

2. 管件、阀门及附件安装（编码：040502）

管件、阀门及附件安装共包含 18 个清单项目，其清单项目设置及工程量计算规则见表 7-8。

表 7-8　管件、阀门及附件安装（编码：040502）

<table>
<tr><th>项目编码</th><th>项目名称</th><th>项目特征</th><th>计量单位</th><th>工程量计量规则</th><th>工作内容</th></tr>
<tr><td>040502001</td><td>铸铁管管件</td><td rowspan="2">1. 种类
2. 材质及种类
3. 接口形式</td><td rowspan="11">个</td><td rowspan="5">按设计图示数量计算</td><td>安装</td></tr>
<tr><td>040502002</td><td>钢管管件制作、安装</td><td>制作、安装</td></tr>
<tr><td>040502003</td><td>塑料管管件</td><td>1. 种类
2. 材质及种类
3. 连接形式</td><td rowspan="2">安装</td></tr>
<tr><td>040502004</td><td>转换件</td><td>1. 材质及规格
2. 接口形式</td></tr>
<tr><td>040502005</td><td>阀门</td><td>1. 种类
2. 材质及种类
3. 连接形式
4. 试验要求</td><td>安装</td></tr>
<tr><td>040502006</td><td>法兰</td><td>1. 材质、规格、结构形式
2. 连接方式
3. 焊接方式
4. 垫片材质</td><td rowspan="13">按设计图示数量计算</td><td>安装</td></tr>
<tr><td>040502007</td><td>盲堵板制作、安装</td><td>1. 材质、规格、结构形式
2. 连接方式</td><td rowspan="2">制作、安装</td></tr>
<tr><td>040502008</td><td>套管制作、安装</td><td>1. 形式、材质及规格
2. 管内填充材质</td></tr>
<tr><td>040502009</td><td>水表</td><td>1. 规格
2. 安装方式</td><td rowspan="3">安装</td></tr>
<tr><td>040502010</td><td>消防栓</td><td>1. 规格
2. 安装部位、方式</td></tr>
<tr><td>040502011</td><td>补偿器（波纹管）</td><td rowspan="2">1. 规格
2. 安装方式</td></tr>
<tr><td>040502012</td><td>除污器组成、安装</td><td>套</td><td>组成、安装</td></tr>
<tr><td>040502013</td><td>凝水缸</td><td>1. 材料品种
2. 型号及规格
3. 连接方式</td><td rowspan="6">组</td><td>1. 制作
2. 安装</td></tr>
<tr><td>040502014</td><td>调压器</td><td rowspan="3">1. 规格
2. 型号
3. 连接方式</td><td rowspan="5">安装</td></tr>
<tr><td>040502015</td><td>过滤器</td></tr>
<tr><td>040502016</td><td>分离器</td></tr>
<tr><td>040502017</td><td>安全水封</td><td rowspan="2">规格</td></tr>
<tr><td>040502018</td><td>检漏（水）管</td></tr>
</table>

3. 支架制作及安装（编码：040503）

支架制作及安装共包括4个清单项目，其清单项目设置及工程量计量规则见表7-9。

表7-9 支架制作及安装（编码：040503）

项目编码	项目名称	项目特征	计量单位	工程量计量规则	工作内容
040503001	砌筑支墩	1. 垫层材质、厚度 2. 混凝土强度等级 3. 砌筑材料、规格、强度等级 4. 砂浆强度等级、配合比	m^3	按设计图示尺寸以体积计算	1. 模板制作、安装、拆除 2. 混凝土拌和、运输、浇筑、养护 3. 砌筑 4. 勾缝、抹面
040503002	混凝土支墩	1. 垫层材质、厚度 2. 混凝土强度等级 3. 预制混凝土构件运距			1. 模板制作、安装、拆除 2. 混凝土拌和、运输、浇筑、养护 3. 预制混凝土支墩安装 4. 混凝土构件运输
040503003	金属支架制作、安装	1. 垫层、基础材质及厚度 2. 混凝土强度等级 3. 支架材质 4. 支架形式 5. 预埋件材质及规格	t	按设计图示质量计算	1. 模板制作、安装、拆除 2. 混凝土拌和、运输、浇筑、养护 3. 支架制作、安装
040503004	金属吊架制作、安装	1. 吊架材质 2. 吊架形式 3. 预埋件材质及规格			制作、安装

4. 管道附属构筑物（编码：040504）

管道附属构筑物共包含9个清单项目，其清单项目设置及工程量计算规则见表7-10。

表7-10 管道附属构筑物（编码：040504）

项目编码	项目名称	项目特征	计量单位	工程量计量规则	工作内容
040504001	砌筑井	1. 垫层、基础材质及厚度 2. 砌筑材料品种、规格、强度等级 3. 勾缝、抹面要求 4. 砂浆强度等级、配合比 5. 混凝土强度等级 6. 盖板材质、规格 7. 井盖、井圈材质及规格 8. 踏步材质、规格 9. 防渗、防水要求	座	按设计图示数量计算	1. 垫层铺筑 2. 模板制作、安装、拆除 3. 混凝土拌和、运输、浇筑、养护 4. 砌筑、勾缝、抹面 5. 井圈、井盖安装 6. 盖板安装 7. 踏步安装 8. 防水、止水

续表

项目编码	项目名称	项目特征	计量单位	工程量计量规则	工作内容
040504002	混凝土井	1. 垫层、基础材质及厚度 2. 混凝土强度等级 3. 盖板材质、规格 4. 井盖、井圈材质及规格 5. 踏步材质、规格 6. 防渗、防水要求			1. 垫层铺筑 2. 模板制作、安装、拆除 3. 混凝土拌和、运输、浇筑、养护 4. 井圈、井盖安装 5. 盖板安装 6. 踏步安装 7. 防水、止水
040504003	塑料检查井	1. 垫层、基础材质及厚度 2. 检查井材质、规格 3. 井筒、井盖、井圈材质及规格	座	按设计图示数量计算	1. 垫层铺筑 2. 模板制作、安装、拆除 3. 混凝土拌和、运输、浇筑、养护 4. 检查井安装 5. 井筒、井圈、井盖安装
040504004	砖砌井筒	1. 井筒规格 2. 砌筑材料品种、规格 3. 砌筑、勾缝、抹面要求 4. 砂浆强度等级、配合比 5. 踏步材质、规格 6. 防渗、防水要求	m	按设计图示尺寸以延长米计算	1. 砌筑、勾缝、抹面 2. 踏步安装
040504005	预制混凝土井筒	1. 井筒规格 2. 踏步规格			安装
040504006	砌体出水口	1. 垫层、基础材质及厚度 2. 砌筑材料品种、规格、强度等级 3. 勾缝、抹面要求 4. 砂浆强度等级、配合比			1. 垫层铺筑 2. 模板制作、安装、拆除 3. 混凝土拌和、运输、浇筑、养护 4. 砌筑、勾缝、抹面
040504007	混凝土出水口	1. 垫层、基础材质及厚度 2. 混凝土强度等级			1. 垫层铺筑 2. 模板制作、安装、拆除 3. 混凝土拌和、运输、浇筑、养护
040504008	整体化粪池	1. 材质 2. 型号、规格	座	按设计图示数量计算	安装
040504009	雨水口	1. 雨水箅子及圈口材质、型号、规格 2. 垫层、基础材质及厚度 3. 砌筑材料品种、规格、强度等级 4. 勾缝、抹面要求 5. 砂浆强度等级、配合比			1. 垫层铺筑 2. 模板制作、安装、拆除 3. 混凝土拌和、运输、浇筑、养护 4. 砌筑、勾缝、抹面 5. 雨水箅子安装

7.4.3 市政管网工程工程量清单项目编制要点

1. 分部分项工程量清单的编制

分部分项工程量清单编制的步骤如下：清单项目列项、编码→清单项目工程量计算→分部分项工程量清单编制。

1）清单项目列项、编码

清单项目列项、编码可按下列顺序进行。

（1）明确工程的招标范围及其他内容。

（2）识读施工图，列出施工项目。

编制分部分项工程量清单，必须认真阅读全套施工图，了解工程的总体情况，明确各部分项工程构造，并结合施工方法，按照工程的施工工序，逐个列出工程施工项目。

2）清单项目工程量计算

清单项目列项后，根据施工图，按照清单项目的工程量计算规则、计算方法，计算各清单项目的工程量。清单项目工程量计算时要注意计量单位。

3）分部分项工程量清单编制

按照分部分项工程量清单的统一格式，编制分部分项工程量清单。

2. 市政管网工程清单项目有关问题说明

（1）管道铺设项目设置中没有明确区分是给水、排水、燃气还是供热管道，它适用于市政管网工程。在列工程量清单时可冠以相应的专业名称以示区别。

（2）管道铺设中的管件、钢支架制作，安装及新旧管连接，应分别列清单项目。

（3）顶管项目，除工作井的制作及工作井的挖方、填方不包括外，包括了其他所有顶管过程的全部内容。

（4）管道法兰连接应单独列清单项目，内容包括法兰片的焊接和法兰的连接。法兰管件安装的清单项目包括法兰片的焊接和法兰管体的安装。

（5）刷油、防腐、保温工程、阴极保护及牺牲阳极应按现行国家标准《通用安装工程工程量计算规范》（GB 50856—2013）附录M刷油、防腐蚀、绝热工程中相关项目编码列项。

（6）高压管道及管件、阀门安装，不锈钢管及管件、阀门安装，管道焊缝无损探伤应按现行国家标准《通用安装工程工程量计算规范》（GB 50856—2013）附录H工业管道中相关项目编码列项。

（7）管道检验及试验要求应按各专业的施工验收规范设计要求，对已完管道工程进行的管道吹扫、冲洗消毒、强度试验、严密性试验、闭水试验等内容进行描述。

（8）阀门电动机需单独安装，应按现行国家标准《通用安装工程工程量计算规范》（GB 50856—2013）附录K给排水、采暖、燃气工程中相关项目编码列项。

（9）雨水口连接管应按管道铺设中相关项目编码列项。

7.5 市政管网工程计量与计价示例

7.5.1 市政管网定额工程量计算规则

1. 管道铺设工程量

（1）管道（渠）垫层和基础工程量按图示尺寸以体积计算。

（2）排水管道铺设工程量，按设计井中至井中的中心线长度扣除井的长度计算。每座检查井扣除长度按表7-11计算。

表7-11 每座检查井扣除长度

检查井规格/mm	扣除长度/m	检查井形状	扣除长度/m
ϕ700	0.40	各种矩形井	1.00
ϕ1000	0.70	各种交会井	1.20
ϕ1250	0.95	各种扇形井	1.00
ϕ1500	1.20	圆形跌水井	1.60
ϕ2000	1.70	矩形跌水井	1.70
ϕ2500	2.20	阶梯式跌水井	按实际扣除

（3）给水管道铺设工程量，按设计管道中心线长度计算（支管长度从主管中心开始计算到支管末端交接处的中心），不扣除管件、阀门、法兰所占的长度。

（4）集中供热管道铺设工程量，按设计管道中心线长度计算，不扣除管件、阀门、法兰所占的长度。

（5）水平导向钻进、钻导向孔及扩孔工程量按两个工作坑之间的水平长度计算，回拖不管工程量按钻导向孔长度的1.5m计算。

（6）顶管的工程量。

① 各种材质管道的顶管工程量，按设计顶进长度计算。顶管土石方量按管道外径加允许的超挖厚度，长度以工作井两侧外壁之间的距离为准，工程量以体积计算。

② 顶管接口应区分接口材质，分别以实际接口的个数或断面面积计算。

③ 顶管管壁注浆工程量，按实际灌注量以体积计算。

（7）新旧管连接时，管道工程量计算到碰头的阀门处。阀门及与阀门相连的承（插）盘短管、法兰盘的安装均包括在新旧管连接内，不另计算。

（8）渠道沉降缝应区分材质按设计图示尺寸以面积或铺设长度计算。

（9）混凝土盖板的制作、安装按设计图示尺寸以体积计算。

（10）混凝土排水管道接口区分管径和做法，以实际接口个数计算。

（11）方沟闭水试验的工程量，按实际闭水长度乘以断面积以体积计算。

（12）管道闭水试验的工程量，以实际闭水长度计算，不扣除各种井所占长度。

（13）各种管道试验、吹扫的工程量均按设计管道中心线长度计算，不扣除管件、阀门、法兰、煤气调长器等所占的长度。

（14）井、池渗漏试验的工程量，按井、池容量以体积计算。

（15）防水工程工程量。

① 各种防水层的工程量。按设计图示尺寸以面积计算，不扣除 0.3m^2 以内孔洞所占面积。

② 平面与立面交接处的防水层的工程量，上卷高度超过 500mm 时，以立面防水层计算。

（16）各种材质的施工缝填缝及盖缝工程量不分断面面积按设计长度计算。

（17）警示（示踪）带工程量按铺设长度计算。

（18）塑料管与检查井的连接工程量按砂浆或混凝土的成品体积计算。

（19）管道支墩（挡墩）工程量按设计图示尺寸以体积计算。

2. 管件、阀门及附件安装工程量

（1）管件制作、安装工程量按设计图示数量计算。

（2）水表、分水栓、马鞍卡子安装工程量按设计图示数量计算。

（3）预制钢套钢复合保温管外套管接口制作安装工程量按接口数量计算。

（4）法兰、阀门安装工程量按设计图示数量计算。

（5）阀门水压试验工程量按实际发生数量计算。

（6）设备、容器具安装工程量按设计数量计算。

（7）挖眼接管工程量以支管管径为准，按接管数量计算。

3. 管道附庸构筑物工程量

（1）各类定型井工程量按设计图示或标准图集计算。

（2）非定型井各项目的工程量按设计图示尺寸计算。

① 砌筑工程量按体积计算，扣除管径在 200mm 以上管道所占体积。

② 抹灰、勾缝工程量按面积计算，增加洞口侧壁面积，扣除管径在 200mm 以上管道所占面积。

（3）井壁（墙）凿洞工程量按实际凿洞面积计算。

（4）检查井筒砌筑适用于井深不同的调整和方沟井筒的砌筑，缺乏高度时的工程量按数量计算；高度不同时的工程量用每增减 0.2m 计算。

（5）塑料检查井工程量按设计图示数量计算。

（6）井深及井筒调增工程量按设计发生数量计算。

（7）管道出水口工程量区分型式、材质及管径，以“处”为计量单位计算。

4. 措施项目工程量

（1）现浇及预制混凝土构件模板工程量按模板与混凝土构件的接触面积计算。

（2）井子架工程量区分材质和搭设高度按搭设数量计算。

7.5.2 市政管网工程工程量计算示例

【例 7-1】 某城市排水工程管线如图 7.44 所示，长 300m，有 *DN*500 和 *DN*600 两种管道，采用企口式混凝土污水管（每节长 2m，人机配合下管），120° 混凝土管基（对应 *DN*500

管，干铺碎石垫层断面面积为 0.075m^2，混凝土管基断面面积为 0.10m^2；对应 *DN*600 管，干铺碎石垫层断面面积为 0.09m^2，混凝土管基断面面积为 0.136 m^2），水泥砂浆接口，3 座圆形直径为 1000mm 的砖砌检查井。求管道铺设的清单工程量、定额工程量和综合单价。

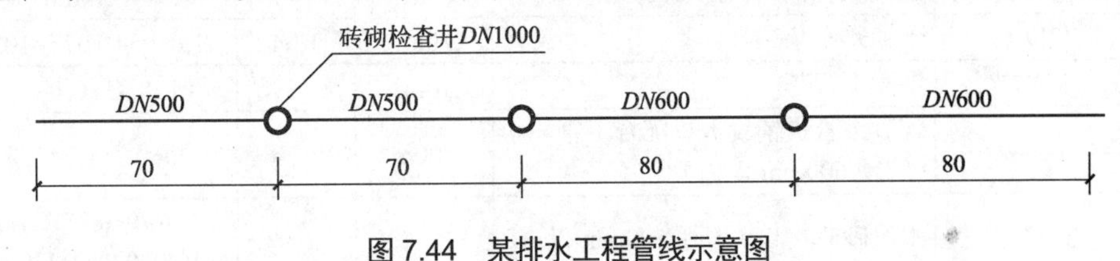

图 7.44　某排水工程管线示意图

【解】

（1）项目列项。

该工程为排水工程，查表 7-7 知，不同管径的管道铺设需要分别列出清单项目，工作内容包括垫层、基础铺筑、管道铺设、管道接口、管道检验及试验等；砖砌检查井单列清单项目，工作内容包括垫层铺筑，砌筑、勾缝、抹面，井圈、井盖安装等。查用某地《市政工程计价标准》，排水工程清单项与定额项的对应关系见表 7-12。

表 7-12　排水工程清单项与定额项的对应关系

清单项目				定额项目			
序号	项目编码	项目名称	计量单位	序号	定额编码	定额名称	计量单位
1	040501001001	混凝土管道铺设（*DN*500）	m	①	3-9-4	干铺碎石垫层	10m^3
				②	3-9-27	混凝土管基	10m^3
				③	3-9-42	混凝土管道铺设人机配合下管（管径 600mm 以内）	100m
				④	3-9-757	水泥砂浆接口（管径 500mm 以内）	10 个口
				⑤	3-9-968	管道闭水试验（管径 600mm 以内）	100m
2	040501001002	混凝土管道铺设（*DN*600）		①	3-9-4	干铺碎石垫层	10m^3
				②	3-9-27	混凝土管基	10m^3
				③	3-9-42	混凝土管道铺设人机配合下管（管径 600mm 以内）	100m
				④	3-9-758	水泥砂浆接口（管径 600mm 以内）	10 个
				⑤	3-9-968	管道闭水试验（管径 600mm 以内）	100m

（2）工程量计算。

对照表 7-12，分别计算不同项目的清单工程量及与之对应的定额工程量，计算结果见表 7-13。

（3）定额套用。

查用某地的市政工程计价标准，相关项目的定额及单位估价表见表 7-14～表 7-19。

表 7-13 工程量计算结果表

序号	项目编码	项目名称	计算单位	工程量	计算式
1	040501001001	混凝土管铺设（*DN*500）	m	140	140m
①	3-9-4	干铺碎石垫层	$10m^3$	1.04	138.95×0.075=10.42m
②	3-9-27	混凝土管基	$10m^3$	1.39	138.95×0.1=13.90
③	3-9-42	混凝土管道铺设人机配合下管（管径 600mm 以内）	100m	1.39	140−0.7×1.5=138.95m
④	3-9-757	水泥砂浆接口（管径 500mm 以内）	10 个	6.8	[(70−0.35)/2-1]+[(70−0.7)/2−1]=68 个
⑤	3-9-968	管道闭水试验（管径 600mm 以内）	100m	1.4	140m
2	040501001002	混凝土管铺设（*DN*600）	m	160	160m
①	3-9-4	干铺碎石垫层	$10m^3$	1.43	158.95×0.09=14.31m
②	3-9-27	混凝土管基	$10m^3$	2.16	158.95×0.136=21.62m^3
③	3-9-42	混凝土管道铺设人机配合下管（管径 600mm 以内）	100m	1.59	160−0.7×1.5=158.95m
④	3-9-758	水泥砂浆接口（管径 600mm 以内）	10 个	7.8	[(80−0.35)/2−1]+[(80−0.7)/2−1]=68 个
⑤	3-9-968	管道闭水试验（管径 600mm 以内）	100m	1.6	160m

表 7-14 排水工程相应定额及单位估价表（一）

工作内容：摊铺、找平、灌浆、夯实等。　　　　计量单位：$10m^3$

定额编号				3-9-3	3-9-4	3-9-7	3-9-10
项目名称				管道垫层			
				灌浆碎石	干铺碎石	混凝土	砂
基价/元				3110.35	2210.68	3912.03	2300.33
其中	人工费/元			989.35	964.64	452.76	637.62
	其中：定额人工费/元			824.45	803.86	377.30	531.35
	其中：规费/元			164.90	160.78	75.46	106.27
	材料费/元			2086.64	1221.59	3459.27	1647.06
	机械费/元			34.36	24.45	—	15.64
	名称	单位	单价/元	数量			
人工	综合工日 05	工日	129.36	7.648	7.457	3.500	4.929
材料	干混普通砌筑砂浆 DM M5.0	m^3	363.89	2.835	—	—	—
	碎石粒径：40	m^3	90.32	11.120	13.260	—	—
	水	m^3	5.94	1.639	—	—	—
	预拌混凝土	m^3	335.25	—	—	10.100	—
	中粗砂	m^3	127.75	—	—	—	12.640
	其他材料费	元	1.00	40.910	23.950	51.120	32.300
机械	电动夯实机 夯实能量：250N·m	台班	21.83	0.233	1.120	—	0.717
	干混砂浆罐式搅拌机公称储量：2000L	台班	284.17	0.103	—	—	—

表7-15 排水工程相应定额及单位估价表（二）

工作内容：清底、挂线、调制砂浆、砌砖石、捣固、养生、材料运输、清理场地等。 计量单位：10m³

定额编号				3-9-16	3-9-17	3-9-18	3-9-20
				砂基础	砂石基础		混凝土平基
					天然级配	人工级配	
基价/元				2292.25	2215.94	2277.15	4800.21
其中	人工费/元			637.62	818.72	847.70	1246.38
	其中：定额人工费/元			531.35	682.27	706.41	1038.65
	其中：规费/元			106.27	136.45	141.29	207.73
	材料费/元			1638.98	1376.87	1409.10	3553.83
	机械费/元			15.65	20.35	20.35	—
	名称	单位	单价/元	数量			
人工	综合工日05	工日	129.36	4.929	6.329	6.553	9.635
材料	中粗砂	m³	127.75	12.640	—	4.835	—
	砂砾石	m³	109.44	—	12.240	—	—
	水	m³	5.94	—	2.857	2.857	1.640
	电	kW·h	0.47				7.642
	预拌混凝土C15	m³	345.00	—	—	—	10.100
	塑料薄膜	m²	0.12	—	—	—	29.026
	其他材料费	元	1.00	24.220	20.350	20.820	52.520
机械	电动夯实机 夯实能量：250N·m	台班	21.83	0.717	0.932	0.932	—

表7-16 排水工程相应定额及单位估价表（三）

工作内容：清底、浇筑、捣固、抹平、养生、预制构件安装。 计量单位：10m³

定额编号				3-9-24	3-9-25	3-9-26	3-9-27
项目名称				混凝土枕基			混凝土管基
				预制	安装	现浇	现浇
基价/元				8659.12	6989.80	6185.24	5542.58
其中	人工费/元			5063.41	3483.79	2589.53	1946.87
	其中：定额人工费/元			4219.51	2903.16	2157.94	1622.39
	其中：规费/元			843.90	580.63	431.59	324.48
	材料费/元			3595.71	3506.01	3595.71	3595.71
	机械费/元			—	—	—	—
	名称	单位	单价/元	数量			
人工	综合工日05	工日	129.36	39.142	26.931	20.018	15.050
材料	预拌混凝土 C15	m³	345.00	10.100	—	10.100	10.100
	预制混凝土枕基C15	m³	342.00	—	10.100	—	—
	电	kW·h	0.47	7.642	—	7.642	7.642
	水	m³	5.94	7.050	—	7.050	7.050
	塑料薄膜	m²	0.12	105.006	—	105.006	105.006
	其他材料费	元	1.00	53.140	51.810	53.140	53.140

表7-17　排水工程相应定额及单位估价表（四）

工作内容：排管、下管、调直、找平、槽上搬运。　　计量单位：100m

定额编号				3-9-40	3-9-41	3-9-42	3-9-43
项目名称				平接（企口）式混凝土管道铺设			
				人工下管		人机配合下管	
				管径（mm以内）			
				600	700	600	700
基价/元				3613.71	4205.32	2580.27	3044.47
其中	人工费/元			3612.66	4204.17	1985.02	2372.35
	其中：定额人工费/元			3010.55	3503.47	1654.18	1976.96
	其中：规费/元			602.11	700.70	330.84	395.39
	材料费/元			1.04	1.15	1.26	1.37
	机械费/元			—	—	593.99	670.75
名称		单位	单价/元	数量			
人工	综合工日12	工日	154.44	23.392	27.222	12.853	15.361
材料	钢筋混凝土管	m	—	（101.000）	（101.000）	（101.000）	（101.000）
	其他材料费	元	1.00	1.038	1.148	1.258	1.368
机械	汽车式起重机：8t	台班	834.26	—	—	0.712	0.804

表7-18　排水工程相应定额及单位估价表（五）

工作内容：清理管口、调制砂浆、填缝、抹带、压实、养生。　　计量单位：10个口

定额编号				3-9-755	3-9-756	3-9-757	3-9-758
项目名称				水泥砂浆接口			
				管径（mm以内）			
				400	450	500	600
基价/元				110.31	118.21	120.35	134.05
其中	人工费/元			100.39	105.95	105.48	113.51
	其中：定额人工费/元			83.66	88.29	87.90	94.59
	其中：规费/元			16.73	17.66	17.58	18.92
	材料费/元			9.64	11.98	14.30	19.97
	机械费/元			0.28	0.28	0.57	0.57
名称		单位	单价/元	数量			
人工	综合工日12	工日	154.44	0.650	0.686	0.683	0.735
材料	预拌水泥砂浆1∶2	m^3	326.27	0.029	0.036	0.043	0.060
	水	m^3	5.94	0.007	0.009	0.010	0.015
	其他材料费	元	1.00	0.140	0.180	0.210	0.300
机械	干混砂浆罐式搅拌机 公称储量：2000L	台班	284.17	0.001	0.001	0.002	0.002

表 7-19　排水工程相应定额及单位估价表（六）

工作内容：调制砂浆、砌堵、抹灰、注水、排水、拆堵、清理现场等。　　计量单位：100m

定额编号				3-9-967	3-9-968	3-9-969	3-9-970
项目名称				管道闭水试验			
				管径（mm 以内）			
				400	600	800	1000
基价/元				447.38	794.92	1185.96	1709.79
其中	人工费/元			270.73	445.56	632.43	891.74
	其中：定额人工费/元			225.61	371.30	527.03	743.11
	其中：规费/元			45.12	74.26	105.40	148.63
	材料费/元			176.08	348.51	552.11	815.78
	机械费/元			0.57	0.85	1.42	2.27
名称		单位	单价/元	数量			
人工	综合工日 12	工日	154.44	1.753	2.885	4.095	5.774
材料	标准砖	千块	383.04	0.073	0.165	0.290	0.456
	干混普通砌筑砂浆 M7.5	m^3	369.36	0.036	0.070	0.124	0.194
	干混普通抹灰砂浆 M20	m^3	402.19	0.006	0.014	0.023	0.037
	镀锌铁丝 ϕ3.5	kg	4.65	0.680	0.680	0.680	0.680
	橡胶管（综合）	m	27.06	1.500	1.500	1.500	1.500
	水	m^3	5.94	14.290	34.160	55.736	83.247
	焊接钢管 *DN*40	m	11.13	0.030	0.030	0.030	0.030
	其他材料费	元	1.00	3.450	6.830	10.830	16.000
机械	干混砂浆罐式搅拌机公称储量：2000L	台班	284.17	0.002	0.003	0.005	0.008

（4）材料价格查询。

针对本例组价需要，经查询云南省市政工程企口式混凝土污水管价格：

企口式混凝土污水管（*DN*500）150 元/m；企口式混凝土污水管（*DN*600）180 元/m。

（5）材料费重新计算。

查表 7-17 可以看出，由于表中存在未计价材料，因而材料费单价为不完全单价，须加入未计价材料后重新计算，计算结果见表 7-20 所示。

表 7-20　材料费重新计算结果表

序号	定额编号	定额名称	材料费单价	计算式
1	3-9-42	企口式混凝土管道铺设人机配合下管（管径 500mm）	15151.26（元/100m）	1.26+150×101.000=15151.26（元/100m）
2	3-9-42	企口式混凝土管道铺设人机配合下管（管径 600mm）	18181.26（元/100m）	1.26+180×101.000=18181.26（元/100m）

（6）综合单价计算。

将前述几个步骤计算得到的数据代入云南省规定的综合单价分析表，结果见表 7-21，表中综合单价组成明细的数量为相对量，计算如下。

$$数量=定额量/计量单位扩大倍数\div清单量 \tag{7-2}$$

表 7-21　综合单价分析表

序号	项目编码	项目名称	计量单位	清单综合单价组成明细														综合单价/元
				定额编号	定额名称	定额单位	数量	单价/元				合价/元						
								人工费		材料费	机械费	人工费		材料费	机械费	管理费	利润	
								定额人工费	规费			定额人工费	规费					
1	040501001001	混凝土管道铺设（DN500）	m	3-9-4	干铺碎石垫层	$10m^3$	0.0074	803.86	160.78	1221.59	24.45	5.95	1.19	9.04	0.18	1.22	0.65	275.22
				3-9-27	混凝土管基	$10m^3$	0.0099	1622.39	324.48	3595.71	0.00	12.86	2.57	35.18	0.00	2.63	1.41	
				3-9-42	混凝土管道铺设人机配合下管（管径600mm以内）	100m	0.0099	1654.18	330.84	15151.26	593.99	16.38	3.28	150.00	5.85	3.35	1.79	
				3-9-757	水泥砂浆接口（管径500mm以内）	10个口	0.0486	87.90	17.58	14.3	0.57	4.27	0.85	0.69	0.03	0.87	0.47	
				3-9-968	管道闭水试验（600mm以内）	100m	0.0100	371.30	74.26	348.51	0.85	3.71	0.74	3.49	0.01	0.76	0.41	
				合计								46.53	9.31	198.54	6.07	9.62	5.15	

注：管理费、利润按通用安装工程取值，管理费费率取20.46%，利润率取10.96%。

续表

序号	项目编码	项目名称	计量单位	清单综合单价组成明细														综合单价/元
				定额编号	定额名称	定额单位	数量	单价/元				合价/元						
								人工费		材料费	机械费	人工费		材料费	机械费	管理费	利润	
								定额人工费	规费			定额人工费	规费					
2	040501001002	混凝土管道铺设（*DN*600）	m	3-9-4	干铺碎石垫层	$10m^3$	0.0089	803.86	160.78	1221.59	24.45	7.23	1.45	10.99	0.22	1.48	0.79	325.78
				3-9-27	混凝土管基	$10m^3$	0.0136	1622.39	324.48	3595.71	0	22.06	4.41	48.90	0.00	4.51	2.42	
				3-9-42	混凝土管道铺设人机配合下管（管径600mm以内）	100m	0.0099	1654.18	330.84	18181.26	593.99	16.32	3.26	179.43	5.86	3.44	1.84	
				3-9-758	水泥砂浆接口（管径600mm以内）	10个口	0.0488	94.59	18.92	19.97	0.57	4.61	0.92	0.97	0.03	0.94	0.51	
				3-9-968	管道闭水试验（600mm以内）	100m	0.0100	371.30	74.26	348.51	0.85	3.71	0.74	3.49	0.01	0.76	0.41	
				合计								53.95	10.79	243.78	6.12	11.14	5.97	

注：管理费、利润按通用安装工程取值，管理费费率取20.46%，利润率取10.96%。

例7-2讲解

【例7-2】某市政给水管为*DN*300的球墨铸铁管（每节长4m），总长度为80m，管道基础为砂垫层（厚100mm，工程量为10.08m^3），管道采用承插推入式橡胶圈连接，设计要求对管道进行水压试验及冲洗消毒。试编制管道铺设的分部分项工程量清单及综合单价。

【解】

（1）分部分项工程量清单编制（表7-22）。

表7-22 分部分项工程量清单

序号	项目编码	项目名称	项目特征	计量单位	工程数量
1	040501003001	铸铁管管道铺设	1. 垫层基础材质及厚度：砂垫层，厚100mm 2. 管道材质及规格：球墨铸铁管*DN*300 3. 接口方式：承插推入式橡胶圈接口 4. 埋设深度：2m以内 5. 管道检验及试验要求：管道水压试验，管道冲洗消毒	m	80

（2）定额工程量计算。

① 砂垫层基础：10.08m^3。

② 管道铺设：80m。

③ 管道水压试验：80m。

④ 管道消毒冲洗：80m。

（3）定额套用。

某地《市政工程计价标准》中相关的给水项目定额和单位估价表见表7-23～表7-25。

表7-23 给水工程相应定额和单位估价表（一）

工作内容：检查和清理管材、切管、管道安装、上胶圈。　　计量单位：10m

定额编号				3-9-266	3-9-267	3-9-268	3-9-269
项目名称				球墨铸铁管安装（橡胶圈接口）			
				公称直径（mm以内）			
				150	200	300	400
基价/元				127.01	192.79	251.35	348.19
其中	人工费/元			124.48	188.26	182.39	261.31
	其中：定额人工费/元			103.73	156.89	151.99	217.04
	其中：规费/元			20.75	31.37	30.40	43.55
	材料费/元			2.53	4.53	5.05	7.96
	机械费/元			0.00	0.00	63.91	78.92
名称		单位	单价/元	数量			
人工	综合工日12	工日	154.44	0.806	1.219	1.181	1.692
材料	球墨铸铁管	m	—	（10.000）	（10.000）	（10.000）	（10.000）
	橡胶圈	个	—	（1.720）	（1.720）	（1.720）	（1.720）

续表

名称		单位	单价/元	数量			
材料	润滑油	kg	15.50	0.088	0.158	0.133	0.151
	氧气	m^3	8.58	0.085	0.151	0.220	0.414
	乙炔	m^3	15.83	0.025	0.045	0.065	0.123
	其他材料费	元	1.00	0.040	0.070	0.070	0.120
机械	汽车式起重机，工作质量 8t	台班	834.26	0.00	0.00	0.053	0.071
	载重汽车，工作质量 8t	台班	546.82	0.00	0.00	0.036	0.036

表 7-24 给水工程相应定额和单位估价表（二）

工作内容：制堵盲板，安拆打压设备、灌水加压，清理现场。 计量单位：100m

定额编号				3-9-982	3-9-983	3-9-984	3-9-985
项目名称				管道试压（液压试验）			
				公称直径（mm 以内）			
				100	200	300	400
基价/元				309.56	481.36	587.31	780.98
其中	人工费/元			264.25	408.03	482.32	621.00
	其中：定额人工费/元			220.21	340.03	401.93	517.50
	其中：规费/元			44.04	68.00	80.39	103.50
	材料费/元			38.62	64.97	96.60	149.93
	机械费/元			6.69	8.36	8.39	10.05
名称		单位	单价/元	数量			
人工	综合工日 12	工日	154.44	1.711	2.642	3.123	4.021
材料	热轧钢板，δ4.5～10	kg	3.99	0.817	2.460	3.873	4.737
	石棉橡胶板，δ1～6	kg	8.21	0.600	0.900	0.900	2.100
	六角螺栓（综合）	kg	8.03	0.150	0.240	0.380	0.670
	低碳钢焊条（综合）	kg	4.92	0.300	0.300	0.300	0.300
	氧气	m^3	8.58	0.264	0.385	0.385	0.517
	乙炔	m^3	15.83	0.079	0.114	0.114	0.154
	镀锌钢管 *DN*50	m	15.96	1.020	1.020	1.020	1.020
	法兰阀门 *DN*50	个	293.73	0.007	0.007	0.007	0.007
	碳钢平焊法兰 *DN*50	片	33.39	0.013	0.013	0.013	0.013
	水	m^3	5.94	0.823	3.286	7.400	13.162
	其他材料费	元	1.00	0.570	0.960	1.430	2.220
机械	台式钻床钻孔直径：25mm	台班	4.04	0.018	0.027	0.035	0.044
	试压泵压力：25kPa	台班	18.33	0.088	0.177	0.177	0.265
	直流弧焊机功率：20kW	台班	54.64	0.088	0.088	0.088	0.088
	电焊条烘干箱：60cm×50cm×75cm	台班	22.58	0.009	0.009	0.009	0.009

表 7-25　给水工程相应定额和单位估价表（三）

工作内容：溶解漂白粉、灌水消毒、冲洗。　　计量单位：100m

定额编号				3-9-1022	3-9-1023	3-9-1024	3-9-1025	3-9-1026
项目名称				管道消毒冲洗				
				公称直径（mm 以内）				
				100	200	300	400	500
基价/元				250.35	397.50	563.05	791.65	1072.67
其中	人工费/元			204.17	270.27	319.85	357.37	400.93
	其中：定额人工费/元			170.14	225.23	266.54	297.81	334.11
	其中：规费/元			34.03	45.04	53.31	59.56	66.82
	材料费/元			46.18	127.23	243.20	434.28	671.74
	机械费/元			—	—	—	—	—
名称		单位	单价/元	数量				
人工	综合工日 12	工日	154.44	1.322	1.750	2.071	2.314	2.596
材料	水	m^3	5.94	7.619	20.952	40.000	71.429	110.476
	漂白粉	kg	1.74	0.140	0.530	1.190	2.110	3.300
	其他材料费	元	1.00	0.680	1.880	3.590	6.420	9.930

（4）未计价材料价格查询。

经查询，当地市政工程相应材料的价格如下：

球墨铸铁管 200 元/m，橡胶圈 15.28 元/套。

（5）材料费重新计算。

查表 7-23 可以看出，由于表中存在未计价材料，因而材料费单价为不完全单价，须加入未计价材料后重新计算，结果见表 7-26。

表 7-26　材料费重新计算结果表

序号	定额编号	定额名称	材料费单价	计算式
2	3-9-268	球墨铸铁管安装（橡胶圈接口）*DN*300	2031.33（元/10m）	5.05+200×10.000+15.28×1.720≈2031.33（元/10m）

（6）综合单价计算。

将前述几个步骤计算得到的数据汇总，得某地规定的综合单价分析表，结果见表 7-27。

表 7-27　综合单价分析表

序号	项目编码	项目名称	计量单位	清单综合单价组成明细														综合单价/元
				定额编号	定额名称	定额单位	数量	单价/元				合价/元						
								人工费		材料费	机械费	人工费		材料费	机械费	管理费	利润	
								定额人工费	规费			定额人工费	规费					
1	040501003001	铸铁管管道铺设	m	3-9-10	砂垫层	$10m^3$	0.0013	531.35	106.27	1647.06	15.64	0.67	0.13	2.08	0.02	0.14	0.07	246.89
				3-9-268	球墨铸铁管安装（橡胶圈接口）DN300	10m	0.1000	151.99	30.40	2031.33	63.91	15.20	3.04	203.13	6.39	3.21	1.72	
				3-9-984	管道试压（液压试验）DN300	100m	0.0100	401.93	80.39	96.60	8.39	4.02	0.80	0.97	0.08	0.82	0.44	
				3-9-1024	管道消毒冲洗DN300	100m	0.0100	266.54	53.31	243.20	0.00	2.67	0.53	2.43	0.00	0.55	0.29	
				合计								22.55	4.51	208.61	6.49	4.72	2.53	

注：管理费、利润按通用安装工程取值，管理费费率取 20.46%，利润率取 10.96%。

【例 7-3】 在市政管网工程中，常见到各种渠道，其中包括砌筑渠道和混凝土渠道。试计算如图 7.45 所示砌筑渠道的相应工程量（渠道总长 100m）。

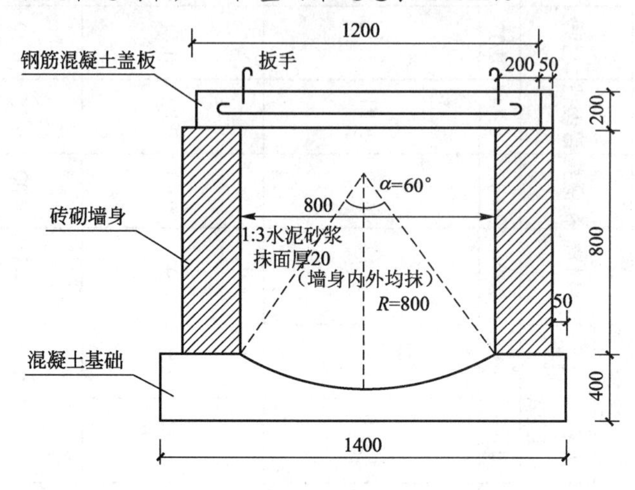

图 7.45 砌筑渠道剖面图

【解】

（1）清单工程量。

查表 7-7 知，该项目为砌筑渠道（040501018），清单工程量按设计图示尺寸以延长米计算为 100m。

（2）定额工程量。

砌筑按实体体积计算，井、渠垫层、基础按实体体积计算，各类混凝土盖板的制作按实体体积计算。

① 混凝土基础：$\left[1.4\times0.4-\left(\frac{1}{6}\pi0.8^2-\frac{\sqrt{3}}{4}\times0.8^2\right)\right]\times100\approx50.2$（$m^3$）

② 墙身砌筑：$100\times0.8\times0.25\times2=40$（$m^3$）

③ 盖板预制：$100\times1.2\times0.2=24$（m^3）

④ 抹面：$100\times0.8\times4=320$（m^2）

【例 7-4】 某市政排水工程主干道如图 7.46 所示，长度为 610m，采用 ϕ600 混凝土管，135° 混凝土基础，在主干管上设置雨水检查井 8 座，规格为 ϕ1500，单室雨水井 20 座，雨水口接入管为 ϕ225 UPVC 加筋管，共 8 道，每道 8m，求相应工程量。

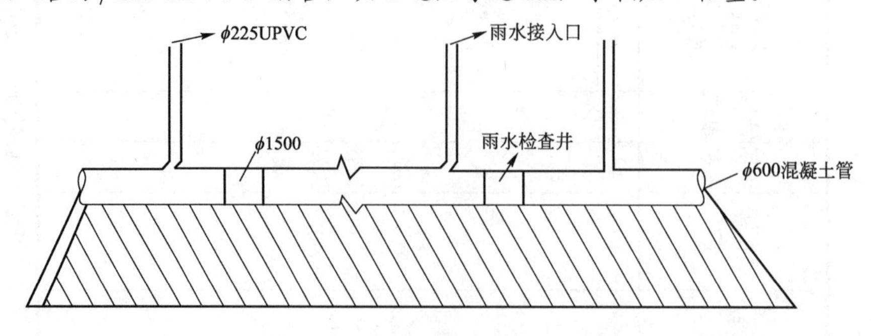

图 7.46 某市政排水工程主干道

【解】

（1）清单工程量。

按设计图示管道中心线长度以延长米计算。不扣除附属构筑物、管件及阀门等所占长度。

① ϕ600 混凝土管铺设：610m。

② ϕ225UPVC 加筋管铺设：8 × 8=64（m）。

③ ϕ1500 雨水检查井：8 座；单室雨水井：20 座。

（2）定额工程量。

各种角度的混凝土基础、垫层、混凝土管、缸瓦管、陶土管、UPVC 管、双壁波纹管、中空壁缠绕结构管、玻璃钢夹砂管铺设。按图示井中至井中的中心线扣除检查井长度，以延长米计算工程量。

① ϕ600 混凝土管道基础及铺设：（610−1.5 × 8）=598（m）。

② ϕ225UPVC 加筋管铺设：8 × 8 =64（m）。

③ ϕ1500 雨水检查井：8 座；单室雨水井：20 座。

④ 闭水试验：610m。

【例 7-5】某市政污水管道工程（图 7.47），采用 *DN*1000 钢筋混凝土管（C30），管下铺垫 180° 混凝土基础（表 7-28），接口为钢丝网水泥砂浆抹带平接口，人机配合下管。沟槽挖土采用 1m^3 液压单斗挖掘机挖土方［三类土，干土，深 3m 以内，坑内挖土、不装车、挖、填土方场内调运 40m（75kW 推土机推土）］，缺方运土采用 1m^3 液压单斗挖掘机挖装土、8t 自卸汽车、运距 5km、不考虑土源费。填方密实度为 93%，压路机填土碾压。每座圆形污水检查井直径 1.0m、体积暂定 3.2m^3，井底 C10 混凝土基础，直径 1.60m、厚 20cm，模板按组合木模。试计算工程量并编制该段市政污水管道工程的分部分项工程量清单并计价。

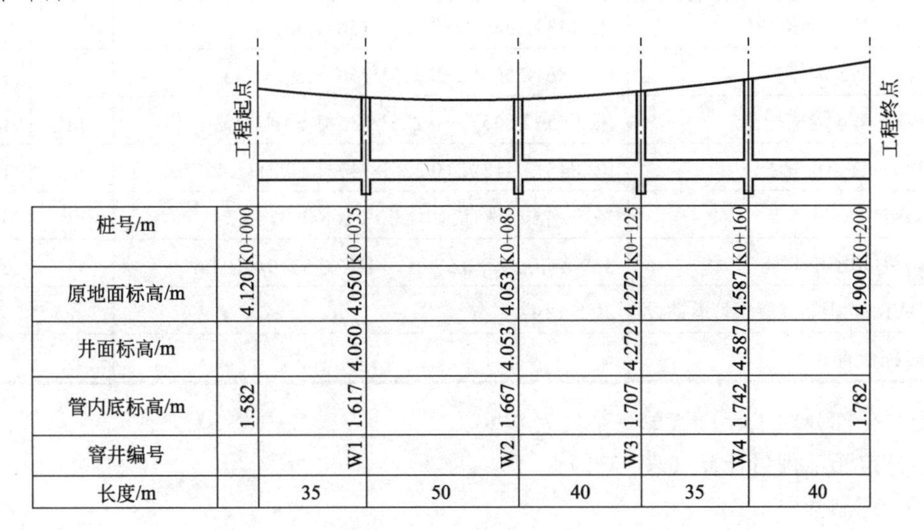

图 7.47　某市政污水管道工程

表 7-28　180° 混凝土基础

管径/mm	管壁厚 t/mm	管肩宽 a/mm	管基宽 B/mm	管基厚		基础混凝土用量 /（m^3/m）
				C1	C2	
1000	75	150	1450	150	575	0.5319

【解】（1）清单工程量计算（表 7-29）。

表 7-29　清单工程量计算表

序号	项目名称	计算公式	计量单位	工程数量
1	沟槽挖土方	∑= 井位处挖方+管位处挖方=①+…+⑥	m^3	816.60
	各节点处原地面标高-管内底面标高	起点：4.120−1.582=2.538（m）		
		W1 处：4.050 −1.617=2.433（m）		
		W2 处：4.053 −1.667=2.386（m）		
		W3 处：4.272−1.707=2.565（m）		
		W4 处：4.587−1.742=2.845（m）		
		终点：4.900−1.782=3.118（m）		
		上述井位处平均挖深 2.557m		
		井位处挖方加深 0.075+0.20=0.275（m）		
		管道处挖方加深 0.075+0.15=0.225（m）		
①	井位处挖方	0.8×0.8×3.1416×(2.557+0.275)×4	m^3	22.78
②	起点～W1 沟槽挖方	[(2.538+2.433)/2+0.225]×(35−1.60/2)×1.45	m^3	134.41
③	W1～W2 沟槽挖方	[(2.433+2.386)/2+0.225]×(50−1.60)×1.45	m^3	184.89
④	W2～W3 沟槽挖方	[(2.386+2.565)/2+0.225]×(40−1.60)×1.45	m^3	150.36
⑤	W3～W4 沟槽挖方	[(2.565+2.845)/2+0.225]×(35−1.60)×1.45	m^3	141.90
⑥	W4～终点沟槽挖方	[(2.845+3.118)/2+0.225]×(40−1.60/2)×1.45	m^3	182.26
2	填方	填方=挖方-构筑物体积=816.60-316.87	m^3	499.73
	构筑物所占体积	3.2×4+(0.575×0.575×3.1416+0.5319)×193.6	m^3	316.87
3	*DN*1000 钢筋混凝土管道铺设	200−1×4	m	200
4	砖砌检查井	4	座	4

（2）分部分项工程量清单编制（表 7-30）。

（3）定额工程量计算（表 7-31）。

（4）定额套用。

① 土方工程。

某地《市政工程计价标准》，相关的土方工程相应项目的定额和单位估价表见表 7-32～表 7-36。

表7-30 分部分项工程量清单

工程名称：市政污水管道工程　　　　　　　　　　　　第 页，共 页

序号	项目编码	项目名称	项目特征	计量单位	工程数量
一、土石方工程					
1	040101002001	挖沟槽土方	1. 土壤类别：三类土，干土 2. 挖土深度：3m以内 3. 开挖方式：机械开挖 4. 弃土方式、运距：推土机推40m	m^3	816.60
2	040103001001	回填方	1. 密实度要求：93% 2. 填方材料品种：原土 3. 填方来源、运距：5km处挖运、压路机碾压	m^3	499.73
二、管网工程					
3	040501001001	混凝土管道铺设	1. 垫层厚度、基础材质及厚度：混凝土基础 2. 管道材质：钢筋混凝土 3. 管道规格：*DN*1000 4. 接口方式：钢丝网水泥砂浆抹带平接口 5. 铺设方式：人机配合下管 6. 混凝土强度等级：C30 7. 管道检验及试验要求：闭水试验	m	196.00
4	040504001001	砌筑井	1. 垫层、基础材质及厚度：混凝土基础，厚20cm 2. 砌筑材料品种、规格、强度等级： 3. 勾缝、抹灰要求： 4. 砂浆强度等级、配合比： 5. 混凝土强度等级：C10 6. 井盖、井圈材质及规格：铸铁	座	4

表7-31 定额工程量计算表

序号	项目名称	计算公式	计量单位	工程数量
1	沟槽挖方总量	沟槽宽度1.45+0.6×2=2.65（m）		2889.81
	其中：起点～W1沟槽挖方	2.711×(35−1.6)×(2.65+2.711×0.67)	m^3	404.42
	W1～W2沟槽挖方	2.635×(50−1.6)×(2.65+2.635×0.67)	m^3	563.12
	W2～W3沟槽挖方	2.701×(40−1.6)×(2.65+2.701×0.67)	m^3	462.55
	W3～W4沟槽挖方	2.930×(35−1.6)×(2.65+2.930×0.67)	m^3	451.45
	W4～终点沟槽挖方	3.207×(40−1.6)×(2.65+3.207×0.67)	m^3	590.95
	井位处挖方	$3.14×2.832×[(0.8+0.15)^2+(0.8+0.15+0.67×2.832)^2+(0.8+0.15)×(0.8+0.15+0.67×2.832)]×4$	m^3	417.32

续表

序号	项目名称	计算公式	计量单位	工程数量
2	沟槽土方回填	2889.81−316.87	m^3	2572.94
3	缺方内运	2636.17×1.15−2889.81	m^3	69.07
4	混凝土基础	200−0.7×4	m	197.20
5	基础模板	(0.15+0.575)×2×(200−0.7×4)	m^2	285.94
6	*DN*1000 钢筋混凝土管道	200−0.7×4	m^3	197.20
7	钢丝网水泥砂浆接口	34.5/2−1+49/2−1+39/2−1+34/2−1+39.5/2−1=17+24+19+16+19	个	95
8	管道闭水	200	m	200
9	污水检查井	4	座	4
10	基础模板	2×3.1416×0.8×0.20×4	m^2	4.02
11	砌井井字架	4	座	4

表 7-32 土方工程相应项目的定额和单位估价表（一）

工作内容：挖土，弃土于 5km 以内或装车，修整底边、边坡等。 计量单位：100m³

定额编号				3-1-1	3-1-2	3-1-4	3-1-5
项目名称				人工挖一般土方		人工挖沟槽、基坑土方	
				基深（m 以内）			
				2	4	2	4
基价/元				2356.65	3255.90	3755.41	4356.27
其中	人工费/元			2356.65	3255.90	3755.41	4356.27
	其中：定额人工费/元			1963.87	2713.25	3129.51	3630.22
	其中：规费/元			392.78	542.65	625.90	726.05
	材料费/元			—	—	—	—
	机械费/元			—	—	—	—
名称		单位	单价/元	数量			
人工	综合工日 01	工日	106.80	22.066	30.486	35.163	40.789

表 7-33 土方工程相应项目的定额和单位估价表（二）

工作内容：1. 推运土方：推土、弃土、平整、空回，修理边坡。

2. 铲运土方：铲土、运土、卸土、空回，推土机配合助铲、整平、修理边坡。

计量单位：100m³

定额编号				3-1-35	3-1-26	3-1-27	3-1-38
项目名称				推土机推运土方		铲运机铲运土方	
				运距/m			
				≤20	≤100，每增运 20	≤300	≤500，每增运 100
基价/元				264.85	124.63	448.92	57.16
其中	人工费/元			21.36	—	21.36	—
	其中：定额人工费/元			17.80	—	17.80	—
	其中：规费/元			3.56	—	3.56	—
	材料费/元			—	—	2.97	—
	机械费/元			243.49	124.63	424.59	57.16
名称		计量单位	单价/元	数量			
人工	综合工日 01	工日	106.80	0.200	—	0.200	—
料料	水	m³	5.94	—	—	0.500	—
机械	推土机（综合）	台班	1153.98	0.211	0.108	—	—
	自行式铲运机：10 m³	台班	1360.99	—	—	0.283	0.042
	履带式推土机：75kW	台班	998.01	—	—	0.028	—
	洒水车：4000L	台班	522.19	—	—	0.022	—

表 7-34 土方工程相应项目的定额和单位估价表（三）

工作内容：挖土、弃土于 5km 内或装车、人工配合清底修边。

计量单位：100m³

定额编号		3-1-29	3-1-30	3-1-31	3-1-32
项目名称		履带式单斗液压挖掘机挖土方			
		不装车	装车	沟槽、基坑土方	
				不装车	装车
基价/元		297.58	366.63	305.52	366.37
其中	人工费/元	21.36	21.36	26.63	26.63
	其中：定额人工费/元	17.80	17.80	21.36	21.36
	其中：规费/元	3.56	3.56	4.27	4.27
	材料费/元	—	—	—	—
	机械费/元	276.22	345.27	279.89	340.74

续表

名称		计量单位	单价/元	数量			
人工	综合工日 01	工日	106.08	0.200	0.200	0.240	0.240
机械	履带式推土机：75kW	台班	998.01	0.020	0.025	0.023	0.028
	履带式单斗液压挖掘机（一）	台班	1117.13	0.200	0.250	—	—
	履带式单斗液压挖掘机（二）	台班	1281.29	—	—	0.230	0.280

表 7-35　土方工程相应项目的定额和单位估价表节录（四）

工作内容：装土、运土、卸土。　　计量单位：100m³

定额编号				3-1-63	3-1-64	3-1-67	3-1-68
项目名称				机械装土		自卸汽车运土	
				装载机装车	挖掘机装车	运距/km	
						1 以内	每增运 1
基价/元				211.88	244.52	606.64	135.16
其中	人工费/元			54.47	40.90	—	—
	其中：定额人工费/元			45.39	34.09	—	—
	其中：规费/元			9.08	6.81	—	—
	材料费/元			—	—	7.13	—
	机械费/元			157.41	203.52	599.51	135.61
名称		计量单位	单价/元	数量			
人工	综合工日 01	工日	106.08	0.510	0.383	—	—
材料	水	m³	5.94	—	—	1.200	—
机械	轮胎式装载机：1m³	台班	715.52	0.220	—	—	—
	履带式推土机：75kW	台班	998.01	—	0.015	—	—
	履带式单斗液压挖掘机：1m³	台班	1257.02	—	0.150	—	—
	自卸汽车（综合一）	台班	824.16	—	—	0.967	0.164
	洒水车：4000L	台班	522.19	—	—	0.048	—

表 7-36　土方工程相应项目的定额和单位估价表（五）

工作内容：1. 机械填土碾压：回填、推平、碾压，工作面内人工排水。

2. 机械填土夯实：5m 内取土、摊铺、碎土、平土、夯土。　　计量单位：100m^3

定额编号				3-1-161	3-1-162	3-1-163	3-1-164
项目名称				机械填土碾压		机械填土夯实	
				拖式双筒羊足碾	压路机	夯实机	
						平地	槽坑
基价/元				357.93	493.62	1407.64	1614.76
其中	人工费/元			21.36	21.36	1257.40	1423.51
	其中：定额人工费/元			17.80	17.80	1056.16	1193.76
	其中：规费/元			3.56	3.56	211.24	238.75
	材料费/元			8.91	8.91	—	—
	机械费/元			32766	463.35	140.24	182.25
名称		计量单位	单价/元	数量			
人工	综合工日 01	工日	106.80	0.200	0.200	11.867	13.413
材料	水	m^3	5.94	1.500	1.500	—	—
机械	履带式拖拉机：75kW	台班	937.24	0.274	—	—	—
	拖式双筒羊足碾：6t	台班	28.95	0.274	—	—	—
	履带式推土机：75kW	台班	998.01	0.028	0.056	—	—
	洒水车：4000L	台班	522.19	0.067	0.067	—	—
	钢轮内燃压路机（综合）	台班	535.46	—	0.351	—	—
	振动压路机（综合）	台班	882.88	—	0.209	—	—
	电动夯实机：250N·m	台班	21.83	—	—	2.751	3.575
	内燃夯实机：700N·m	台班	29.15	—	—	2.751	3.575

② 排水管网工程。

某地市政工程计价标准相关的排水管网工程相应项目的定额和单位估价表见表 7-16、表 7-37～表 7-39。

表7-37 排水管网工程相应项目的定额和单位估价表（七）

工作内容：1. 管道铺设：排管、下管、调直、找平、槽上搬运。

2. 管道接口：清理管口、调配砂浆、填缝、抹带、压实、养护。

<table>
<tr><td colspan="4">定额编号</td><td>3-9-46</td><td>3-9-47</td><td>3-9-780</td><td>3-9-781</td></tr>
<tr><td colspan="4" rowspan="5">项目名称</td><td colspan="2">平接式混凝土管道铺设</td><td colspan="2">钢丝网水泥砂浆抹带接口</td></tr>
<tr><td colspan="2">人机配合下管</td><td colspan="2">180° 混凝土基础</td></tr>
<tr><td colspan="2">100m</td><td colspan="2">10 个</td></tr>
<tr><td colspan="4">管径（mm 以内）</td></tr>
<tr><td>1000</td><td>1100</td><td>1000</td><td>1100</td></tr>
<tr><td colspan="4">基价/元</td><td>5652.94</td><td>5285.51</td><td>727.51</td><td>840.95</td></tr>
<tr><td rowspan="5">其中</td><td colspan="3">人工费/元</td><td>4289.73</td><td>3621.62</td><td>632.59</td><td>697.14</td></tr>
<tr><td colspan="3">其中：定额人工费/元</td><td>3574.77</td><td>3018.02</td><td>527.16</td><td>580.95</td></tr>
<tr><td colspan="3">其中：规费/元</td><td>714.96</td><td>603.60</td><td>105.43</td><td>116.19</td></tr>
<tr><td colspan="3">材料费/元</td><td>1.70</td><td>1.81</td><td>93.50</td><td>141.25</td></tr>
<tr><td colspan="3">机械费/元</td><td>1361.51</td><td>1662.08</td><td>1.42</td><td>2.56</td></tr>
<tr><td colspan="2">名　称</td><td>计量单位</td><td>单价/元</td><td colspan="4">数量</td></tr>
<tr><td>人工</td><td>综合工日 12</td><td>工日</td><td>154.44</td><td>27.776</td><td>23.450</td><td>4.096</td><td>4.514</td></tr>
<tr><td rowspan="7">材料</td><td>钢筋混凝土管</td><td>m</td><td>—</td><td>（101.000）</td><td>（101.000）</td><td>—</td><td>—</td></tr>
<tr><td>预拌水泥砂浆 1∶3</td><td>m^3</td><td>287.51</td><td>—</td><td>—</td><td>0.043</td><td>0.053</td></tr>
<tr><td>预拌水泥砂浆 1∶2.5</td><td>m^3</td><td>299.93</td><td>—</td><td>—</td><td>0.101</td><td>0.195</td></tr>
<tr><td>塑料薄膜</td><td>m^2</td><td>0.12</td><td>—</td><td>—</td><td>12.245</td><td>13.619</td></tr>
<tr><td>钢丝网 0.3</td><td>m^2</td><td>10.94</td><td>—</td><td>—</td><td>4.219</td><td>5.591</td></tr>
<tr><td>水</td><td>m^3</td><td>5.94</td><td>—</td><td>—</td><td>0.309</td><td>0.442</td></tr>
<tr><td>其他材料费</td><td>元</td><td>1.00</td><td>1.698</td><td>1.808</td><td>1.380</td><td>2.090</td></tr>
<tr><td rowspan="3">机械</td><td>汽车式起重机，工作质量 8t</td><td>台班</td><td>834.26</td><td>1.632</td><td>—</td><td>—</td><td>—</td></tr>
<tr><td>汽车式起重机，工作质量 12t</td><td>台班</td><td>929.24</td><td>—</td><td>1.695</td><td>—</td><td>—</td></tr>
<tr><td>干混砂浆罐式搅拌机：20000L</td><td>台班</td><td>284.17</td><td>—</td><td>—</td><td>0.005</td><td>0.009</td></tr>
</table>

表 7-38　排水管网工程相应定额和单位估价表（八）

工作内容：调制砂浆、砌堵、抹灰、注水、排水、拆堵、清理现场。　　　　计量单位：100m

定额编号				3-9-970	3-9-97	3-9-97	3-9-97
项目名称				管道闭水试验			
				管径（mm 以内）			
				1000	1200	1350	1500
基价/元				1709.79	2342.38	2918.04	3511.05
其中	人工费/元			891.74	1170.96	1425.64	1708.11
	其中：定额人工费/元			743.11	975.80	1188.03	1423.42
	其中：规费/元			148.63	195.16	237.61	284.69
	材料费/元			815.78	1168.01	1487.57	1796.97
	机械费/元			2.27	3.41	4.83	5.97
名称		计量单位	单价/元	数量			
人工	综合工日 12	工日	154.44	5.774	7.582	9.231	11.060
材料	标准砖：240×115×53	千块	383.04	0.456	0.657	0.832	1.027
	橡胶管（综合）	m	27.06	1.500	1.500	1.500	1.500
	水	m^3	5.94	83.247	121.991	157.900	190.150
	干混普通抹灰砂浆：DPM20	m^3	402.19	0.037	0.053	0.067	0.083
	干混普通砌筑砂浆：DMM20	m^3	369.36	0.194	0.280	0.354	0.437
	焊接钢管 *DN*40	m	11.13	0.030	0.030	0.030	0.030
	镀锌铁丝 ϕ3.5	kg	4.65	0.680	0.680	0.680	0.680
	其他材料费	元	1.00	16.000	22.900	29.170	35.230
机械	干混砂浆罐式搅拌机：20000L	台班	284.17	0.008	0.012	0.017	0.021

（5）未计价材价格查询。

经查询，云南省市政工程用钢筋混凝土管（管径 *DN*1000）为 1100 元/m。

（6）材料费重新计算。

查表 7-37 中定额项目 3-9-46 可以看出，由于表中存在未计价材料，因而材料费单价为不完全单价，须加入未计价材料后重新计算，结果见表 7-40。

（7）综合单价分析。

将前述几个步骤计算得到的数据汇总后，得云南省规定的综合单价分析表，结果见表 7-41。

表7-39　排水管网工程相应定额和单位估价表（九）

工作内容：1. 砌筑：清理现场、配料砌筑。
　　　　　2. 安装、固定。

定额编号				3-9-2092	3-9-2093	3-9-2113	3-9-2114
项目名称				砖砌检查井		检查井井盖、座	
				圆形	矩形	铸铁	混凝土
				10m^3		10 套	
基价/元				6159.64	5430.98	3658.84	3136.83
其中	人工费/元			2808.41	2371.95	699.30	632.48
	其中：定额人工费/元			2340.34	1976.63	582.75	527.06
	其中：规费/元			468.07	395.32	116.55	105.42
	材料费/元			3207.25	2956.75	2956.13	2501.22
	机械费/元			143.98	102.28	3.41	3.13
名称		计量单位	单价/元	数量			
人工	综合工日 06	工日	135.00	20.803	17.570	5.180	4.685
材料	标准砖：240×115×53	千块	383.04	5.181	5.449	—	—
	干混普通砌筑砂浆：DMM20	m^3	369.36	3.239	2.286	0.284	0.284
	煤焦油沥青漆 101-17	kg	4.56	3.126	3.126	4.920	—
	水	m^3	5.94	1.823	1.646	0.069	0.069
	铸铁井盖、座：ϕ700 重型	套	282.72	—	—	10.000	—
	混凝土井盖、座	套	237.12	—	—	—	10.100
	其他材料费	元	1.00	1.280	1.180	1.180	1.000
机械	机动翻斗车，工作质量 1t	台班	237.02	0.466	0.332	—	—
	干混砂浆罐式搅拌机：20000L	台班	284.17	0.118	0.083	0.012	0.011

表7-40　材料费重新计算表

序号	定额编号	定额名称	材料费单价	计算式
1	3-9-46	平接式人机配合下钢筋混凝土管（管径 1000mm 以内）	111101.70（元/100m）	1.70+101×1100=111101.70（元/100m）

表 7-41 综合单价分析表

序号	项目编码	项目名称	计量单位	清单综合单价组成明细															综合单价/元
				定额编号	定额名称	定额单位	数量	单价/元				合价/元							
								人工费		材料费	机械费	人工费		材料费	机械费	管理费	利润	风险费	
								定额人工费	规费			定额人工费	规费						
1	040101002001	挖沟槽土方	m^3	3-1-31	液压挖掘机挖沟槽	$100m^3$	0.0354	21.36	4.27	0.00	279.89	0.76	0.63	0.00	9.90	0.40	0.21	0.00	11.90
2	040103001001	回填方	m^3	3-1-30	液压挖掘机挖土方（装车）	$100m^3$	0.0014	17.80	3.56	0.00	345.27	0.02	0.00	0.00	0.48	0.02	0.01	0.00	109.39
				3-1-67	自卸汽车运土（1km以内）	$100m^3$	0.0014	0.00	0.00	7.13	599.51	0.00	0.00	0.01	0.83	0.02	0.01	0.00	
				（3-1-68）×4	自卸汽车运土（增4km）	$100m^3$	0.0014	0.00	0.00	0.00	135.61	0.00	0.00	0.00	0.19	0.00	0.00	0.00	
				3-1-164	机械填土夯实	$100m^3$	0.0515	1193.76	238.75	0.00	182.25	61.46	12.29	0.00	9.38	16.06	8.60	0.00	
				小计								61.49	12.29	0.01	10.88	16.09	8.62	0.00	

续表

序号	项目编码	项目名称	计量单位	清单综合单价组成明细														综合单价/元
				定额编号	定额名称	定额单位	数量	单价/元				合价/元						
								人工费		材料费	机械费	人工费		材料费	机械费	管理费	利润	
								定额人工费	规费			定额人工费	规费					
3	040501001001	混凝土管道铺设	m	3-9-23	混凝土负拱	$10m^3$	0.0532	1298.56	259.71	3553.83	0.00	69.07	13.81	189.03	0.00	14.13	7.57	1502.96
				3-9-46	平接式混凝土管道铺设（人机配合下管）	100m	0.0099	3574.77	714.96	111101.70	1361.50	35.25	7.05	1095.46	13.42	7.43	3.98	
				3-9-780	钢丝网水泥砂浆抹带平接口	10个	0.0475	527.16	105.43	93.50	1.42	25.04	5.01	4.44	0.07	5.12	2.74	
				3-9-970	管道闭水试验	100m	0.0100	743.11	148.63	815.78	2.27	7.43	1.49	8.16	0.02	1.52	0.81	
				合计								136.79	27.36	1297.09	13.51	28.21	15.11	

本章小结

市政管网工程计量与计价，一定要在熟悉了工程全貌、管网工程施工流程的基础上进行。不同的市政管网工程有不同的施工工艺，采用的机械类型也有很大的不同。

管道功能性试验分为压力管道的水压试验和无压管道的严密性试验。

市政管网工程施工图识读包括给（排）水管道平面图识读、管道纵断面图识读和施工大样图识读。

习　题

1. 什么是给水系统？它由哪些部分组成？
2. 市政给水管道工程系统由哪些部分组成？其任务是什么？
3. 给水管道施工图的内容有哪些？
4. 市政排水管道工程的任务是什么？
5. 常见的排水管道有哪些？各有什么优缺点？
6. 检查井的作用是什么？其设置有哪些要求？
7. 雨水口的作用是什么？其设置有哪些要求？
8. 排水管道施工图的内容有哪些？
9. 在某街道新建排水管道工程中，其雨水进水井采用了单平箅（680mm×380mm），井深1.0m，具体尺寸如图7.48、图7.49所示。试计算相应的工程量。

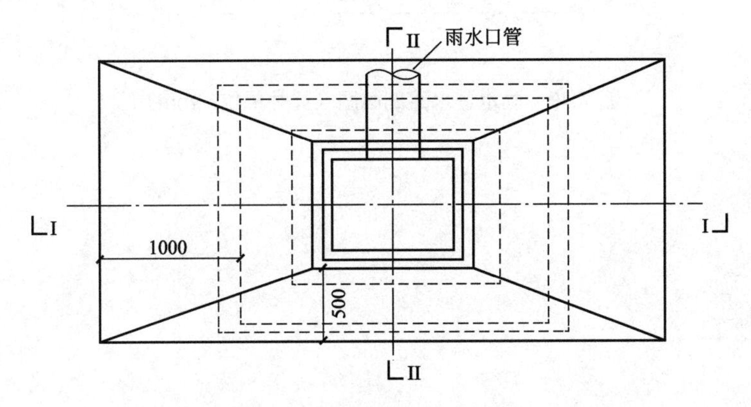

图7.48　雨水进水井平面图

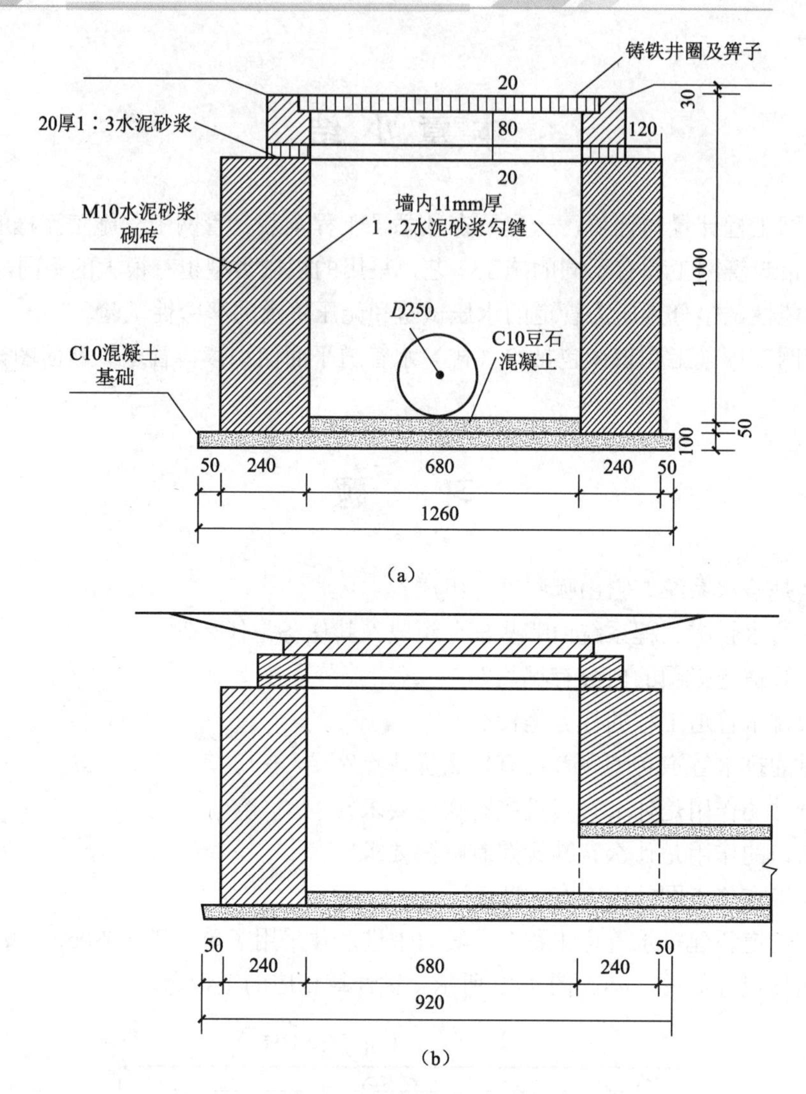

图 7.49　雨水进水井剖面图（尺寸单位：mm）

第8章

市政工程计价示例

教学目标

本章主要讲述市政工程依据招标文件的计价方法。通过本章的学习，应达到以下目标。

（1）熟悉市政工程施工图基本识读方法与工程量清单编制内容。

（2）掌握市政工程量计算和综合单价分析方法。

（3）掌握市政工程各种计价表的填制方法。

教学要求

知识要点	能力要求	相关知识
市政工程施工图	（1）熟悉市政工程施工图的基本识读方法； （2）熟悉市政工程施工图在编制施工图预算中的主要作用	（1）道路平面图； （2）道路纵断面图； （3）路基横断面图； （4）框架桥纵剖面图； （5）框架桥横剖面图； （6）挡土墙一般结构图； （7）挡土墙钢筋图； （8）道路排水平面图
市政工程工程量清单	掌握市政工程工程量清单的统一编码、项目名称、计量单位和计算规则的编制	（1）项目特征； （2）项目编码； （3）工程内容
市政工程工程量计算与清单计价	（1）掌握常见的市政工程工程量计算方法； （2）掌握常见的市政工程工程量清单计价方法	（1）计价依据； （2）计算规则和计量单位

基本概念

施工图读识；招标文件；招标工程量清单；定额工程量计算；综合单价分析；分部分项工程费、措施项目费、其他项目费、规费、税金等各项费用计算、计价表填制。

引例

道路工程招标

××路道路工程，全长145m，路宽10m，双向二车道。排水管道一条，管道为钢筋混凝土管，主管管径为600mm。钢筋混凝土通道桥涵一座，其跨径为8m，高填方区道路两旁设钢筋混凝土挡土墙。现有××市政工程设计院设计的施工图1套。根据××路道路建设指挥部编制的《××路道路工程施工招标邀请书》《招标文件》和《××路道路工程招标答疑会会议纪要》，招标范围：土石方工程、道路工程、桥涵工程、排水工程。工程质量要求：优良工程。因工程质量要求优良，故所有材料必须持有市级及以上有关部门颁发的产品合格证书及价格在中档以上的建筑材料。要求工程量清单计量按照《建设工程工程量清单计价规范》（GB 50500—2013）编制。

根据以上引例，本章以市政工程工程量清单编制和清单计价的完整案例作一示范，指导学生进行实际操作训练。

8.1 市政工程施工图

1. 道路平面图（图8.1）

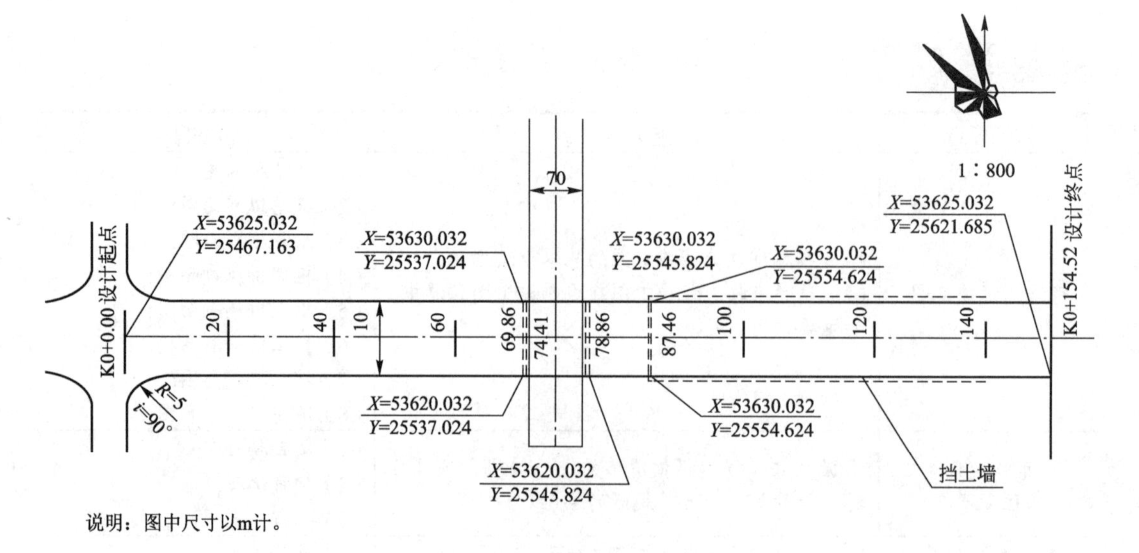

图8.1 道路平面图

2. 道路纵断面图（图 8.2）

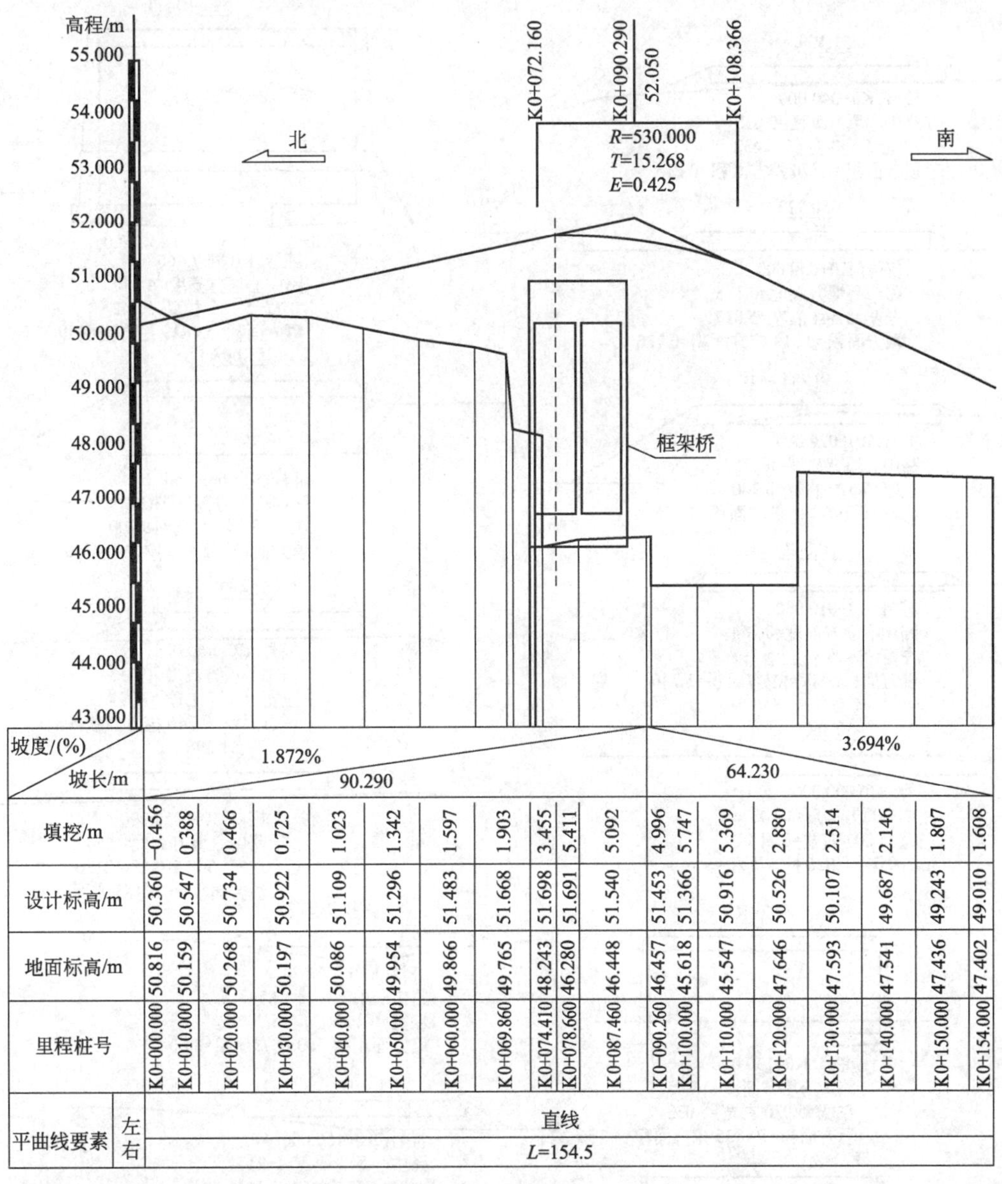

坡度/(%) 坡长/m	1.872% 90.290											3.694% 64.230							
填挖/m	−0.456	0.388	0.466	0.725	1.023	1.342	1.597	1.903	3.455	5.411	5.092	4.996	5.747	5.369	2.880	2.514	2.146	1.807	1.608
设计标高/m	50.360	50.547	50.734	50.922	51.109	51.296	51.483	51.668	51.698	51.691	51.540	51.453	51.366	50.916	50.526	50.107	49.687	49.243	49.010
地面标高/m	50.816	50.159	50.268	50.197	50.086	49.954	49.866	49.765	48.243	46.280	46.448	46.457	45.618	45.547	47.646	47.593	47.541	47.436	47.402
里程桩号	K0+000.000	K0+010.000	K0+020.000	K0+030.000	K0+040.000	K0+050.000	K0+060.000	K0+069.860	K0+074.410	K0+078.660	K0+087.460	K0−090.260	K0+100.000	K0+110.000	K0+120.000	K0+130.000	K0+140.000	K0+150.000	K0+154.000
平曲线要素 左右	直线 L=154.5																		

说明：
1. 图中尺寸均以m计。
2. 设计标高为已计算竖曲线改正值中线的路面拱顶标高。
3. 高程：1985国家高程基准。
4. 比例：横向1∶1250，纵向1∶1250。

图 8.2 道路纵断面图

3. 路基横断面图（图 8.3～图 8.5）

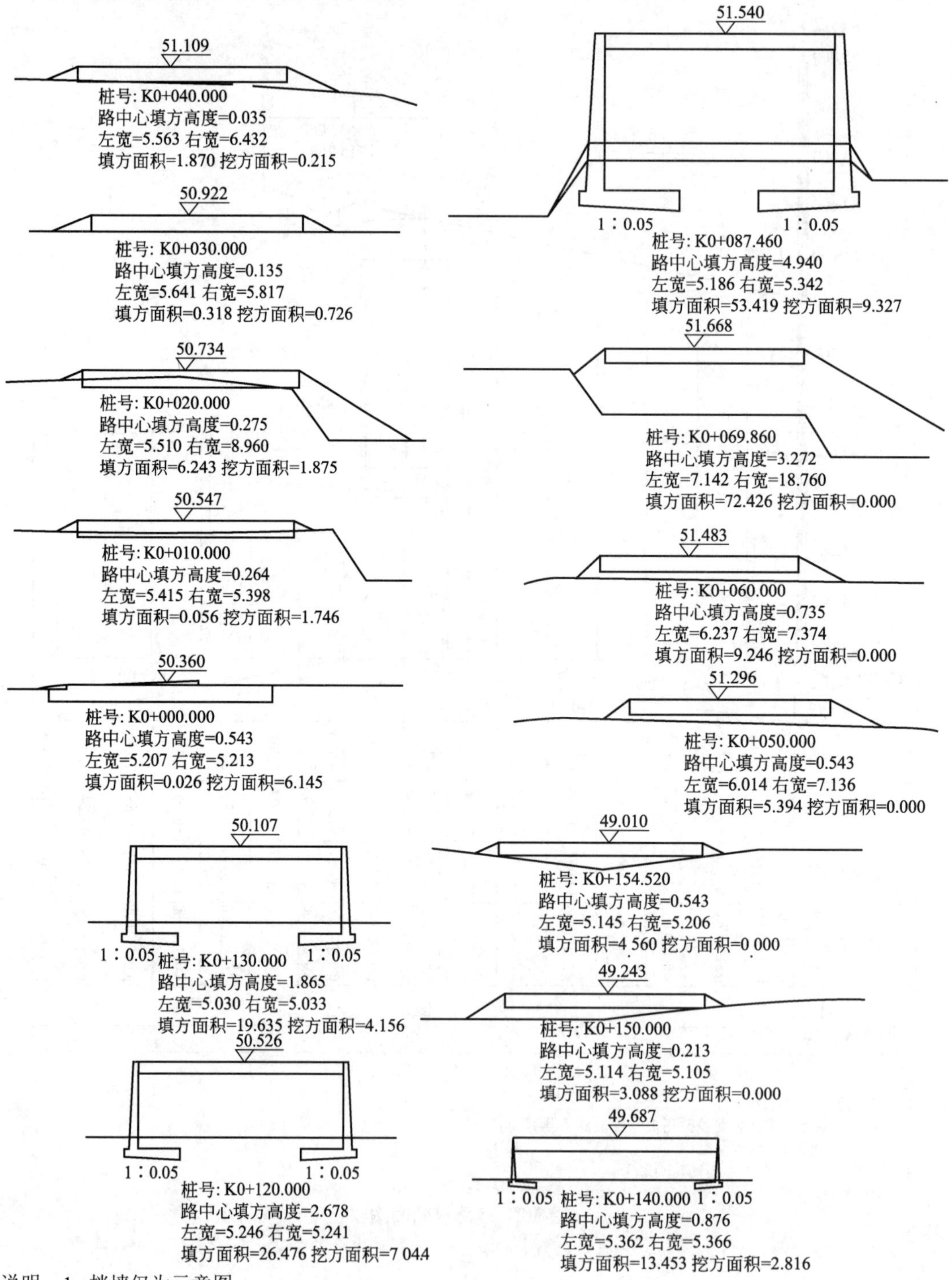

51.109

桩号: K0+040.000
路中心填方高度=0.035
左宽=5.563 右宽=6.432
填方面积=1.870 挖方面积=0.215

50.922

桩号: K0+030.000
路中心填方高度=0.135
左宽=5.641 右宽=5.817
填方面积=0.318 挖方面积=0.726

50.734

桩号: K0+020.000
路中心填方高度=0.275
左宽=5.510 右宽=8.960
填方面积=6.243 挖方面积=1.875

50.547

桩号: K0+010.000
路中心填方高度=0.264
左宽=5.415 右宽=5.398
填方面积=0.056 挖方面积=1.746

50.360

桩号: K0+000.000
路中心填方高度=0.543
左宽=5.207 右宽=5.213
填方面积=0.026 挖方面积=6.145

50.107

1∶0.05　1∶0.05
桩号: K0+130.000
路中心填方高度=1.865
左宽=5.030 右宽=5.033
填方面积=19.635 挖方面积=4.156

50.526

1∶0.05　1∶0.05
桩号: K0+120.000
路中心填方高度=2.678
左宽=5.246 右宽=5.241
填方面积=26.476 挖方面积=7 044

51.540

1∶0.05　1∶0.05
桩号: K0+087.460
路中心填方高度=4.940
左宽=5.186 右宽=5.342
填方面积=53.419 挖方面积=9.327

51.668

桩号: K0+069.860
路中心填方高度=3.272
左宽=7.142 右宽=18.760
填方面积=72.426 挖方面积=0.000

51.483

桩号: K0+060.000
路中心填方高度=0.735
左宽=6.237 右宽=7.374
填方面积=9.246 挖方面积=0.000

51.296

桩号: K0+050.000
路中心填方高度=0.543
左宽=6.014 右宽=7.136
填方面积=5.394 挖方面积=0.000

49.010

桩号: K0+154.520
路中心填方高度=0.543
左宽=5.145 右宽=5.206
填方面积=4 560 挖方面积=0 000

49.243

桩号: K0+150.000
路中心填方高度=0.213
左宽=5.114 右宽=5.105
填方面积=3.088 挖方面积=0.000

49.687

1∶0.05 桩号: K0+140.000 1∶0.05
路中心填方高度=0.876
左宽=5.362 右宽=5.366
填方面积=13.453 挖方面积=2.816

说明：1. 挡墙仅为示意图。
2. 本图比例为 1∶120。
3. 本图尺寸单位以 m 计，面积单位以 m^2 计。

图 8.3　路基横断面图（一）

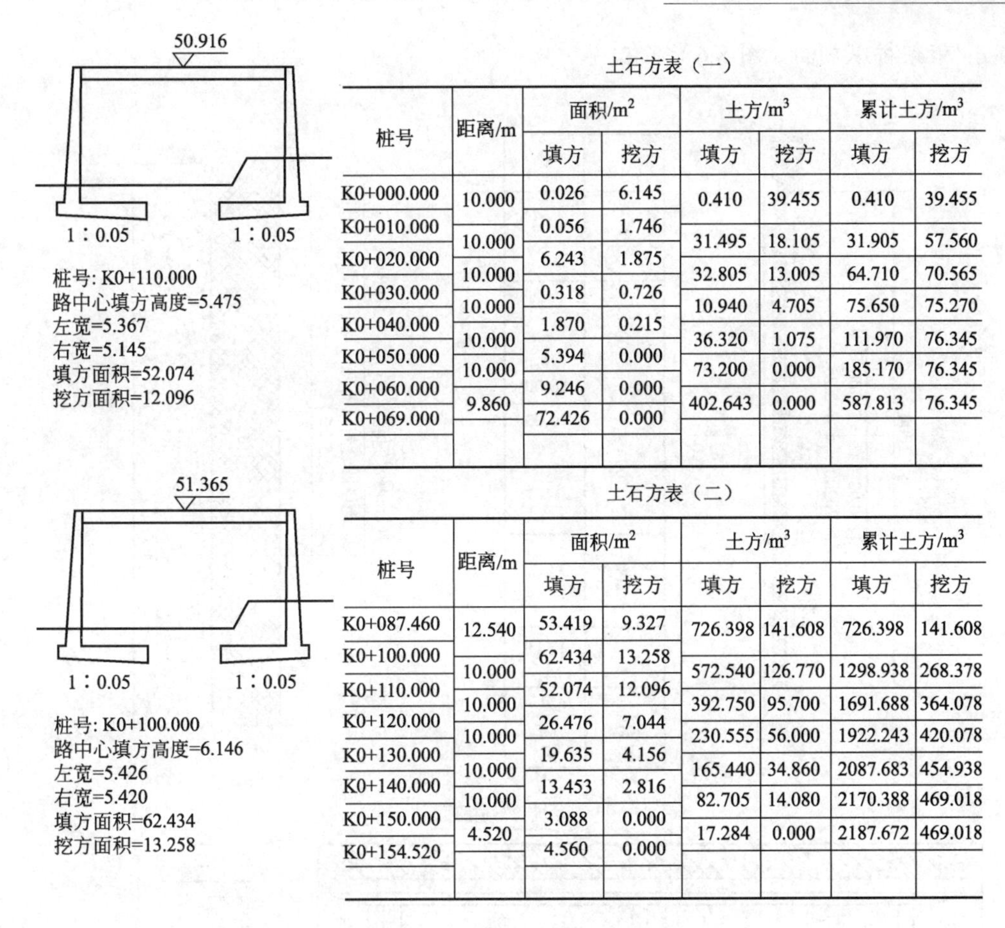

土石方表（一）

桩号	距离/m	面积/m²		土方/m³		累计土方/m³	
		填方	挖方	填方	挖方	填方	挖方
K0+000.000	10.000	0.026	6.145	0.410	39.455	0.410	39.455
K0+010.000	10.000	0.056	1.746	31.495	18.105	31.905	57.560
K0+020.000	10.000	6.243	1.875	32.805	13.005	64.710	70.565
K0+030.000	10.000	0.318	0.726	10.940	4.705	75.650	75.270
K0+040.000	10.000	1.870	0.215	36.320	1.075	111.970	76.345
K0+050.000	10.000	5.394	0.000	73.200	0.000	185.170	76.345
K0+060.000	9.860	9.246	0.000	402.643	0.000	587.813	76.345
K0+069.000		72.426	0.000				

土石方表（二）

桩号	距离/m	面积/m²		土方/m³		累计土方/m³	
		填方	挖方	填方	挖方	填方	挖方
K0+087.460	12.540	53.419	9.327	726.398	141.608	726.398	141.608
K0+100.000	10.000	62.434	13.258	572.540	126.770	1298.938	268.378
K0+110.000	10.000	52.074	12.096	392.750	95.700	1691.688	364.078
K0+120.000	10.000	26.476	7.044	230.555	56.000	1922.243	420.078
K0+130.000	10.000	19.635	4.156	165.440	34.860	2087.683	454.938
K0+140.000	10.000	13.453	2.816	82.705	14.080	2170.388	469.018
K0+150.000	4.520	3.088	0.000	17.284	0.000	2187.672	469.018
K0+154.520		4.560	0.000				

图 8.4　路基横断面图（二）

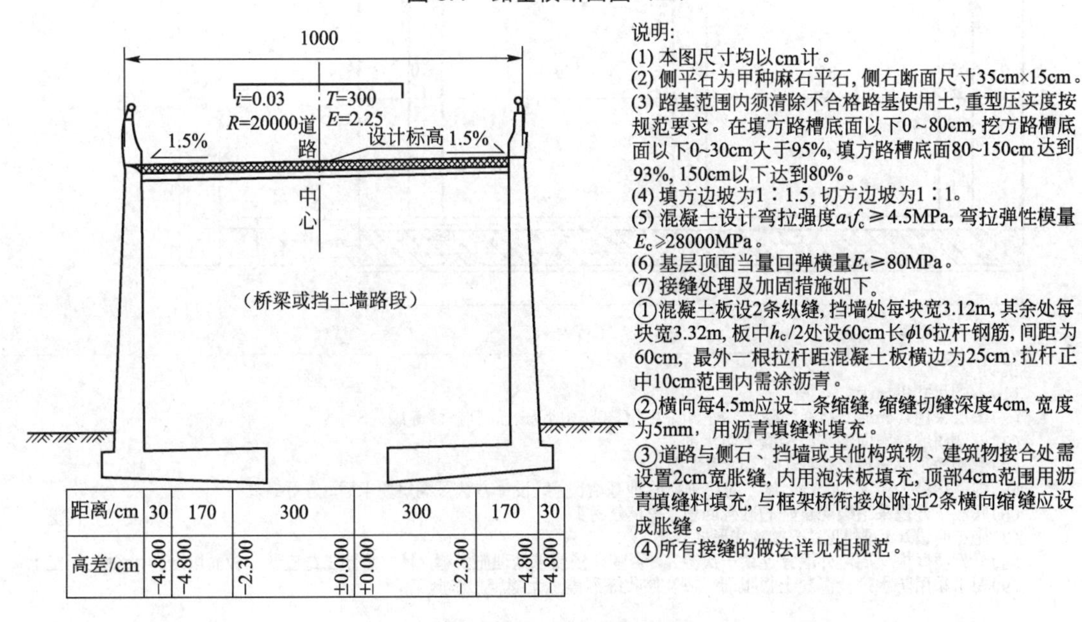

距离/cm	30	170	300	300	170	30
高差/cm	−4.800	−4.800	−2.300	±0.000 ±0.000	−2.300	−4.800 −4.800

说明:

(1) 本图尺寸均以cm计。
(2) 侧平石为甲种麻石平石，侧石断面尺寸35cm×15cm。
(3) 路基范围内须清除不合格路基使用土，重型压实度按规范要求。在填方路槽底面以下0～80cm，挖方路槽底面以下0~30cm大于95%，填方路槽底面80~150cm达到93%，150cm以下达到80%。
(4) 填方边坡为1∶1.5，切方边坡为1∶1。
(5) 混凝土设计弯拉强度$a_1 f_c$≥4.5MPa，弯拉弹性模量E_c≥28000MPa。
(6) 基层顶面当量回弹横量E_t≥80MPa。
(7) 接缝处理及加固措施如下。
①混凝土板设2条纵缝，挡墙处每块宽3.12m，其余处每块宽3.32m，板中h_c/2处设60cm长ϕ16拉杆钢筋，间距为60cm，最外一根拉杆距混凝土板横边为25cm，拉杆正中10cm范围内需涂沥青。
②横向每4.5m应设一条缩缝，缩缝切缝深度4cm，宽度为5mm，用沥青填缝料填充。
③道路与侧石、挡墙或其他构筑物、建筑物接合处需设置2cm宽胀缝，内用泡沫板填充，顶部4cm范围用沥青填缝料填充，与框架桥衔接处附近2条横向缩缝应设成胀缝。
④所有接缝的做法详见相规范。

图 8.5　路基横断面图（三）

4. 框架桥纵剖面（图 8.6）

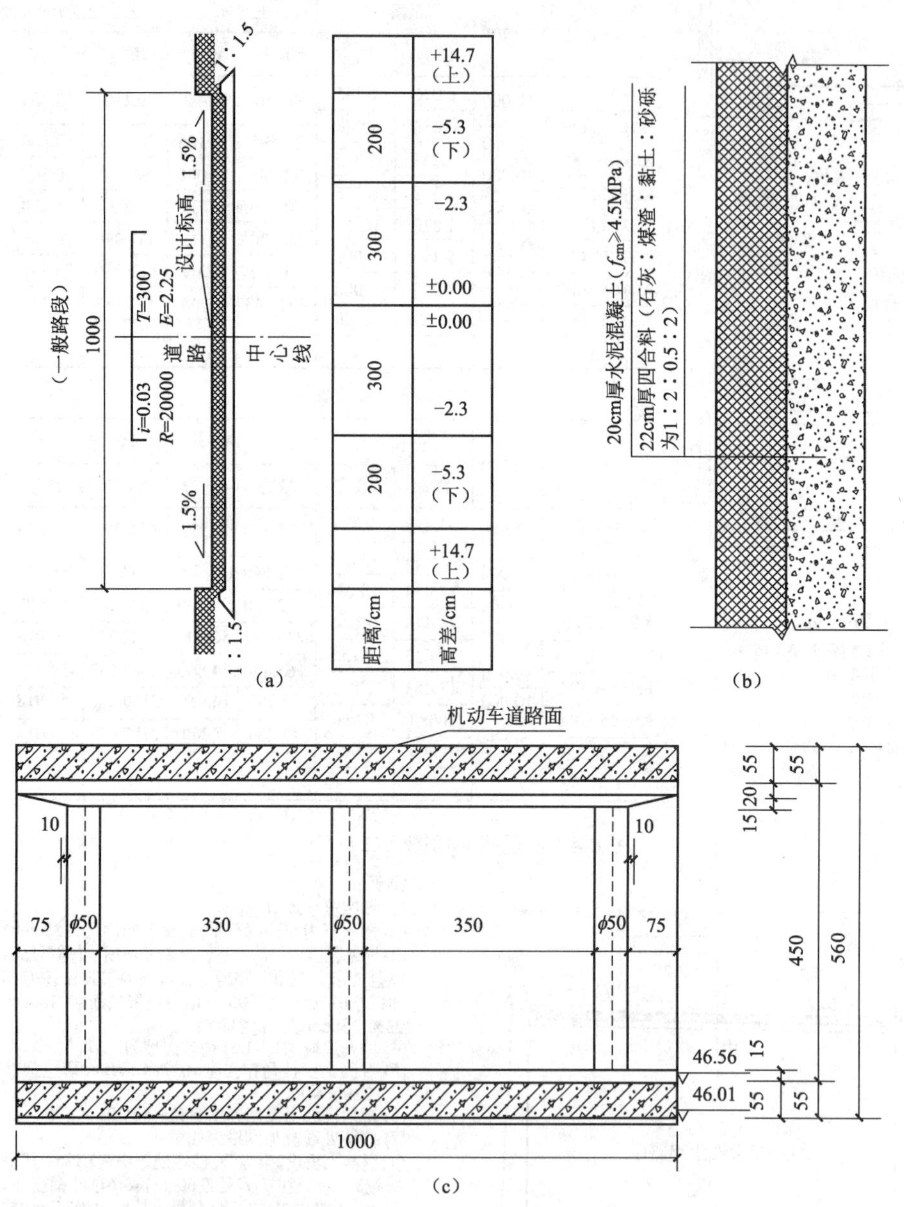

说明:
(1)本图尺寸以cm计。
(2)垫层采用10cm厚C15素混凝土，框架桥采用C30防水混凝土，其抗渗等级为S6。
(3)框架桥的外表面涂水泥混凝土防水剂。
(4)框架桥顶部需设置栏杆，施工时请预埋。
(5)地基承载力要求200kPa，施工时必须探明地基情况，经设计方认可满足要求后，方可捣筑。
(6)底板下开挖采用级配良好的砂砾回填，并充分密实。
(7)施工时设2cm预拱度，按抛物线形式变化。
(8)框架桥底板与周边外墙宜连续一次浇完，否则须按要求处理施工缝，且水平施工缝应留在板面以上50cm处的竖壁上。
(9)要求采用防水剂及混凝土膨胀剂，按补偿收缩混凝土无缝施工法施工。

图 8.6　框架桥纵剖面

5. 框架桥横剖面图（图 8.7）

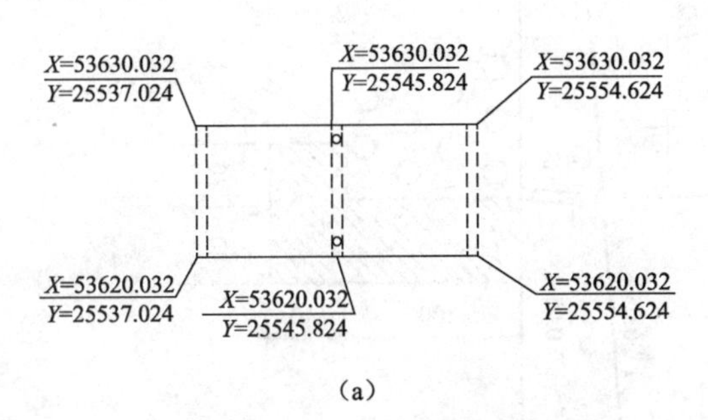

（a）

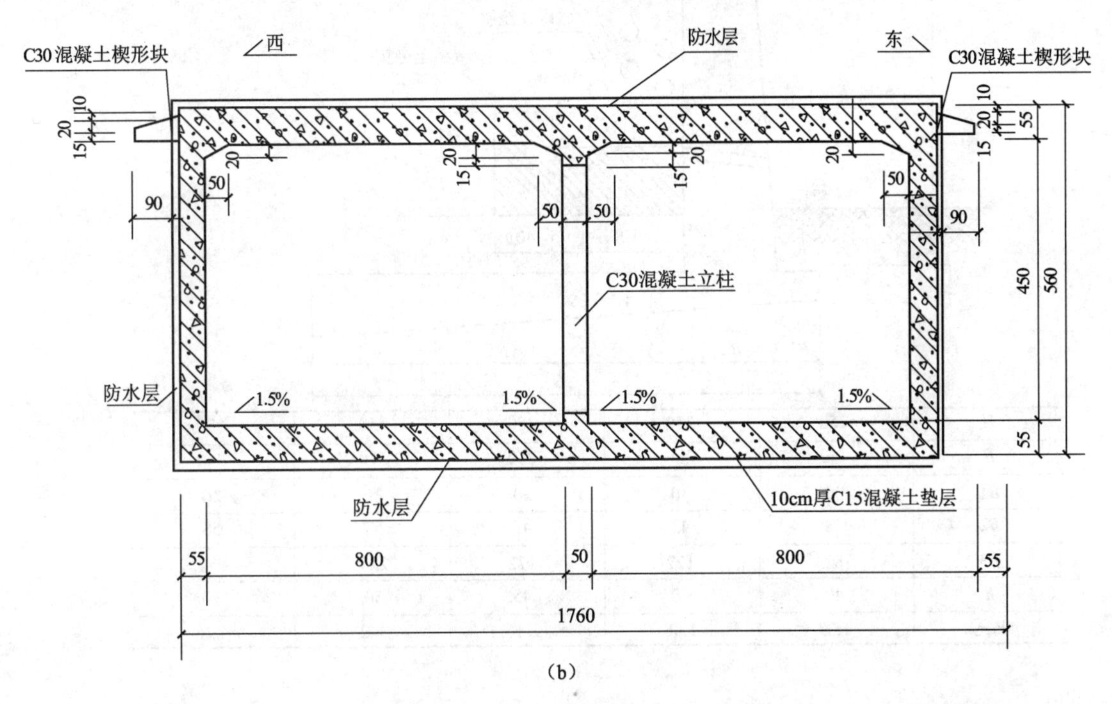

（b）

图 8.7 框架桥横剖面图

6. 挡土墙一般结构图（图 8.8）

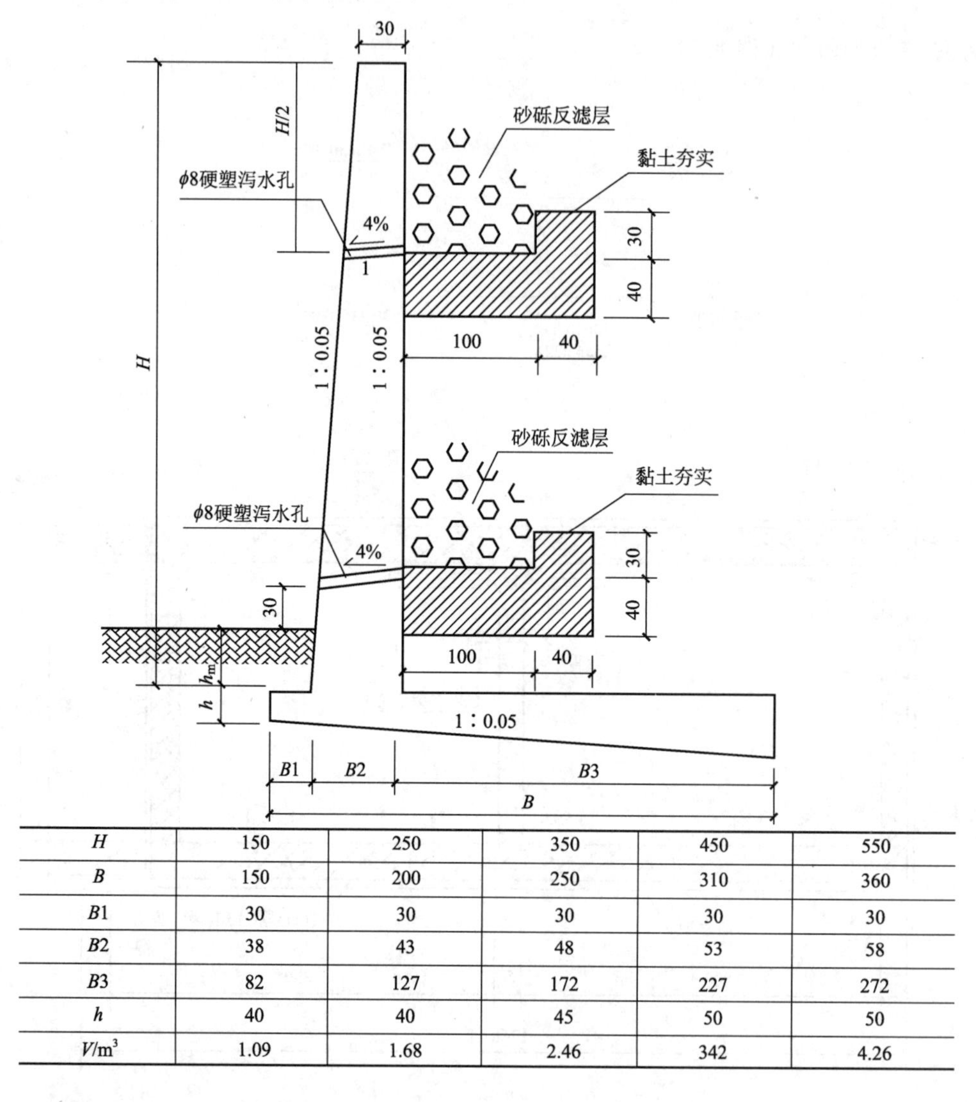

H	150	250	350	450	550
B	150	200	250	310	360
B1	30	30	30	30	30
B2	38	43	48	53	58
B3	82	127	172	227	272
h	40	40	45	50	50
V/m^3	1.09	1.68	2.46	342	4.26

说明:

（1）本图尺寸除注明的外均以cm计。

（2）设计荷载为城-B级。

（3）墙后填土为砂砾性土，其重度为18kN/m³，内摩擦角大于35°，填土按相关规范施工。

（4）混凝土强度等级为C25。

（5）地基土重度为18kN/m³，内摩擦角大于35°，基底摩擦系数大于0.35，容许承载力大于250kPa，不符合要求时需采用加固措施。

（6）泻水孔距地面或常水位以上30cm，水平间距为2.5m，墙高大于3m时，中间加设一排，与下排错位布置。

（7）原则上挡土墙沉降缝间距为10cm，但地质条件突变处应增设，沉降缝宽2cm，用填缝料填充。

（8）挡土墙施工顶部时注意其他构件的预埋。

（9）h_m=0.5m。

（10）挡土墙高度H最大为550cm，如实际高度超过550cm，则地基另行处理。

图 8.8　挡土墙一般结构图

7. 挡土墙钢筋图（图 8.9）

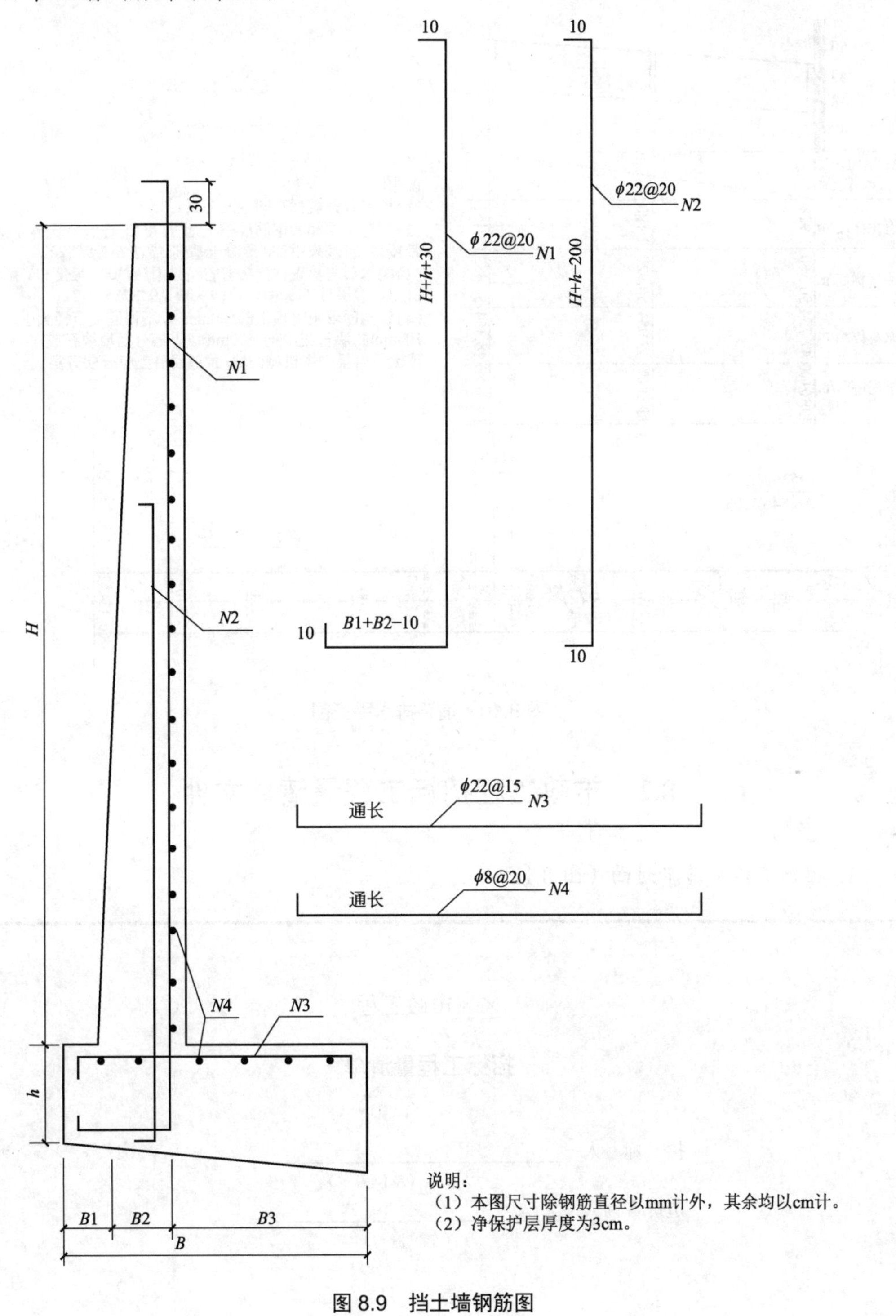

说明：
（1）本图尺寸除钢筋直径以mm计外，其余均以cm计。
（2）净保护层厚度为3cm。

图 8.9　挡土墙钢筋图

8. 道路排水平面图（图 8.10）

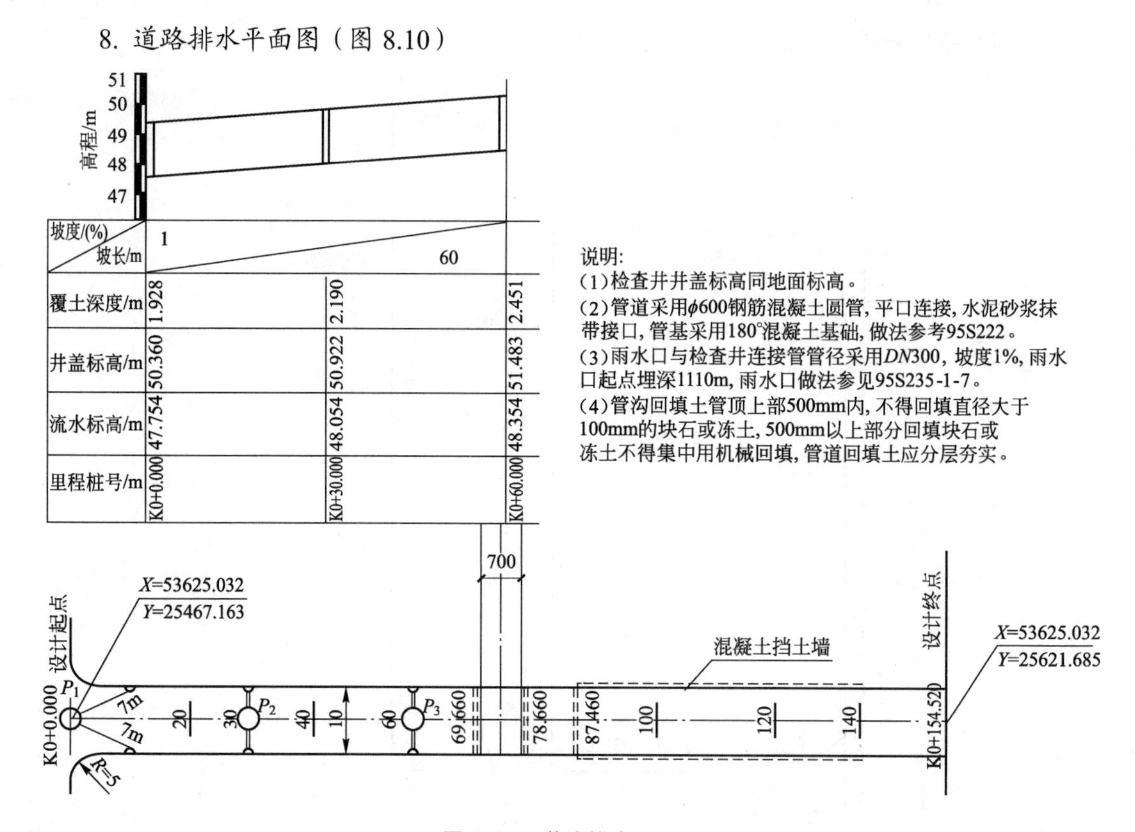

图 8.10　道路排水平面图

8.2　市政工程招标工程量清单文件

1. 招标工程量清单封面（图 8.11）

××市政工程

招标工程量清单

招　标　人：______________________

（单位盖章）

造价咨询人：______________________

（单位盖章）

年　　月　　日

图 8.11　招标工程量清单文件封面

2. 招标工程量清单扉页（图 8.12）

××市政工程
招标工程量清单

招　标　人：＿＿＿＿＿＿＿＿　造价咨询人：＿＿＿＿＿＿＿＿
（单位盖章）　（单位盖章）

法定代表人
或其授权人：＿＿＿＿＿＿＿＿　法定代表人
或其授权人：＿＿＿＿＿＿＿＿
（签字或盖章）　（签字或盖章）

编　制　人：＿＿＿＿＿＿＿＿　复　核　人：＿＿＿＿＿＿＿＿
（造价人员签字盖专用章）　（造价工程师签字盖专用章）

编 制 时 间：　年　月　日　复 核 时 间：　年　月　日

图 8.12　招标工程量清单文件扉页

3. 总说明（图 8.13）

1．工程概况：该工程为某市××路的道路、桥涵及排水工程，全长 145m，路宽 10m，双向二车道；埋设排水管道一条，其管道为钢筋混凝土管，主管管径为 600mm；设钢筋混凝土通道桥涵一座，其跨径为 8m；高填方区道路两旁设钢筋混凝土挡土墙。

2．招标范围：土石方工程、道路工程、桥涵工程、排水工程。

3．工程质量要求：优良工程。

4．工程量清单编制依据：

（1）由××市政工程设计院设计的施工图 1 套。

（2）由××路道路建设指挥部编制的《××路道路工程施工招标邀请书》《招标文件》和《××路道路工程招标答疑会会议纪要》。

（3）《建设工程工程量清单计价规范》（GB 50500—2013）和《市政工程工程量计算规范》（GB 50857—2013）。

5．因工程质量要求优良，故所有材料必须持有市级及以上有关部门颁发的产品合格证书及价格在中档以上的建筑材料。

图 8.13　总说明

4. 分部分项工程项目清单（表8-1）

表8-1　分部分项工程项目清单

工程名称：××市政工程　　　　第　页，共　页

序号	项目编码	项目名称	项目特征	计量单位	工程数量
一、土石方工程					
1	040101001001	挖一般土方	1. 土壤类别：四类土 2. 挖土深度：2m以内	m^3	545.363
2	040101002001	挖沟槽土方（机械）	1. 土壤类别：四类土 2. 挖土深度：见图	m^3	165.497
3	040101002002	挖沟槽土方（人工）	1. 土壤类别：四类土 2. 挖土深度：2m以内	m^3	21.022
4	040103001001	回填方（沟槽）	1. 密实度要求：＞95% 2. 填方材料品种：原土 3. 填方粒径要求：原土 4. 填方来源、运距：就地	m^3	126.779
5	040103001002	回填方（地坪）	1. 密实度要求：＞95% 2. 填方材料品种：原土 3. 填方粒径要求：原土 4. 填方来源、运距：场外15km	m^3	2775.485
二、道路工程					
6	040202001001	路床整形	1. 部位：××路 2. 范围：施工图范围内	m^2	1348.430
7	040202006001	石灰、粉煤灰、碎（砾）石道路基层	1. 配合比：10∶20∶70 2. 碎（砾）石规格：2～5cm 3. 厚度：22cm	m^2	1348.430
8	040203007001	水泥混凝土路面	1. 混凝土强度等级：C30 2. 厚度：20cm	m^2	1348.430
9	040204004001	安砌侧（平、缘）石	1. 材料品种、规格：石质侧石60cm×30cm×15cm 2. 基础垫层材料品种、厚度：四合土	m	174.460
三、桥涵工程					
10	040304005001	混凝土墩（台）身	1. 部位：车行道 2. 混凝土强度等级：C20砾40	m^3	2.860

续表

序号	项目编码	项目名称	项目特征	计量单位	工程数量
11	040304018001	混凝土防撞护栏	1. 断面：见图 2. 混凝土强度等级：C30 砾 40	m	36.920
12	040304019001	桥面铺装（车行道）	1. 部位：车行道 2. 混凝土强度等级：C25 砾 40 3. 厚度：20cm	m^2	165.440
13	040304002001	挡墙基础	1. 混凝土强度等级：C25 砾 40 2. 嵌料（毛石）比例：＜20%	m^3	175.160
14	040305002001	混凝土挡墙墙身	1. 混凝土强度等级：C25 砾 40 2. 泄水孔材料品种、规格：塑料管 $\phi8$ 3. 滤水层要求：砂滤层	m^3	184.060
16	040307003001	箱涵底板	1. 混凝土强度等级：C30 砾 40 2. 混凝土抗渗要求：S6 3. 防水层工艺要求：防水剂及混凝土膨胀剂	m^3	102.350
17	040307004001	箱涵侧墙	1. 混凝土强度等级：C30 砾 40 2. 混凝土抗渗要求：S6 3. 防水层工艺要求：防水剂及混凝土膨胀剂	m^3	47.300
18	040307005001	箱涵顶板	1. 混凝土强度等级：C30 砾 40 2. 混凝土抗渗要求：S6 3. 防水层工艺要求：防水剂及混凝土膨胀剂	m^3	101.250
四、管网工程					
19	040501001001	混凝土管管道铺设（D300）	1. 垫层、基础材质及厚度：混凝土垫层 2. 管座材质：混凝土无筋 3. 规格：*DN*300 4. 接口方式：砂浆接口 5. 铺设深度：见图 6. 混凝土强度等级：C15 砾 40	m	34.000

续表

序号	项目编码	项目名称	项目特征	计量单位	工程数量
20	040501001002	混凝土管道铺设（D600）	1. 垫层、基础材质及厚度：混凝土垫层 2. 管座材质：混凝土无筋 3. 规格：*DN*600 4. 接口方式：砂浆接口 5. 铺设深度：见图 6. 混凝土强度等级：C15 砾 40	m	60.000
21	040504001001	砌筑井（雨水检查井）	1. 垫层、基础材质及厚度：混凝土 2. 砂浆强度等级、配合比：M7.5 水泥砂浆砌，1∶2 水泥砂浆抹面 3. 混凝土强度等级：C15 4. 盖板材质、规格：铸铁 5. 井盖、井圈材质及规格：铸铁	座	3.000
22	040504001002	砌筑井（雨水进水井）	1. 垫层、基础材质及厚度：混凝土 2. 砌筑材料品种、规格、强度等级：标准砖 240mm×115mm×53mm，MU10 3. 砂浆强度等级、配合比：M7.5 水泥砂浆砌，1∶2 水泥砂浆抹面 4. 混凝土强度等级：C15 5. 盖板材质、规格：铸铁 6. 井盖、井圈材质及规格：铸铁	座	6
五、钢筋工程					
23	040901002001	现浇构件钢筋（路面）	1. 钢筋种类：HRB 2. 钢筋规格：Φ16	t	0.489
24	040901002002	现浇构件钢筋（挡墙）	1. 钢筋种类：HRB/HPB 2. 钢筋规格：Φ22/Φ8	t	22.121
25	040901002003	现浇构件钢筋（防撞栏杆）	1. 钢筋种类：HRB/HPB 2. 钢筋规格：Φ22/Φ8	t	4.933
26	040901002004	现浇构件钢筋（桥涵）	1. 钢筋种类：HRB/HPB 2. 钢筋规格：Φ22/Φ8	t	33.689
六、拆除工程					
27	041001001001	拆除路面	1. 材质：混凝土无筋 2. 厚度：2cm	m^2	102.000

5. 技术措施项目清单（表 8-2）

表 8-2 技术措施项目清单

工程名称：××市政工程　　　　　　　　　　　　　　　　　　第　页，共　页

序号	项目编码	项目名称	项目特征	计量单位	工程数量
1	041101001001	墙面脚手架	墙高：见图	m^2	931.47
2	041102002001	基础模板（挡墙）	构件类型：现浇混凝土	m^2	314.29
3	041102005001	墩（台）身模板	1. 构件类型：现浇混凝土 2. 支模高度：见图	m^2	22.90
4	041102017001	挡墙模板	1. 构件类型：现浇混凝土 2. 支模高度：见图	m^2	442.84
5	041102019001	防撞护栏模板	构件类型：现浇混凝土	m^2	44.28
6	041102022001	箱涵滑（底）模板	1. 构件类型：现浇混凝土 2. 支模高度：见图	m^2	184.23
7	041102023001	箱涵侧墙模板	1. 构件类型：现浇混凝土 2. 支模高度：见图	m^2	85.14
8	041102024001	箱涵顶板模板	1. 构件类型：现浇混凝土 2. 支模高度：见图	m^2	182.25
9	041106001001	大型机械进退场费	1. 机械设备名称：推土机、挖掘机、压路机 2. 机械设备规格型号：90kW 外、斗容量 $1m^3$ 外	台次	6

6. 其他项目清单（表 8-3）

表 8-3 其他项目清单

工程名称：××市政工程　　　　　　　　　　　　　　　　　　第　页，共　页

序号	项目名称	金额/元
1	暂列金额	50000.00
2	暂估价	
2.1	材料（设备）暂估价	
2.2	专业工程暂估价	
3	计日工	
4	总承包服务费	
5	其他	
合计		50000.00

8.3 市政工程招标控制价文件

1. 招标控制价封面（图8.14）

××市政工程
招标控制价

招标人：______________________
（单位盖章）

造价咨询人：______________________
（单位盖章）

年　月　日

图8.14 招标控制价封面

2. 招标控制价扉页（图8.15）

××市政工程
招标控制价

招标控制价　（小写）：1455764.12元
（大写）：壹佰肆拾伍万伍仟柒佰陆拾肆元壹角贰分

招标人：______________________

造价咨询人：______________________
（单位盖章）　（单位资质专用章）

法定代表人　法定代表人
或其授权人：______________　或其授权人：______________
（签字或盖章）　（签字或盖章）

编制人：______________　复核人：______________
（造价人员签字盖专用章）　（造价工程师签字盖专用章）

编制时间：　年　月　日　复核时间：　年　月　日

图8.15 招标控制价扉页

3. 总说明（图 8.16）

工程名称：××市政工程　　　　　　　　　　　　　　　　　第　页，共　页

1. 工程概况：某市××路全长 145m，路宽 10m，双向二车道；设钢筋混凝土通道桥涵一座，8m 跨径；埋排水管道一条，为钢筋混凝土管，主管管径为 600mm；高填方区道路两旁设钢筋混凝土挡土墙。

2. 交通条件：该工程三通一平已完成，交通条件方便。

3. 报价依据

① ××路道路建设指挥部提供的道路施工图、《××路道路工程施工邀请书》《招标工程量清单》《投标须知》《××道路建设工程招标答疑》等一系列招标文件。

② 国家标准《建设工程工程量清单计价规范》（GB 50500—2013）和《市政工程工程量计算规范》（GB 50857—2013）。

③《××省建设工程造价计价规则》和《××省市政工程计价标准》

④ ××市建设工程造价管理站发布的××年××期的材料价格信息。

4. 报价中需说明的问题

① 该工程因结构无特殊要求，故采用一般施工方法。

② 考虑到市场材料价格近期波动不大，故主要材料价格在××市建设工程造价管理站发布的××年××期的材料价格信息基础上下浮 3%。

③ 因该工程处在郊区，车流量偏少，所以不考虑半封闭的交通干扰费。

图 8.16　总说明

4. 单项工程工程费用汇总表（表 8-4）

表 8-4　单项工程工程费用汇总表

工程名称：××市政工程　　　　　　　　　　　　　　　　　第　页，共　页

序号	单位工程名称	金额/元	其中：/元			
			暂估价	安全文明施工费	规费	税金
1	××市政工程（土建）	1415873.77	0	19191.23	39866.11	129651.23
2	××市政工程（安装）	39890.35	0	443.88	1206.67	3652.75
	合计	1455764.12	0	19635.11	41072.78	133303.98

5. 单位工程费用汇总表（表 8-5）

表 8-5　单位工程工程费用汇总表

工程名称：××市政工程（土建）　　　　　　　　　　　　　第　页，共　页

序号	项目名称	计算方法	金额/元
1	分部分项工程费	$\sum$(分部分项工程量×清单综合单价)	1052861.00
1.1	人工费	<1.1.1>+<1.1.2>	175224.55
1.1.1	定额人工费	$\sum$(定额人工费)	146003.58
1.1.2	规费	$\sum$(规费)	29221.00
1.2	材料费	$\sum$(材料费)	733657.81
1.3	设备费	$\sum$(设备费)	
1.4	机械费	$\sum$(机械费)	83463.00

续表

序号	项目名称	计算方法	金额/元
1.5	管理费	∑(管理费)	39394.18
1.6	利润	∑(利润)	21122.00
1.7	风险费	∑(风险费)	0.00
2	措施项目费	(<2.1>+<2.2>)	182389.21
2.1	技术措施项目费	∑(技术措施项目清单工程量×清单综合单价)	134432.00
2.1.1	人工费	<2.1.1.1>+<2.1.1.2>	58040.87
2.1.1.1	定额人工费	∑(定额人工费)	48367.59
2.1.1.2	规费	∑(规费)	9673.28
2.1.2	材料费	∑(材料费)	22647.68
2.1.3	机械费	∑(机械费)	33504.61
2.1.4	管理费	∑(管理费)	13176.58
2.1.5	利润	∑(利润)	7061.79
2.2	施工组织措施项目费	∑(组织措施项目费)	47957.71
2.2.1	绿色施工及安全文明施工措施费		36019.21
2.2.1.1	安全文明施工及环境保护费		19191.23
2.2.1.2	临时设施		4563.52
2.2.1.3	绿色施工措施费		12264.46
2.2.2	冬、雨季施工增加费、工程定位复测、工程点交、场地清理费		11164.33
2.2.3	夜间施工增加费		774.17
3	其他项目费	∑(其他项目费)	50000.00
3.1	暂列金额		50000.00
3.2	暂估价		
3.3	计日工		
3.4	总承包服务费		
3.5	其他		
4	其他规费	<4.1>+<4.2>+<4.3>	971.86
4.1	工伤保险费	∑(定额人工费)×费率	971.86
4.2	环境保护税	按有关规定计算	
4.3	工程排污费	按有关规定计算	
5	税前工程造价	(<1>+<2>+<3>+<4>)	1286222.54
6	税金	(<1>+<2>+<3>+<4>)×税率	129651.23
7	单位工程造价	(<5>+<6>)	1415873.77

注：“< >”内数字均为表中对应的序号。

6. 分部分项工程量清单与计价表（表 8-6）

表 8-6　分部分项工程量清单与计价表

工程名称：××市政工程（土建）　　　　第　页，共　页

序号	项目编码	项目名称	项目特征	计量单位	工程量	金额/元						备注
						综合单价	合价	其中				
								人工费		机械费	暂估价	
								定额人工费	规费			
1	040101001001	挖一般土方	见表 8-1	m^3	545.36	6.45	3517.57	196.33	43.63	3103.10		
2	040101002001	挖沟槽土方（机械）		m^3	165.50	10.00	1655.00	34.76	6.62	1539.20		
3	040101002002	挖沟槽土方（人工）		m^3	21.02	72.45	1522.90	953.89	190.90			
4	040103001001	回填方（沟槽）		m^3	126.78	47.84	6065.16	3791.99	758.10			
5	040103001002	回填方（地坪）		m^3	2775.50	27.90	77436.20	1332.24	277.60	72607.00		
6	040202001001	路床（槽）整形		m^2	1348.40	2.00	2696.86	418.01	80.91	1968.70		
7	040202006001	石灰、粉煤灰、碎（砾）石		m^2	1348.40	87.32	117745.00	17839.73	3573.00	2575.50		
8	040203007001	水泥混凝土		m^2	1348.40	122.79	165574.00	20415.23	4086.00	40.45		
9	040204004001	安砌侧（平、缘）石		m	174.46	57.38	10010.50	1980.12	396.00			
10	040303005001	混凝土墩（台）身		m^3	2.86	495.38	1416.79	215.76	43.16			
11	040303018001	混凝土防撞护栏		m	36.92	97.13	3586.04	682.28	136.20			

续表

序号	项目编码	项目名称	项目特征	计量单位	工程量	金额/元						备注
						综合单价	合价	其中				
								人工费		机械费	暂估价	
								定额人工费	规费			
12	040303019001	桥面铺装	见表 8-1	m^2	165.44	130.52	21593.20	3176.45	635.30	39.71		
13	040303002001	混凝土挡墙基础		m^3	175.16	424.82	74411.50	6389.84	1279.00			
14	040303015001	混凝土挡墙墙身		m^3	184.06	469.54	86423.50	9077.84	1815.00			
15	040306003001	箱涵底板		m^3	102.35	447.15	45765.80	4666.14	933.40			
16	040306004001	箱涵侧墙		m^3	47.30	459.41	21730.10	2494.60	499.00			
17	040306005001	箱涵顶板		m^3	101.25	452.28	45793.40	4858.99	972.00			
18	040901001001	现浇构件钢筋（路面）		t	0.489	5899.40	2884.83	518.36	103.70	10.79		
19	040901001002	现浇构件钢筋（挡墙）		t	22.121	5985.00	132393.00	24388.84	48780	522.94		
20	040901001003	现浇构件钢筋（防撞栏杆）		t	4.933	6062.90	29908.30	5738.95	1148.00	128.70		
21	040901001004	现浇构件钢筋（桥涵）		t	33.689	5901.80	198826.00	35761.21	7152.00	745.54		
22	041001001001	拆除路面		m^2	102	18.69	1906.38	1072.02	214.20	181.56		
		本页小计					1052861.00	146003.60	29221.00	83463.00		
		合计					1052861.00	146003.60	29221.00	83463.00		

7. 分部分项工程综合单价分析表（表 8-7）

表 8-7　分部分项工程综合单价分析表

工程名称：××市政工程（土建）　　　　第　页，共　页

序号	项目编码	项目名称	计量单位	定额编号	定额名称	定额单位	数量	单价/元 人工费 定额人工费	单价/元 人工费 规费	单价/元 材料费	单价/元 机械费	合价/元 人工费 定额人工费	合价/元 人工费 规费	合价/元 材料费	合价/元 机械费	管理费 25.81%	利润 13.83%	风险费 0.00%	综合单价/元
1	040101001001	挖一般土方	m^3	（3-1-29J）×1.18	履带式单斗液压挖掘机挖土方（不装车、四类土）机械×1.18	100m^3	0.01	17.80	3.56		325.90	0.18	0.04		3.26	0.21	0.11	0.00	6.45
				3-1-25	推土机推运土方运距（m）≤20	100m^3	0.01	17.80	3.56		243.50	0.18	0.04		2.43				
				小计								0.36	0.08		5.69				
2	040101002001	挖沟槽土方（机械）	m^3	（3-1-31J）×1.18	履带式单斗液压挖掘机挖沟槽土方（不装车、四类土）机械×1.18	100m^3	0.01	21.36	4.27		330.30	0.21	0.04		3.30	0.25	0.13	0.00	10.00
				3-1-67	自卸汽车运土运距（km）1 以内	100m^3	0.01			7.13	599.05			0.07	6.00				
				小计								0.21	0.04	0.07	9.30				
3	040101002002	挖沟槽土方（人工）	m^3	（3-1-4R）×1.45	人工挖沟槽土方（基深 2m 以内、四类土）人工×1.45	100m^3	0.01	4537.80	907.56			45.38	9.08			11.71	6.28	0.00	72.45
				小计								45.38	9.08						
4	040103001001	回填方（沟槽）	m^3	3-1-152	人工填土夯实沟槽	100m^3	0.01	2990.90	598.19	9.21		29.91	5.98	0.09		7.72	4.14	0.00	47.84
				小计								29.91	5.98	0.09					

续表

序号	项目编码	项目名称	计量单位	清单综合单价组成明细												管理费	利润	风险费	综合单价/元
				定额编号	定额名称	定额单位	数量	单价/元				合价/元							
								人工费		材料费	机械费	人工费		材料费	机械费				
								定额人工费	规费			定额人工费	规费			25.81%	13.83%	0.00%	
5	040103001002	回填方（地坪）	m^3	3-1-25	推土机推运土方运距（m）≤20	$100m^3$	0.01	17.80	3.56		243.49	0.18	0.04		2.43	0.66	0.36	0.00	27.90
				3-1-30	履带式单斗液压挖掘机挖土方装车（$1868.11m^3$）	$100m^3$	0.01	17.80	3.56		345.27	0.12	0.02		2.32				
				3-1-67	自卸汽车运土运距1km以内（$1868.11m^3$）	$100m^3$	0.01			7.13	599.51			0.10	4.04				
				(3-1-68)×14	自卸汽车运土运距增14km单价×14（$1868.11m^3$）	$100m^3$	0.01				1892.24				12.70				
				3-1-162	机械填土碾压压路机	$100m^3$	0.01	17.80	3.56	8.91	463.35	0.18	0.04	0.10	4.63				
				小计								0.48	0.10	0.10	26.20				
6	040202001001	路床（槽）整形	m^2	3-2-129	路床碾压检验	$100m^2$	0.01	30.60	6.12		146.40	0.31	0.06		1.46	0.11	0.06	0.00	2.00
				小计								0.31	0.06		1.46				

续表

序号	项目编码	项目名称	计量单位	清单综合单价组成明细															
				定额编号	定额名称	定额单位	数量	单价/元				合价/元				管理费	利润	风险费	综合单价/元
								人工费		材料费	机械费	人工费		材料费	机械费				
								定额人工费	规费			定额人工费	规费			25.81%	13.83%	0.00%	
7	040202006001	石灰、粉煤灰、碎（砾）石	m^2	3-2-147	石灰：粉煤灰：碎（砾）石 10：20：70 厚度（cm）20	$100m^2$	0.01	1194.41	238.89	5741.81	163.80	11.90	2.39	57.00	1.64	3.45	1.85	0.00	87.32
				3-2-148×2	石灰：粉煤灰：碎（砾）石 10：20：70 厚度（cm）每增减 1 单价×2	$100m^2$	0.01	119.25	23.85	573.26	8.30	1.19	0.24	5.70	0.08				
				3-2-173	多合土养生 洒水车洒水	$100m^2$	0.01	9.79	1.96	108.18	18.80	0.10	0.02	1.10	0.19				
				小计								13.20	2.65	64.00	1.91				

续表

序号	项目编码	项目名称	计量单位	清单综合单价组成明细															
				定额编号	定额名称	定额单位	数量	单价/元				合价/元				管理费	利润	风险费	综合单价/元
								人工费		材料费	机械费	人工费		材料费	机械费	25.81%	13.83%	0.00%	
								定额人工费	规费			定额人工费	规费						
8	040203007001	水泥混凝土	m²	3-2-205	道路面层预拌混凝土厚度（cm）18	100m²	0.01	1219.70	243.94	7780.42		12.20	2.44	77.80		3.91	2.09	0.00	122.79
				（3-2-208）×4	道路面层预拌混凝土厚度（cm）每增减1单价×4	100m²	0.01	133.60	26.72	1756.04		1.34	0.27	17.60					
				3-2-213	道路面层水泥混凝土养生草袋养护	100m²	0.01	111.93	22.38	235.99		1.12	0.22	2.36					
				3-2-220	道路面层锯缝机切缝缝宽6mm缝深（cm）5	100m	0.00	175.92	35.18	322.37	13.98	0.39	0.08	0.72	0.03			0.00	
				3-2-222	道路面层人工填灌缝塑料油膏缝宽6mm缝深（cm）5	100m	0.00	481.11	96.22	772.96		0.09	0.02	0.15					
				小计								15.14	3.03	98.60	0.03				
9	040204004001	安砌侧（平、缘）石	m	3-2-276	侧平石安砌连接型不勾缝	100m	0.01	1134.50	226.90	3926.32		11.35	2.27	39.30		2.93	1.57	0.00	57.38
				小计								11.35	2.27	39.30					
10	040303005001	混凝土墩（台）身	m³	3-3-262	现浇混凝土构件 柱式墩台身	10m³	0.10	754.42	150.88	3749.54		75.44	15.10	375.00		19.50	10.40	0.00	495.38
				小计								75.44	15.10	375.00					

续表

序号	项目编码	项目名称	计量单位	清单综合单价组成明细															
				定额编号	定额名称	定额单位	数量	单价/元				合价/元				管理费	利润	风险费	综合单价/元
								人工费		材料费	机械费	人工费		材料费	机械费	25.81%	13.83%	0.00%	
								定额人工费	规费			定额人工费	规费						
11	040303018001	混凝土防撞护栏	m	3-3-284	现浇混凝土构件 防撞护栏	10m	0.02	1025.73	205.14	3754.62		18.48	3.69	67.63		4.77	2.56	0.00	97.13
				小计								18.48	3.69	67.63					
12	040303019001	桥面铺装	m^2	3-3-288	现浇混凝土构件 桥面混凝土铺筑 桥面整体化层	$10m^3$	0.02	478.14	95.63	3994.55		10.70	2.14	89.43		4.96	2.66	0.00	130.52
				3-3-546	桥面防水层 防水砂浆（cm）2	$100m^2$	0.01	850.45	170.09	1018.88	23.87	8.50	1.70	10.19	0.24				
				小计								19.20	3.84	99.62	0.24				
13	040303002001	混凝土挡土墙基础	m^3	3-3-254	现浇混凝土构件 混凝土基础	$10m^3$	0.10	364.81	72.96	3665.65		36.48	7.30	366.57		9.42	5.05	0.00	424.82
				小计								36.48	7.30	366.57					
14	040303015001	混凝土挡土墙墙身	m^3	3-3-278	现浇混凝土构件 混凝土挡墙墙身	$10m^3$	0.10	478.89	95.78	3739.61		47.89	9.58	373.96		12.70	6.82	0.00	469.54
				3-3-542	泄水孔 塑料管	10m	0.00	75.93	15.19	1425.65		0.37	0.07	6.97					
				3-3-535	沉降缝 沥青甘蔗板	$10m^2$	0.02	53.80	10.76	500.52		1.06	0.21	9.88					
				小计								49.32	9.86	390.81					

续表

序号	项目编码	项目名称	计量单位	清单综合单价组成明细															
				定额编号	定额名称	定额单位	数量	单价/元				合价/元				管理费	利润	风险费	综合单价/元
								人工费		材料费	机械费	人工费		材料费	机械费				
								定额人工费	规费			定额人工费	规费			25.81%	13.83%	0.00%	
15	040306003001	箱涵底板	m^3	3-3-456	箱涵制作底板	$10m^3$	0.10	455.86	91.17	3743.56		45.59	9.12	374.36		11.80	6.31	0.00	447.15
				小计								45.59	9.12	374.36					
16	040306004001	箱涵侧墙	m^3	3-3-457	箱涵制作侧墙	$10m^3$	0.10	527.41	105.49	3752.22		52.74	10.55	375.22		13.60	7.29	0.00	459.41
				小计								52.74	10.55	375.22					
17	040306005001	箱涵顶板	m^3	3-3-458	箱涵制作顶板	$10m^3$	0.10	479.92	95.99	3756.58		47.99	9.60	375.66		12.40	6.64	0.00	452.28
				小计								47.99	9.60	375.66					
18	040901001001	现浇构件钢筋（路面）	t	3-7-38	箍筋：带肋钢筋HRB400以内直径（mm）＞10	t	1	1060.04	212.01	4184.42	22.07	1060.00	212.01	4184.40	22.10	274.00	147	0.00	5899.40
				小计								1060.00	212.01	4184.40	22.10				
19	040901001002	现浇构件钢筋（挡土墙）	t	3-7-35	箍筋：圆钢HPB300直径（mm）≤10	t	0.07	1617.61	323.53	4167.81	43.68	110.6.00	22.11	284.88	2.99	285.00	153	0.00	5985.00
				3-7-38	箍筋：带肋钢筋HRB400以内直径（mm）＞10	t	0.94	1060.04	212.01	4184.42	22.07	992.00	198.40	3915.60	20.70				
				小计								1103.00	220.50	4200.50	23.60				

续表

序号	项目编码	项目名称	计量单位	清单综合单价组成明细															综合单价/元
				定额编号	定额名称	定额单位	数量	单价/元				合价/元				管理费	利润	风险费	
								人工费		材料费	机械费	人工费		材料费	机械费	25.81%	13.83%	0.00%	
								定额人工费	规费			定额人工费	规费						
20	040901001003	现浇构件钢筋（防撞栏杆）	t	3-7-35	箍筋：圆钢HPB300直径（mm）≤10	t	0.19	1617.61	323.53	4167.81	43.68	301.70	60.34	777.29	8.15	301.00	161.00	0.00	6062.90
				3-7-38	箍筋：带肋钢筋HRB400以内直径（mm）>10	t	0.81	1060.04	212.01	4184.42	22.07	861.70	172.30	3401.50	17.90				
				小计								1163.00	232.70	4178.80	26.10				
21	040901001004	现浇构件钢筋（桥涵）	t	3-7-35	箍筋：圆钢HPB300直径（mm）≤10	t	0	1617.61	323.53	4167.81	43.68	4.27	0.85	11.01	0.12	274.00	147.00	0.00	5901.80
				3-7-38	箍筋：带肋钢筋HRB400以内直径（mm）>10	t	1	1060.04	212.01	4184.42	22.07	1057.00	211.50	4173.40	22.00				
				小计								1062.00	212.30	4184.40	22.10				
22	041001001001	拆除路面	m^2	3-8-3	小型机械拆除：混凝土路面层无筋厚（cm）15以内	$100m^2$	0.01	1050.59	210.12	7.80	177.50	10.51	2.10	0.08	1.78	2.75	1.47	0.00	18.69
				小计								10.51	2.10	0.08	1.78				

8. 技术措施项目清单与计价表（表 8-8）

表 8-8　技术措施项目清单与计价表

工程名称：××市政工程（土建）　　　　第　页　共　页

序号	项目编码	项目名称	项目特征描述	计量单位	工程量	金额/元						备注
						综合单价	合价	其中				
								人工费		机械费	暂估价	
								定额人工费	规费			
1	041101001001	墙面脚手架	见表 8-2	m^2	931.50	13.37	12454.00	6250.16	1248.17			
2	041102002001	基础模板（挡土墙）	见表 8-2	m^2	314.30	54.08	16997.00	7084.10	1417.45			
3	041102005001	墩（台）身模板	见表 8-2	m^2	22.90	158.91	3639.00	1645.82	329.07	531.51		
4	041102017001	挡土墙模板	见表 8-2	m^2	442.80	79.15	35051.00	13590.76	2719.04	5043.95		
5	041102019001	防撞护栏模板	见表 8-2	m^2	44.28	97.01	4295.60	2169.28	433.94	549.07		
6	041102022001	箱涵滑（底）板模板	见表 8-2	m^2	184.20	52.70	9708.90	5079.22	1015.11			
7	041102023001	箱涵侧墙模板	见表 8-2	m^2	85.14	67.16	5718.00	2515.04	503.18	705.81		
8	041102024001	箱涵顶板模板	见表 8-2	m^2	182.30	117.69	21449.00	5910.37	1182.80	9832.39		
9	041106001001	大型机械设备进出场及安拆	见表 8-2	台次	6	4186.60	25120.00	4122.84	824.52	16841.88		
		本页小计					134432.00	48367.59	9673.28	33504.61		
		合计					134432.00	48367.59	9673.28	33504.61		

9. 技术措施项目综合单价分析表（表 8-9）

表 8-9　技术措施项目综合单价分析表

工程名称：××市政工程（土建）　　　　第　页，共　页

序号	项目编码	项目名称	计量单位	清单综合单价组成明细														
				定额编号	定额名称	定额单位	数量	单价/元				合价/元				管理费/元	利润/元	综合单价/元
								人工费		材料费	机械费	人工费		材料费	机械费			
								定额人工费	规费			定额人工费	规费			25.81%	13.83%	
1	041101001001	墙面脚手架	m^2	3-11-86	钢管脚手架：单排高（m以内）8	$100m^2$	0.01	670.85	134.17	265.73		6.71	1.34	2.66		1.73	0.93	13.37
				小计								6.71	1.34	2.66				
2	041102002001	基础模板（挡土墙）	m^2	3-3-558	现浇混凝土构件模板基础	$10m^2$	0.10	225.43	45.09	180.92		22.54	4.51	18.09		5.82	3.12	54.08
				小计								22.54	4.51	18.09				
3	041102005001	墩（台）身模板	m^2	3-3-567	现浇混凝土构件模板柱式墩台身	$10m^2$	0.10	718.70	143.74	202.33	232.05	71.87	14.37	20.23	23.21	19.03	10.20	158.91
				小计								71.87	14.37	20.23	23.21			

续表

序号	项目编码	项目名称	计量单位	清单综合单价组成明细														综合单价/元
				定额编号	定额名称	定额单位	数量	单价/元				合价/元				管理费/元	利润/元	
								人工费		材料费	机械费	人工费		材料费	机械费			
								定额人工费	规费			定额人工费	规费			25.81%	13.83%	
4	041102017001	挡土墙模板	m^2	3-3-582	现浇混凝土构件模板挡土墙墙身	$10m^2$	0.10	306.9	61.38	184.00	113.93	30.69	6.14	18.40	11.39	8.16	4.37	79.15
				小计								30.69	6.14	18.40	11.39			
5	041102019001	防撞护栏模板	m^2	3-3-588	现浇混凝土构件模板防撞护栏	$10m^2$	0.10	489.92	97.99	60.09	123.98	48.99	9.80	6.01	12.40	12.90	6.91	97.01
				小计								48.99	9.80	6.01	12.40			
6	041102022001	箱涵滑（底）板模板	m^2	3-3-627	立交箱涵模板滑板、底板	$10m^2$	0.10	275.68	55.13	86.88		27.57	5.51	8.69		7.12	3.81	52.70
				小计								27.57	5.51	8.69				
7	041102023001	箱涵侧墙模板	m^2	3-3-628	立交箱涵模板侧墙	$10m^2$	0.10	295.37	59.07	114.41	82.94	29.54	5.91	11.44	8.29	7.80	4.18	67.16
				小计								29.54	5.91	11.44	8.29			

续表

序号	项目编码	项目名称	计量单位	清单综合单价组成明细												管理费/元	利润/元	综合单价/元
				定额编号	定额名称	定额单位	数量	单价/元				合价/元						
								人工费		材料费	机械费	人工费		材料费	机械费			
								定额人工费	规费			定额人工费	规费			25.81%	13.83%	
8	041102024001	箱涵顶板模板	m^2	3-3-629	立交箱涵模板顶板	$10m^2$	0.10	324.32	64.87	102.55	539.50	32.43	6.49	10.26	53.95	9.48	5.08	117.69
				小计								32.43	6.49	10.26	53.95			
9	041106001001	大型机械设备进出场及安拆	台次	借 1-18-580	履带式挖掘机进出场费（m^3）1以内	台次	0.33	1030.70	206.14	193.82	3148.90	343.57	68.71	64.61	1049.60	235.31	126.09	4186.60
				借 1-18-582	履带式推土机进出场费（kW）90以内	台次	0.33	562.20	112.44	208.76	2811.80	187.40	37.48	69.59	937.28			
				借 1-18-587	压路机进出场费	台次	0.33	468.50	93.70	178.37	2460.20	156.17	31.23	59.46	820.06			
				小计								687.14	137.42	193.66	2807.00			

10. 组织措施项目清单与计价表（表 8-10）

表 8-10　组织措施项目清单与计价表

工程名称：××市政工程（土建）　　　　第　页，共　页

序号	项目编号	项目名称	计算基础/元	费率（%）	金额/元	调整费率/（%）	调整后金额/元	备注
1		绿色施工及安全文明施工措施费			36019.21			
1.1	041109001001	安全文明施工及环境保护费	203728.60	9.42	19191.23			定额人工费+机械费×8%
1.2	041109001002	临时设施费	203728.60	2.24	4563.52			定额人工费+机械费×8%
1.3	04B001	绿色施工措施费	203728.60	6.02	12264.46			定额人工费+机械费×8%
2	041109004001	冬、雨季施工增加费、工程定位复测、工程点交、场地清理费	203728.60	5.48	11164.33			定额人工费+机械费×8%
3	041109002001	夜间施工增加费	203728.60	0.38	774.17			定额人工费+机械费×8%
4	04B002	特殊地区施工增加费	203728.60	0.00				定额人工费+机械费×8%
5	04B003	压缩工期增加费	311338.80	0.00				定额人工费+机械费
6	041109005001	行车、行人干扰增加费	203728.60	0.00				定额人工费+机械费×8%
7	041109007001	已完工程及设备保护费		0.00				
8	04B004	其他施工组织措施项目费		0.00				
合计					47957.71			

11. 其他项目清单与计价汇总表（表 8-11）

表 8-11 其他项目清单与计价汇总表

工程名称：××市政工程（土建）　　　　第　页，共　页

序号	项目名称	金额/元	结算金额/元	备注
1	暂列金额	50000.00		详见明细表
2	暂估价			
2.1	材料（设备）暂估价			详见明细表
2.2	专业工程暂估价			详见明细表
2.3	专项技术措施暂估价			详见明细表
3	计日工			详见明细表
4	总承包服务费			详见明细表
5	索赔与现场签证			详见明细表
6	优质工程增加费			
7	提前竣工增加费			
8	人工费调整			
9	机械燃料动力费价差			
合计		50000.00		

12. 其他规费、税金项目清单与计价表（表 8-12）

表 8-12 其他规费、税金项目清单与计价表

工程名称：××市政工程（土建）　　　　第　页，共　页

序号	项目名称	计算基础	计算基数/元	计算费率/（%）	金额/元
1	其他规费	工伤保险费+环境保护税+工程排污费	971.86		971.86
1.1	工伤保险费	分部分项定额人工费+单价措施定额人工费	194371.17	0.50	971.86
1.2	环境保护税				
1.3	工程排污费				
2	税金	税前工程造价	1286222.54	10.08	129651.23
合计					130623.09

13. 安装部分单位工程费用汇总表（表8-13）

表8-13　安装部分单位工程招标控制价汇总表

工程名称：××市政工程（安装）　　　　第　页，共　页

序号	项目名称	计算方法	金额/元
1	分部分项工程费	∑（分部分项工程量×清单综合单价）	35252.07
1.1	人工费	<1.1.1>+<1.1.2>	7063.31
1.1.1	定额人工费	∑（定额人工费）	5886.07
1.1.2	规费	∑（规费）	1177.24
1.2	材料费	∑（材料费）	25620.34
1.3	设备费	∑（设备费）	
1.4	机械费	∑（机械费）	701.60
1.5	管理费	∑（管理费）	1215.85
1.6	利润	∑（利润）	650.97
1.7	风险费	∑（风险费）	
2	措施项目费	<2.1>+<2.2>	956.10
2.1	技术措施项目费	∑（技术措施项目清单工程量×清单综合单价）	
2.1.1	人工费	<2.1.1.1>+<2.1.1.2>	
2.1.1.1	定额人工费	∑（定额人工费）	
2.1.1.2	规费	∑（规费）	
2.1.2	材料费	∑（材料费）	
2.1.3	机械费	∑（机械费）	
2.1.4	管理费	∑（管理费）	
2.1.5	利润	∑（利润）	
2.2	施工组织措施项目费	∑（组织措施项目费）	956.10
2.2.1	绿色施工及安全文明施工措施费		679.78
2.2.1.1	安全文明施工及环境保护费		443.88
2.2.1.2	临时设施		105.77
2.2.1.3	绿色施工措施费		130.13
2.2.2	冬、雨季施工增加费、工程定位复测、工程点交、场地清理费		258.49
2.2.3	夜间施工增加费		17.83
3	其他项目费	∑（其他项目费）	
3.1	暂列金额		

续表

序号	项目名称	计算方法	金额（元）
3.2	暂估价		
3.3	计日工		
3.4	总承包服务费		
3.5	其他		
4	其他规费	<4.1>+<4.2>+<4.3>	29.43
4.1	工伤保险费	∑（定额人工费）×费率	29.43
4.2	环境保护税	按有关规定计算	
4.3	工程排污费	按有关规定计算	
5	税前工程造价	（<1>+<2>+<3>+<4>）	36237.60
6	税金	（<1>+<2>+<3>+<4>）×税率	3652.75
7	单位工程造价	（<5>+<6>）	39890.35

注：表中“<>”内数字均为表中对应的序号。

14. 安装部分分部分项工程清单与计价表（表 8-14）

表 8-14　安装部分分部分项工程清单与计价表

工程名称：××市政工程（安装）　　　　第　页　共　页

序号	项目编码	项目名称	项目特征	计量单位	工程量	金额/元						备注
						综合单价	合价	其中				
								人工费		机械费	暂估价	
								定额人工费	规费			
1	040501001001	混凝土管管道铺设（DN300）	见表 8-1	m	34	252.42	8582.28	822.46	164.6	202.64		
2	040501001002	混凝土管管道铺设（DN600）	见表 8-1	m	60	263.53	15811.80	1599.00	319.80	358.20		
3	040504001001	砌筑井（雨水检查井）	见表 8-1	座	3	2399.83	7199.49	2264.43	452.90	130.50		
4	040504001002	砌筑井（雨水进水井）	见表 8-1	座	6	609.75	3658.50	1200.18	240.00	10.26		
		本页小计					35252.10	5886.07	1177.00	701.60		
		合计					35252.10	5886.07	1117.00	701.60		

15. 分部分项工程综合单价分析表（表 8-15）

表 8-15　分部分项工程综合单价分析表

工程名称：××市政工程（安装）　　　　第　页，共　页

序号	项目编码	项目名称	计量单位	定额编号	定额名称	定额单位	数量	单价/元 人工费 定额人工费	单价/元 人工费 规费	单价/元 材料费	单价/元 机械费	合价/元 人工费 定额人工费	合价/元 人工费 规费	合价/元 材料费	合价/元 机械费	管理费/元 20.46%	利润/元 10.96%	风险费 0.00%	综合单价/元
1	040501001001	混凝土管管道铺设（*DN*300）	m	3-9-7	垫层 混凝土	$10m^3$	0.0075	377.30	75.46	3459.27		2.83	0.57	25.94		5.05	2.70	0.00	252.42
				3-9-42	平接（企口）式混凝土管道铺设 人机配合下管 管径（mm 以内）600	100m	0.0100	1654.20	330.84	18181.30	593.99	16.54	3.31	181.81	5.94				
				3-9-753	水泥砂浆接口 管径（mm 以内）300	10 个	0.0324	79.28	15.86	5.32	0.28	2.56	0.51	0.17	0.01				
				3-9-967	管道闭水试验 管径（mm 以内）400	100m	0.0100	225.61	45.12	176.08	0.57	2.26	0.45	1.76	0.01				
				小计								24.19	4.84	209.68	5.96				
2	040501001002	混凝土管管道铺设（*DN*600）	m	3-9-7	垫层 混凝土	$10m^3$	0.0090	377.30	75.46	3459.27		3.40	0.68	31.13		5.55	2.97	0.00	263.53
				3-9-42	平接（企口）式混凝土管道铺设 人机配合下管 管径（mm 以内）600	100m	0.0100	1654.20	330.84	18181.30	593.99	16.54	3.31	181.81	5.94				
				3-9-758	水泥砂浆接口 管径（mm 以内）600	10 个	0.0317	94.59	18.92	19.97	0.57	3.00	0.60	0.63	0.02				
				3-9-968	管道闭水试验 管径（mm 以内）600	100m	0.0100	371.30	74.26	348.51	0.85	3.71	0.74	3.49	0.01				
				小计								26.65	5.33	217.06	5.97				

注：① 未给出的几个分项工程定额工程量估算为：*DN*300 混凝土垫层 $2.55m^3$，*DN*600 混凝土垫层 $5.4\ m^3$。
② 未计价材估价：*DN*300 混凝土管 120 元/m，*DN*600 混凝土管 180 元/m。

续表

序号	项目编码	项目名称	计量单位	清单综合单价组成明细															
				定额编号	定额名称	定额单位	数量	单价/元				合价/元				管理费/元	利润/元	风险费	综合单价/元
								人工费		材料费	机械费	人工费		材料费	机械费	20.46%	10.96%	0.00%	
								定额人工费	规费			定额人工费	规费						
3	040504001001	砌筑井(雨水检查井)	座	3-9-2092	非定型井砌筑及抹灰 砖砌圆形	$10m^3$	0.3	2340.30	468.07	3207.25	143.98	702.10	140.42	962.18	43.19	155.15	83.11	0.00	2399.80
				3-9-2114	井盖、井箅安装 检查井混凝土井盖、座	10套	0.1	527.06	105.42	2501.22	3.13	52.71	10.54	250.12	0.31				
				小计								754.81	150.96	1212.30	43.50			0.00	
4	040504001002	砌筑井(雨水进水井)	座	3-9-2242	砖砌雨水进水井单平箅(680×380)井深(m)1	座	1	200.03	40.00	305.12	1.71	200.03	40.00	305.12	1.71	40.95	21.94	0.00	609.75
				小计								200.03	40.00	305.12	1.71				

注：① 未给出的砌筑井（雨水检查井）定额工程量估算为 $3m^3$。

② 未计价材铸铁平箅估价为45/套。

16. 组织措施项目清单与计价表（表8-16）

表8-16　组织措施项目清单与计价表

工程名称：××市政工程（安装）　　第　页　共　页

序号	项目编号	项目名称	计算基础/元	费率/(%)	金额/元	调整费率/(%)	调整后金额/元	备注
1		绿色施工及安全文明施工措施费			679.80			
1.1	041109001001	安全文明施工及环境保护费	5942.20	7.47	443.90			定额人工费+机械费×8%
1.2	041109001002	临时设施费	5942.20	1.78	105.80			定额人工费+机械费×8%
1.3	04B001	绿色施工措施费	5942.20	2.19	130.10			定额人工费+机械费×8%
2	041109004001	冬、雨季施工增加费、工程定位复测、工程点交、场地清理费	5942.20	4.35	258.50			定额人工费+机械费×8%
3	041109002001	夜间施工增加费	5942.20	0.30	17.83			定额人工费+机械费×8%
4	04B002	特殊地区施工增加费	5942.20	0.00				定额人工费+机械费×8%
5	04B003	压缩工期增加费	6587.67	0.00				定额人工费+机械费
6	041109005001	行车、行人干扰增加费	5942.20	0.00				定额人工费+机械费×8%
7	041109007001	已完工程及设备保护费		0.00				
8	04B004	其他施工组织措施项目费		0.00				
合计					956.10			

17. 其他规费、税金项目计价表（表8-17）

表8-17　其他规费、税金项目计价表

工程名称：××市政工程（安装）　　第　页　共　页

序号	项目名称	计算基础	计算基数	计算费率/(%)	金额/元
1	其他规费	工伤保险费+环境保护税+工程排污费	29.43		29.43
1.1	工伤保险费	分部分项定额人工费+单价措施定额人工费	5886.07	0.50	29.43
1.2	环境保护税				
1.3	工程排污费				
2	税金	税前工程造价	36237.60	10.08	3652.75
合计					3682.18

本 章 小 结

市政工程预算是市政工程项目在开工前对所需人工、材料、机械等费用及资金需要量的预先计算，可采用工程量清单计价法编制。

用于投标报价的工程量清单称为招标工程量清单，其中清单工程量的准确性由招标人负责。

招标控制价文件是招标人委托工程造价咨询人编制的用于控制投标报价的造价文件，是有别于投标报价的造价文件，一个工程只应编制一个招标控制价。

习 题

1. 市政道路工程施工图由哪些内容组成？
2. 市政道路工程招标工程量清单文件由哪些内容组成？
3. 市政道路工程招标控制价文件由哪些内容组成？

参考文献

[1] 石灵娥，2012. 市政工程计量与计价[M]. 北京：机械工业出版社.

[2] 王云江，2006. 市政工程预算与工程量清单计价[M]. 北京：中国建材工业出版社.

[3] 张建平，张宇帆，2023. 建筑工程计量与计价[M]. 3 版. 北京：机械工业出版社.